ÉLÉMENTS

DE

TRIGONOMÉTRIE

RECTILIGNE

N° 269

Le Cours de Mathématiques élémentaires comprend les ouvrages suivants :

Cours de Géométrie élémentaire.	Tables de Logarithmes.
» d'Algèbre élémentaire.	Exercices d'Arithmétique.
Éléments d'Arithmétique.	» d'Algèbre.
» d'Algèbre.	» de Géométrie.
» de Géométrie.	» de Géométrie descriptive
» de Géométrie descriptive.	Compléments de Trigonométrie.
» de Trigonométrie.	Problèmes de Mécanique.
» de Mécanique.	
» de Cosmographie.	

Arpentage, Levé des plans et Nivellement.

Cours de Sciences physiques et naturelles. Ouvrages pour l'enseignement primaire, l'enseignement primaire supérieur et l'enseignement secondaire (programme de 1902).

COURS DE MATHÉMATIQUES ÉLÉMENTAIRES

ÉLÉMENTS

DE

TRIGONOMÉTRIE

RECTILIGNE

AVEC DE NOMBREUX EXERCICES

PAR F. J.

PARIS-VIe — LIBRAIRIE GÉNÉRALE, RUE DE VAUGIRARD, 77

TOURS
MAISON A. MAME & FILS
IMPRIMEURS-ÉDITEURS

PARIS
J. DE GIGORD
RUE CASSETTE, 15

ET CHEZ LES PRINCIPAUX LIBRAIRES

TABLE DES MATIÈRES

PRÉLIMINAIRES

PREMIÈRE PARTIE

FONCTIONS CIRCULAIRES

CHAPITRE I

Des lignes trigonométriques

CHAPITRE II

Des formules trigonométriques.

CHAPITRE III

Des tables trigonométriques.

CHAPITRE IV

Des équations trigonométriques.

DEUXIÈME PARTIE

APPLICATIONS GÉOMÉTRIQUES

CHAPITRE V

Résolution des triangles dans les cas élémentaires.

CHAPITRE VI

Application au levé des plans.

CHAPITRE VII

Résolution des triangles en dehors des cas élémentaires.

CHAPITRE VIII

Applications diverses.

EXERCICES ET PROBLÈMES

PREMIÈRE SÉRIE

DEUXIÈME SÉRIE

Sur les fonctions trigonométriques et la résolution des triangles.

TROISIÈME SÉRIE

Applications de la trigonométrie.

APPENDICE

ÉLÉMENTS

DE

TRIGONOMÉTRIE

RECTILIGNE

PRÉLIMINAIRES

§ I. — Des segments de droite.

1. **Définitions.** Un mobile peut se déplacer sur une droite en deux sens opposés ; l'un d'eux, pris arbitrairement, est dit *le sens positif* ; l'autre est *le sens négatif.*

On nomme *droite dirigée* une droite indéfinie sur laquelle on a choisi le sens positif.

On appelle *segment de droite* une portion de droite que l'on suppose parcourue par un mobile dans un sens déterminé. Le point de départ du mobile est l'*origine* du segment, son point d'arrivée est l'*extrémité* du segment.

Entre deux points A, B, il existe deux segments distincts ; car on peut prendre pour origine le point A ou le point B. Ces deux segments ont une même longueur, mesurée par un même nombre ; mais on convient de représenter ce nombre par AB ou par BA suivant que le mobile chemine de A vers B ou de B vers A, la première lettre de la notation désignant toujours l'origine du segment considéré.

Lorsqu'un segment AB appartient à une droite dirigée, on le qualifie de *positif* ou de *négatif*, suivant que son propre sens coïncide avec le sens positif de la droite, ou avec le sens négatif. Alors la notation AB ne représente plus seulement un nombre arithmétique, mais un nombre algébrique, positif ou négatif : celui dont la valeur absolue mesure la distance des points A et B et dont le signe + ou — marque le sens du segment AB.

Si le segment AB est positif, le segment BA est négatif, et réciproquement. Dans tous les cas, on peut écrire

$$AB = -BA$$

d'où $$AB + BA = 0 \qquad (A)$$

II. **Lemme.** *La somme algébrique de trois segments consécutifs, dont l'extrémité du dernier coïncide avec l'origine du premier, est nulle.*

En d'autres termes, si trois points A, B, C sont disposés sur une même droite dans un ordre quelconque, on a toujours

$$AB + BC + CA = 0 \qquad (B)$$

1° *Supposons* AB *positif*. Par rapport aux deux autres, le point C peut être placé successivement de trois manières : sur le prolongement de AB, entre A et B, ou sur le prolongement de BA.

A B C

Fig. 1.

Dans le premier cas, en n'écrivant d'abord que des segments positifs,

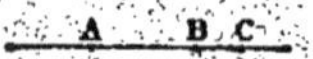

on a $AB + BC = AC = -CA$

d'où $AB + BC + CA = 0$

Dans le second cas,

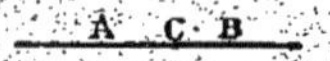

A C B

Fig. 2.

on a $AC + CB = AB$

ou $-CA - BC = AB$

d'où $AB + BC + CA = 0$

Dans le troisième cas,

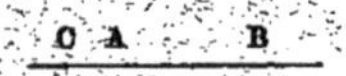

C A B

Fig. 3.

on a $CA + AB = CB = -BC$

et par suite $AB + BC + CA = 0$.

2° *Si l'on suppose* AB *négatif*, il y a trois cas analogues à distinguer ; mais ces trois nouveaux cas se ramènent aux trois premiers, en changeant le sens positif de la droite dirigée ; ce qui revient à changer le signe de tous les termes de l'égalité (B).

Cette relation est donc vérifiée dans tous les cas possibles.

III. **Théorème de Möbius.** *La somme algébrique d'un nombre quelconque de segments consécutifs, dont l'extrémité du dernier coïncide avec l'origine du premier, est nulle.*

Il s'agit d'établir que si n points A, B, C... K, L sont disposés sur une droite d'une manière quelconque, on a toujours

$$AB + BC + \ldots + KL + LA = 0 \qquad (C)$$

Ce théorème est déjà démontré pour deux points et pour trois points, en vertu des égalités (A) et (B).

Or, s'il est vrai pour $(n-1)$ points, il l'est aussi, par le fait même, pour n points. En effet :

Si le théorème est vrai pour les $(n-1)$ points A, B, C ... J, K, on a

$$AB + BC + \ldots + JK + KA = 0$$

Mais on peut l'appliquer aux trois points A, K, L ; ce qui donne

$$AK + KL + LA = 0$$

En ajoutant membre à membre ces deux égalités et supprimant le binôme nul AK + KA, il vient

$$AB + BC + \ldots + JK + KL + LA = 0$$

Ainsi, dès que le théorème est applicable à $n - 1$ points, il l'est encore à n points.

Cela posé, le théorème, vrai pour trois points, l'est aussi pour quatre points ; vrai pour quatre points, il l'est aussi pour cinq ; etc... Donc il est général *.

IV. **Corollaire.** *La somme algébrique de plusieurs segments consécutifs d'une même droite est égale au segment qui joint l'origine du premier à l'extrémité du dernier.*

En effet, les segments consécutifs AB, BC, ... KL, satisfont à la relation (C), que l'on peut écrire

$$AB + BC + \ldots + KL = -LA = AL$$

---

* Ce théorème peut encore être démontré comme il suit :

En appliquant le lemme à chacun des groupes de points

ABC, ACD, ADE, ... AKL,

on peut écrire

$$AB + BC + \underline{CA} = 0$$
$$\underline{AC} + CD + \underline{DA} = 0$$
$$\underline{AD} + DE + \underline{EA} = 0$$
$$\ldots\ldots\ldots\ldots$$
$$\underline{AK} + KL + LA = 0$$

Si l'on additionne toutes ces égalités membre à membre, en remarquant que les termes soulignés se détruisent deux à deux en vertu de la relation (A), il vient

$$AB + BC + CD + \ldots + KL + LA = 0 \qquad \text{C. Q. F. D.}$$

§ II. — Projections orthogonales sur un axe.

V. **Projection d'un point.** *On appelle projection d'un point* A *sur une droite* X'X, *le pied* a *de la perpendiculaire abaissée de ce point sur cette droite.*

Une droite indéfinie X'X, sur laquelle on projette un ou plusieurs points, se nomme axe de projection.

VI. **Projection d'un segment.** *On appelle projection d'un segment rectiligne* AB, *sur un axe* X'X, *le segment* ab *qui joint la projection de l'origine* A *à la projection de l'extrémité* B.

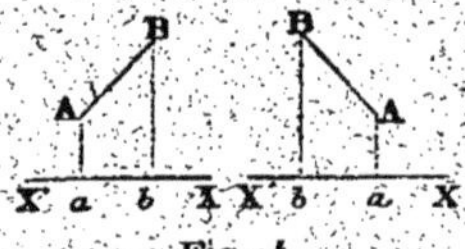

Fig. 4.

On écrit pr. $AB = ab$

En général, la droite AB ayant une direction quelconque, sur laquelle on ne choisit pas de sens positif, le segment AB, bien que pourvu d'un sens, n'est cependant affecté d'aucun signe, et l'on ne considère que sa valeur absolue. L'axe X'X, au contraire, est une droite dirigée; et, par suite, la projection *ab* est positive ou négative.

VII. **Translation de l'axe.** *Les projections d'un même segment de droite sur deux axes parallèles sont égales et de même signe.*

Ces projections sont égales en valeur absolue, comme portions de parallèles comprises entre parallèles; et elles ont évidemment le même signe, si la direction positive est la même sur les deux axes.

VIII. **Remarque I.** *Les projections de deux segments égaux et de sens contraires* AB, BA, *sur un même axe, sont égales et de signes contraires.*

Ces projections sont *ab* et *ba*.

On a (I, A) $ab = -ba$

IX. **Remarque II.** La projection d'un segment AB sur un axe X'X est nulle dans deux circonstances :

1° Lorsque le segment AB est nul;

2° Lorsque le segment AB est perpendiculaire à l'axe X'X.

X. **Contour polygonal.** Lorsqu'un mobile décrit une ligne polygonale ABC ... KL, dans le sens marqué par l'ordre des lettres, son point de départ, A, est dit l'*origine du contour*, et son point d'arrivée, L, l'*extrémité du contour*.

Le segment AL, qui joint l'origine du contour à son extrémité, se nomme la ***résultante du contour polygonal***.

XI. **Projection d'un contour.** *On appelle projection d'un contour polygonal sur un axe, la somme algébrique des projections, sur cet axe, de chacun des côtés du polygone.*

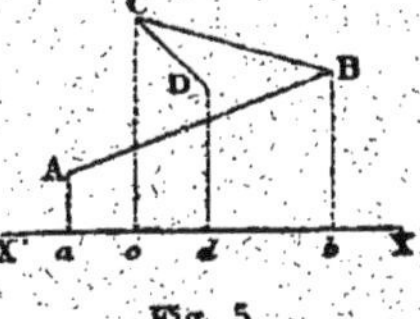

Fig. 5.

La projection du contour ABCD s'écrit :

$$\text{pr. (ABCD)} = \text{pr. AB} + \text{pr. BC} + \text{pr. CD} = ab + bc + cd$$

XII. **Théorème des projections.** *La projection d'un contour polygonal sur un axe est égale à la projection de sa résultante sur le même axe.*

Soient un contour polygonal ABC ... KL, et sa résultante AL. Désignons par a, b, c ... k, l, les projections de chacun des sommets.

On a $$\text{pr. (ABC ... KL)} = ab + bc + \ldots + kl$$

et $$\text{pr. AL} = al$$

Or, quel que soit l'ordre des points a, b, ... k, l, sur l'axe de projection, on a, d'après la formule de Möbius (III, C)

$$ab + bc + \ldots + kl + la = 0$$

d'où $$ab + bc + \ldots + kl = -la = al$$

c'est-à-dire, $$\text{pr. (ABC ... KL)} = \text{pr. AL}$$ C. Q. F. D.

XIII. **Corollaire I.** *Si deux lignes polygonales ont même origine et même extrémité, leurs projections sur un même axe sont égales entre elles.*

En effet, chacune d'elles est égale à la projection de leur résultante commune.

XIV. **Corollaire II.** *La projection d'un contour fermé, sur un axe quelconque, est nulle.*

En effet, cette projection est égale à celle de la résultante; or, la résultante étant nulle, sa projection est nulle (IX).

D'ailleurs, la projection d'un contour fermé ABCDA est la somme $$ab + bc + cd + da$$
que l'on sait être identiquement nulle (III).

Remarque. La projection d'un contour polygonal sur un axe est nulle dans deux circonstances :

1° Quand la résultante est nulle, c'est-à-dire lorsque le polygone est fermé ;

2° Quand la résultante est perpendiculaire à l'axe de projection.

XV. **Polygone gauche.** On appelle ainsi un contour polygonal dont tous les côtés ne sont pas dans un même plan.

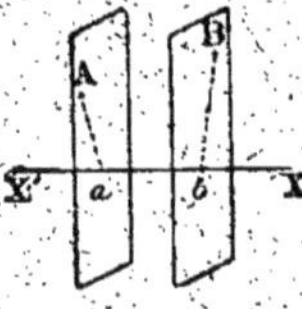

Fig. 6.

Les définitions données précédemment n'exigent pas que les divers points projetés sur un axe soient dans un même plan passant par cet axe ; mais pour obtenir les projections a, b, ... de divers points A, B, ... non situés dans un même plan, on mène par chacun de ces points un plan perpendiculaire à l'axe de projection ; les intersections de ces plans avec l'axe sont les projections cherchées.

XVI. **Condition pour qu'un polygone soit fermé.** *Pour qu'un contour polygonal soit fermé, il faut et il suffit que ses projections sur trois axes, formant un angle trièdre, soient nulles séparément pour chacun des axes.*

Cette condition est *nécessaire* ; car, lorsqu'un contour est fermé, sa projection sur un axe est toujours nulle (XIV).

La condition est *suffisante* ; car, si la projection d'un contour sur un axe est nulle, la résultante de ce contour est nulle ou perpendiculaire à l'axe. Or la résultante ne saurait être perpendiculaire en même temps aux trois axes considérés. Donc la résultante est nulle, c'est-à-dire que le contour est fermé.

XVII. **Remarque.** *Pour qu'un polygone plan soit fermé, il suffit que ses projections sur deux droites concourantes, situées dans son plan, soient nulles séparément pour chacun des axes.*

En effet, la résultante ne saurait être perpendiculaire en même temps à deux droites concourantes situées avec elle dans un même plan. Donc, si la projection du contour est nulle pour chacun de ces axes, la résultante est nulle et le contour est fermé.

§ III. — Des fonctions.

XVIII. **Variable indépendante.** *Une variable est dite indépendante, lorsqu'on lui attribue arbitrairement les valeurs qu'elle est susceptible de prendre.*

XIX. **Fonction d'une variable.** *Une variable est dite fonction d'une variable indépendante, lorsqu'à chaque valeur de celle-ci correspond une valeur déterminée de la première.*

Par exemple, lorsqu'un corps tombe en chute libre, l'espace parcouru par ce corps est fonction du temps employé à le parcourir : à chaque valeur t du temps de chute correspond une valeur e de l'espace parcouru. On sait que les valeurs correspondantes e, t, sont liées entre elles par la formule algébrique

$$e = \frac{gt^2}{2}$$

Toute expression algébrique renfermant une variable x est une fonction de cette variable ; ainsi, x et y représentant deux variables et, a, b, c des nombres donnés, la formule

$$y = ax^2 + bx + c$$

permet de calculer une valeur de y correspondant à chaque valeur attribuée à x.

XX. **Fonctions transcendantes.** On appelle fonctions transcendantes certaines fonctions que l'on ne peut pas exprimer algébriquement à l'aide de leur variable indépendante. Telles sont les logarithmes et les fonctions circulaires.

Nous ne tarderons pas à définir les fonctions circulaires, ainsi nommées parce qu'elles naissent de la considération du cercle.

Dans tout système de logarithmes, ainsi qu'on le voit en algèbre, chaque nombre positif x admet un logarithme y. On peut écrire $y = \log. x$

Mais cette égalité, purement symbolique, ne fait point connaître les opérations à effectuer sur le nombre x pour obtenir son logarithme y.

Pour que l'on puisse utiliser une semblable fonction dans la pratique, il est nécessaire de posséder des tables numériques, donnant, en regard de chaque valeur du nombre x, la valeur correspondante de la fonction y.

XXI. **Notations.** Diverses fonctions f, F, φ... d'une même variable indépendante x, se représentent souvent par des symboles tels que $f(x)$, $F(x)$, $\varphi(x)$...

Les valeurs que prend une même fonction $f(x)$ pour des valeurs particulières de sa variable $x = a$, $x = b$, $x = c$... se représentent par les notations $f(a)$, $f(b)$, $f(c)$...

XXII. **Fonction périodique.** *Une fonction est dite périodique lorsque sa valeur ne change pas quand on ajoute à sa variable indépendante une certaine quantité, ou l'un quelconque des multiples de cette quantité.*

L'amplitude de la période est la plus petite des quantités dont l'addition des multiples à la variable indépendante laisse intacte la valeur de la fonction.

Par exemple, ω désignant une quantité déterminée, et k un nombre entier quelconque; si, pour toute valeur de x et pour toute valeur du nombre entier k, on a $f(x+k\omega)=f(x)$
la fonction $f(x)$ est *périodique*, et l'*amplitude* de la période est ω.

XXIII. **Fonctions inverses.** *On appelle fonctions inverses deux variables qui sont fonctions l'une de l'autre.*

Par exemple, si y est une fonction f de la variable x, inversement, x est une fonction φ de y considérée à son tour comme une variable indépendante. Ces deux fonctions $y=f(x)$ et $x=\varphi(y)$
sont dites *inverses* l'une de l'autre.

XXIV. **Représentation géométrique des fonctions.** Traçons deux *axes* rectangulaires X'X, Y'Y qui se coupent au point O, et choisissons sur ces axes les directions positives OX, OY indiquées par des flèches.

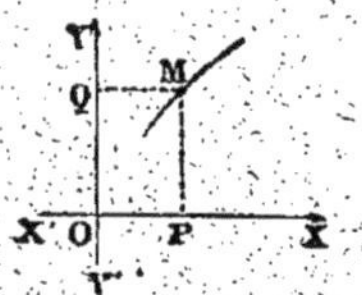

Fig. 7.

Soient x et y deux valeurs correspondantes quelconques, de la variable indépendante x et de la fonction y, qu'il s'agit de représenter.

L'unité de longueur étant prise arbitrairement, portons sur OX et sur OY, à partir de l'*origine* O, un segment OP mesuré en grandeur et signe par le nombre x et un segment OQ mesuré en grandeur et signe par le nombre y; puis achevons le parallélogramme QOPM.

Si l'on suppose que x varie d'une manière continue, y varie aussi, en général, d'une manière continue, et le point M décrit dans le plan des axes une ligne continue qui est la représentation graphique de la fonction considérée.

Les segments OP, OQ sont les *coordonnées* du point M. OP se nomme l'*abscisse*, et OQ ou PM l'*ordonnée* du point M.

Le lieu du point M représente à la fois deux fonctions inverses : la fonction y de x et la fonction x de y.

XXV. **Objet et divisions du Cours de Trigonométrie.** La trigonométrie a pour objet *l'étude des fonctions circulaires*, et pour but spécial *la résolution des triangles par le calcul.*

Ce cours est divisé en deux parties : la première contient les éléments de la théorie des fonctions circulaires, la construction des tables trigonométriques et divers exercices analytiques; la seconde partie est l'application des fonctions circulaires à la résolution des triangles et à quelques autres questions de géométrie.

PREMIÈRE PARTIE

FONCTIONS CIRCULAIRES

CHAPITRE I

DES LIGNES TRIGONOMÉTRIQUES

---

§ I. — Des arcs et des angles.

1. Mesure des angles et des arcs. La mesure d'un angle au centre est la même que celle de l'arc compris entre ses côtés, pourvu que l'on prenne pour unité d'angle celui qui correspond à l'unité d'arc. (*Géom.*, n° 136.)

L'unité d'arc et, par suite, l'unité d'angle est arbitraire.

Dans la pratique, on prend pour unité d'arc le quart de la circonférence, ou *quadrant*; ou bien, la 360e partie de la circonférence, ou *degré*. Dès lors les angles aussi peuvent être évalués de deux manières : en angles droits ou fractions d'angles droits, ou bien en degrés, minutes et secondes. D'ailleurs, on passe aisément de l'une à l'autre de ces mesures.

En trigonométrie, il est souvent utile de prendre pour unité, non plus une partie aliquote de la circonférence, mais l'arc dont la longueur est égale au rayon du cercle considéré. Il est facile d'exprimer cet arc en degrés, minutes et secondes : la circonférence de rayon R a pour longueur $2\pi R$ et équivaut à $360°$; donc l'arc de longueur R équivaut à

$$\frac{360° \times R}{2\pi R} = \frac{360°}{2\pi} = 57° 17' 44'',8$$

2. Cercle trigonométrique. En trigonométrie, on prend toujours pour unité de longueur le rayon du cercle que l'on consi-

1ère. Ce cercle, dont le rayon égale 1, est appelé *cercle trigonométrique.*

La circonférence du cercle trigonométrique, c'est-à-dire l'arc de 360°, a pour longueur 2π; la demi-circonférence, ou arc de 180°, a pour longueur π; le quadrant, ou arc de 90°, a pour longueur $\frac{\pi}{2}$.

3. Variation des arcs et des angles.

Variations des arcs. Un mobile peut se déplacer sur une circonférence en deux sens opposés : l'un d'eux est dit le *sens positif,* l'autre est le *sens négatif.*

Un cercle est dit *orienté* lorsqu'on a choisi le sens positif sur sa circonférence.

Sur le cercle trigonométrique, le sens du mouvement des aiguilles d'une montre est toujours considéré comme le sens négatif; le sens positif est donc celui qui est indiqué par la flèche (fig. 8).

On appelle *arc* tout chemin parcouru par un mobile sur la circonférence, dans un sens déterminé; quand même ce mobile aurait fait le tour entier ou plusieurs fois le tour de la circonférence.

Le point de départ du mobile s'appelle *origine de l'arc;* son point d'arrivée est l'*extrémité de l'arc.*

Un arc est dit *positif* ou *négatif* suivant qu'il est parcouru dans le sens positif ou dans le sens négatif adoptés.

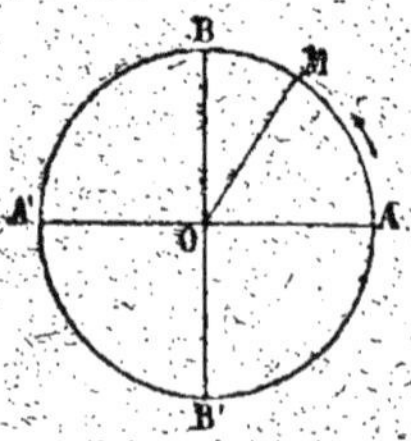

Fig. 8.

L'arc est une variable qui peut prendre toutes les valeurs, depuis $-\infty$ *jusqu'à* $+\infty$.

On prend sur le cercle trigonométrique un point fixe arbitraire A, à partir duquel on compte tous les arcs, et que l'on nomme pour cette raison l'*origine des arcs;* puis on trace les diamètres rectangulaires AA', BB', comme l'indique la figure.

On suppose ensuite qu'un mobile M part du point A et se meut sur la circonférence dans le sens positif ABA'; l'arc qu'il décrit varie d'une manière continue. Il est nul quand le mobile part de A; puis il croît et passe par les valeurs particulières : $\frac{\pi}{2}$, π, $\frac{3\pi}{2}$ et 2π, lorsque le mobile rencontre les points B, A', B' et revient au point A. On peut concevoir qu'après ce premier tour le mobile en fait un second, puis un troisième, et ainsi de suite. Ainsi, l'arc croît indéfiniment.

Si le mobile M, partant de l'origine A, se meut dans le sens négatif AB'A', l'arc parcouru est négatif; il croît encore indéfiniment en valeur absolue et passe par les valeurs particulières :

$-\frac{\pi}{2}, -\pi, -\frac{3\pi}{2}, -2\pi$, etc., jusqu'à $-\infty$.

Chaque fois que le point décrivant M revient au point A, il a parcouru un nombre entier de circonférences, c'est-à-dire un arc qui a pour longueur $2k\pi$, k désignant un nombre entier quelconque, positif ou négatif.

Variations des angles. Tandis que le point M se meut indéfiniment sur la circonférence, le rayon OM, mobile avec lui, tourne autour du centre O et engendre un angle variable AOM, qui a même mesure que l'arc AM et auquel on attribue le même signe.

Ici, l'angle ne sera plus, comme en géométrie, assujetti à rester moindre que deux droits; il pourra passer, aussi bien que l'arc, par toutes les valeurs depuis $-\infty$ jusqu'à $+\infty$.

4. Arcs complémentaires. *On appelle arcs complémentaires deux arcs dont la somme algébrique est égale à 90°, ou $\frac{\pi}{2}$.*

Si un arc a pour mesure a, son *complément* a pour mesure $\frac{\pi}{2} - a$.

Par exception, on prend pour *origine des compléments* le point B, situé à 90° de l'*origine des arcs*, et l'on regarde les compléments comme positifs dans le sens du mouvement des aiguilles d'une montre. Avec ces conventions, deux arcs complémentaires ayant pour origines respectives A et B se terminent au même point. Ainsi l'arc AM a pour complément BM; selon que l'arc AM est inférieur ou supérieur à 90°, son complément BM est positif ou négatif.

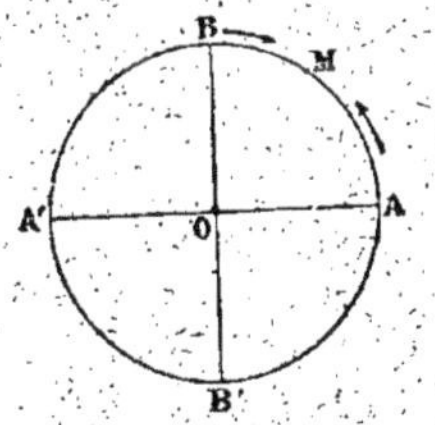

Fig. 9.

Remarque. Dans la suite, à moins que les arcs considérés soient les compléments d'autres arcs donnés, nous supposerons toujours, sauf indications contraires, que tous ces arcs ont une même origine A.

5. Arcs supplémentaires. *On appelle arcs supplémentaires deux arcs dont la somme est égale à* π.

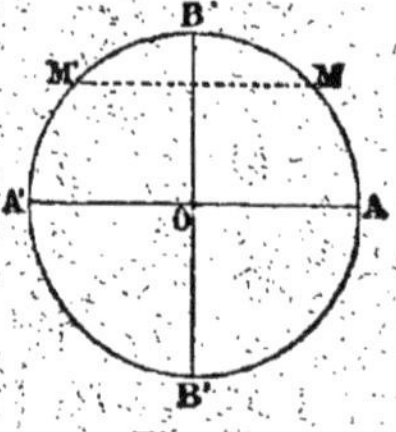

Fig. 10.

Si un arc a pour mesure a, son *supplément* a pour mesure $\pi - a$.

Deux arcs supplémentaires, de même origine A (fig. 10), sont terminés en deux points M, M', situés sur une parallèle au diamètre AA', et, par suite, symétriques l'un de l'autre par rapport au diamètre BB'.

6. Formules générales d'arcs ayant une même origine et des extrémités associées.

1° Arcs de même origine et de même extrémité.

Tous les arcs a ayant la même origine et la même extrémité sont compris dans la formule

$$a = 2k\pi + \alpha \qquad \text{(D)}$$

α *désignant l'un quelconque de ces arcs et* k *un nombre entier quelconque, positif, négatif ou nul.*

Un arc a, dont on connaît seulement l'origine A et l'extrémité M, n'est pas bien déterminé : c'est l'un quelconque des chemins pouvant conduire un mobile sur la circonférence, du point A au point M.

Or il est évident que si l'on connaît l'un quelconque de ces arcs, α, on en peut déduire tous les autres : il suffit d'ajouter à celui-ci un nombre quelconque de circonférences entières, positives ou négatives, c'est-à-dire un arc $k.2\pi$, k désignant un nombre entier quelconque, positif ou négatif.

Donc tous les arcs de même origine et de même extrémité que l'arc α sont compris dans la formule

$$a = 2k\pi + \alpha$$

le nombre entier k pouvant être positif, négatif ou nul.

Remarque. L'arc α ayant pour origine A et pour extrémité M, tout arc a de même origine et de même extrémité est la somme algébrique de deux arcs : l'un $2k\pi$, partant de l'origine A, comprenant un nombre entier de circonférences, et ramenant le mobile au point A ; l'autre, égal à α, qui conduit ensuite le mobile du point A au point M.

2° Arcs de même origine, ayant leurs extrémités sur une même parallèle au diamètre qui passe par l'origine.

Tous les arcs a, ayant une même origine et des extrémités situées sur une même parallèle au diamètre qui passe par l'origine, sont compris dans les deux formules

$$a = 2k\pi + \alpha \quad \text{et} \quad a = (2k+1)\pi - \alpha \qquad \text{(E)}$$

α désignant l'un quelconque de ces arcs et k un nombre entier quelconque, positif, négatif ou nul.

Soient A l'origine commune et M, M' les extrémités d'une corde parallèle au diamètre AA', c'est-à-dire deux points symétriques par rapport au diamètre BB' (fig. 11).

Si l'arc α se termine au point M, par exemple, son supplément se termine au point M' (n° 5). Dès lors, en vertu de la formule (D), tous les arcs terminés en M sont compris dans la formule $$a = 2k\pi + \alpha$$
et tous les arcs terminés en M' sont compris dans la formule
$$a = 2k\pi + (\pi - \alpha)$$
ou
$$a = (2k+1)\pi - \alpha$$
k désignant un nombre entier quelconque, positif, nul ou négatif.

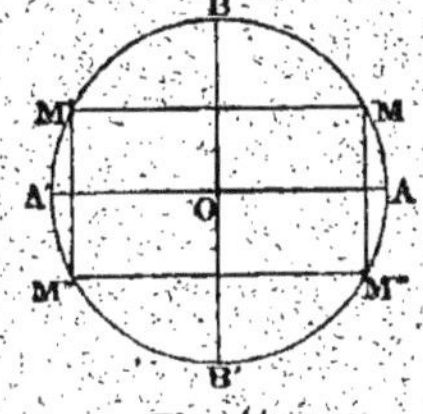

Fig. 11.

Remarque. Si α est l'un des arcs terminés en M, tout arc aboutissant au point M' est la somme algébrique de deux arcs : l'un $(2k+1)\pi$, comprenant un nombre *impair* de demi-circonférences, et conduisant de l'origine A au point A' diamétralement opposé; l'autre $(-\alpha)$, conduisant de ce point A' à l'extrémité M'.

3° **Arcs de même origine, ayant leurs extrémités sur un même diamètre.**

Tous les arcs a, ayant une même origine et des extrémités situées sur un même diamètre, sont compris dans la formule

$$a = k\pi + \alpha \qquad \text{(F)}$$

α désignant l'un quelconque de ces arcs et k un nombre entier quelconque, positif, négatif ou nul.

Soient M, M'' deux points diamétralement opposés, c'est-à-dire deux points symétriques par rapport au centre du cercle trigonométrique (fig. 11).

Les arcs géométriques AM, A'M'', étant égaux entre eux, un

arc α, allant du point A au point M, pourra conduire aussi du point A′ au point M″.

Ainsi, tout arc a, d'origine A et terminé en l'un des points M ou M″, peut être considéré comme la somme algébrique de deux arcs : l'un, partant de l'origine A, et aboutissant en A ou en A′ ; l'autre, égal à α, conduisant ensuite de A en M ou de A′ en M″.

Or le premier de ces arcs ne saurait comprendre qu'un nombre entier de demi-circonférences positives ou négatives ; on peut le représenter par $k\pi$.

Donc tout arc a terminé en M ou en M″ est compris dans la formule

$$a = k\pi + \alpha$$

k désignant un nombre entier quelconque, positif, nul ou négatif.

4° Arcs de même origine, ayant leurs extrémités sur une même perpendiculaire au diamètre qui passe par l'origine.

Tous les arcs a, *ayant une même origine et des extrémités situées sur une même perpendiculaire au diamètre qui passe par l'origine, sont compris dans la formule*

$$a = 2k\pi \pm \alpha \qquad \text{(G)}$$

α *étant l'un quelconque de ces arcs et* k *un nombre entier quelconque, positif, nul ou négatif.*

Soient M, M‴ les extrémités d'une corde perpendiculaire à AA′, c'est-à-dire deux points symétriques par rapport à ce diamètre (fig. 11).

Les arcs géométriques AM, AM‴ étant égaux, si un arc α s'étend du point A au point M, l'arc $-\alpha$ s'étendra du point A au point M‴.

Ainsi, tout arc a, ayant pour origine A et pour extrémité l'un des points M ou M‴, peut être considéré comme la somme algébrique de deux arcs : l'un, partant de A et revenant au point A ; l'autre, égal à $+\alpha$ ou à $-\alpha$ et conduisant du point A au point M ou au point M‴.

Or le premier de ces arcs ne saurait être qu'un nombre entier de circonférences positives ou négatives, c'est-à-dire un arc ayant pour longueur $2k\pi$.

Donc tout arc a terminé en M ou M‴ est compris dans la formule

$$a = 2k\pi \pm \alpha$$

k désignant un nombre entier quelconque, positif, nul ou négatif.

§ II. — Des fonctions circulaires.

Les fonctions circulaires, nommées aussi *rapports trigonométriques* ou *lignes trigonométriques*, sont au nombre de six, savoir : le sinus, la tangente, la sécante, le cosinus, la cotangente et la cosécante. (On écrit pour abréger : sin, tg, séc, cos, cotg, coséc.)

Les fonctions circulaires d'un arc sont les nombres qui mesurent certains segments de droite, liés à cet arc, lorsqu'on prend le rayon de l'arc pour unité de longueur.

Les fonctions circulaires d'un angle sont identiques à celle de l'arc qui a même mesure que cet angle.

7. Rapports trigonométriques. Un angle AOM étant donné, on décrit de son sommet comme centre une circonférence sur laquelle il intercepte un arc AM.

Soient A l'origine de l'arc AM et M son extrémité ; enfin traçons les diamètres rectangulaires AA′ et BB′.

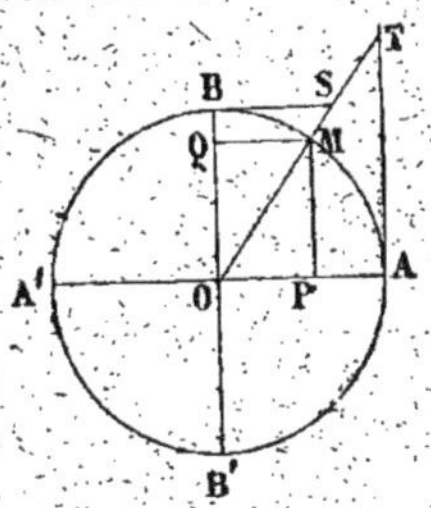

Fig. 12.

On appelle SINUS *d'un arc le rapport au rayon de cet arc, de la perpendiculaire abaissée de l'extrémité de l'arc sur le diamètre qui passe par l'origine.*

Ainsi, le sinus de l'arc AM ou de l'angle AOM est le rapport $\frac{MP}{OA}$.

On appelle TANGENTE *d'un arc le rapport au rayon de cet arc, de la perpendiculaire élevée à l'extrémité du rayon mené par l'origine et comprise entre cette origine et le prolongement du rayon qui passe par l'extrémité de l'arc.*

Ainsi, la tangente de l'arc AM ou de l'angle AOM est le rapport $\frac{AT}{OA}$.

On appelle SÉCANTE *d'un arc le rapport au rayon de cet arc de la droite qui joint le centre à l'extrémité de la tangente.*

Ainsi, la sécante de l'arc AM ou de l'angle AOM est le rapport $\frac{OT}{OA}$.

On appelle COSINUS, COTANGENTE *et* COSÉCANTE *d'un arc, le sinus, la tangente et la sécante du complément de cet arc.*

Ainsi, le cosinus de l'arc AM est le rapport $\frac{MQ}{OB}$, MQ étant la perpendiculaire abaissée de l'extrémité de l'arc sur le diamètre qui passe par l'origine des compléments.

La cotangente de l'arc AM est le rapport $\frac{BS}{OB}$, BS étant la perpendiculaire élevée à l'extrémité du rayon mené par l'origine des compléments et comprise entre cette origine et le prolongement du rayon qui passe par l'extrémité de l'arc.

La cosécante de l'arc AM est le rapport $\frac{OS}{OB}$, OS étant la distance du centre à l'extrémité de la cotangente.

Lignes trigonométriques. On convient une fois pour toutes de prendre pour unité de longueur le rayon OA du cercle considéré. Dès lors les six rapports trigonométriques de l'arc AM ou de l'angle AOM se réduisent aux nombres qui mesurent leurs numérateurs. Ces numérateurs sont des segments de droites qui prennent le nom de *lignes trigonométriques.*

Les définitions qui précèdent peuvent donc être remplacées par les suivantes :

Le SINUS *d'un arc est la longueur de la perpendiculaire abaissée de l'extrémité de l'arc sur le diamètre qui passe par l'origine.*

La TANGENTE *d'un arc est le segment de la tangente menée à l'arc en son origine, compris entre cette origine et le prolongement du rayon qui passe par l'extrémité de l'arc.*

La SÉCANTE *d'un arc est le segment de droite compris entre le centre de l'arc et l'extrémité de la tangente.*

Le COSINUS *d'un arc est la distance de l'extrémité de l'arc au diamètre qui passe par l'origine des compléments*, ou mieux, à cause du rectangle OPMQ, *le cosinus est la distance du centre au pied du sinus.*

La COTANGENTE *est le segment de la tangente menée au cercle à l'origine des compléments, compris entre cette origine et le prolongement du rayon qui passe par l'extrémité de l'arc.*

La COSÉCANTE *est la distance du centre à l'extrémité de la cotangente.*

Remarque I. Le cosinus, la cotangente et la cosécante d'un arc, qui ne sont autres que le sinus, la tangente et la sécante du complément de cet arc, sont appelées pour cette raison lignes ou fonctions *complémentaires*.

Remarque II. Le point A étant l'origine des arcs et B l'origine des compléments, tous les sinus sont parallèles au diamètre BB', et tous les cosinus sont parallèles au diamètre AA'. C'est pourquoi le diamètre AA' est dit l'*axe des cosinus*, et le diamètre BB' l'*axe des sinus*.

Les tangentes sont parallèles à l'axe des sinus, et les cotangentes le sont à celui des cosinus.

Remarque III. Il est avantageux de modifier les définitions de la sécante et de la cosécante, de manière à pouvoir compter aussi ces deux dernières lignes sur les directions rectangulaires OA, OB.

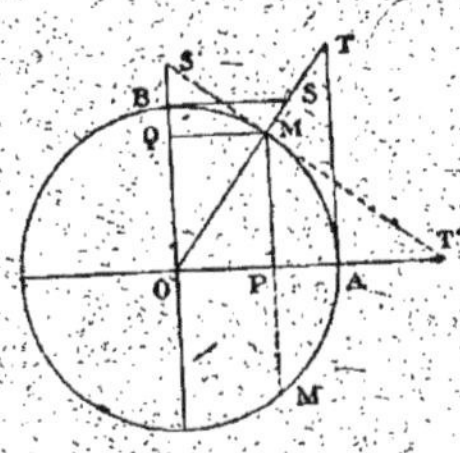

Fig. 13.

La tangente au cercle, menée par l'extrémité M de l'arc, rencontre la direction OA en un point T' et la direction OB en un point S'.

Les triangles égaux OAT, OMT' et OBS, OMS' montrent que la sécante OT se reporte en OT' et la cosésante OS en OS'.

Ainsi, *la* SÉCANTE *d'un arc est le segment de la droite AA', compris entre le centre du cercle et la tangente menée à l'extrémité de l'arc.*

La COSÉCANTE *est le segment de la droite BB' compris entre le centre du cercle et la tangente menée à l'extrémité de l'arc.*

8. Tracé des lignes trigonométriques d'un arc dans chacun des

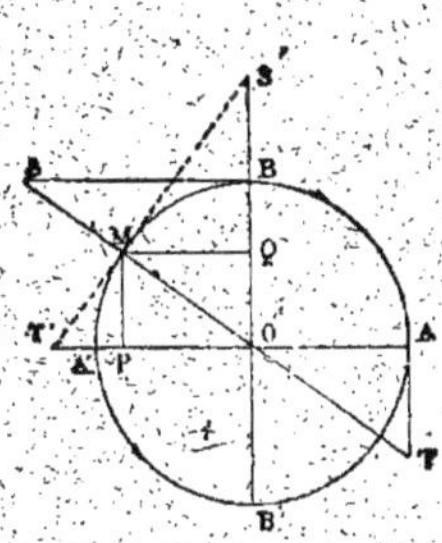

Fig. 15.

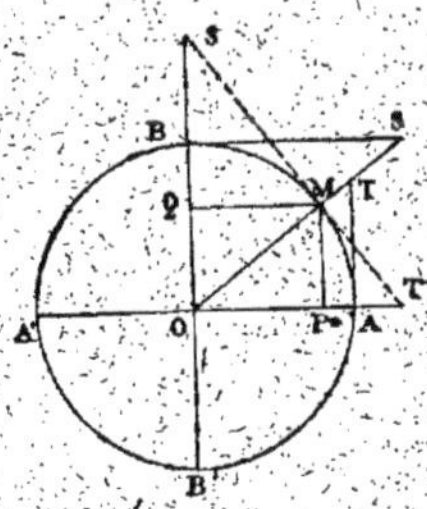

Fig. 14.

quadrants. Les figures suivantes indiquent les six lignes trigonométriques d'un arc AM $= a$, dont l'extrémité M tombe successivement dans le 1er, le 2e, le 3e et le 4e quadrant.

On a $\sin a = \text{MP}$, $\text{tg}\, a = \text{AT}$, $\text{séc}\, a = \text{OT}$ ou OT'

$\cos a = \text{OP}$, $\text{cotg}\, a = \text{BS}$, $\text{coséc}\, a = \text{OS}$ ou OS'

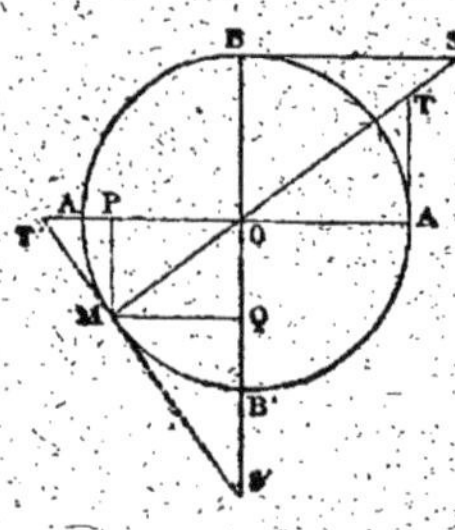

Fig. 16.

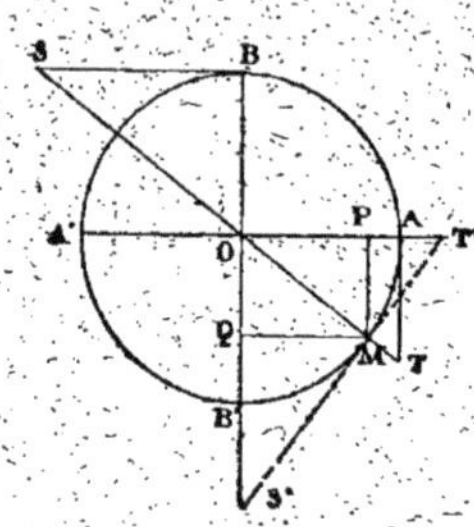

Fig. 17.

9. Signes des lignes trigonométriques. Toute ligne trigonométrique étant un segment de droite perpendiculaire à l'un des axes rectangulaires OA, OB, et ayant son origine sur cet axe, on lui attribue le signe + ou le signe — d'après les conventions générales suivantes :

Tout segment perpendiculaire au diamètre B'B *est positif à droite de ce diamètre et négatif à gauche.*

Tout segment perpendiculaire au diamètre A'A *est positif au-dessus de ce diamètre et négatif au-dessous.*

Ainsi, le *sinus* d'un arc est positif lorsque cet arc est terminé dans le 1er ou le 2e quadrant, et négatif quand l'arc est terminé dans le 3e ou le 4e quadrant.

La *tangente* est positive dans le 1er et le 3e quadrant, négative dans le 2e et le 4e quadrant.

Le *cosinus* est positif dans le 1er et le 4e quadrant, négatif dans le 2e et le 3e quadrant.

La *sécante* d'un arc est toujours de même signe que son cosinus; la *cotangente* est de même signe que la tangente; la *cosécante* est de même signe que le sinus.

Les figures suivantes indiquent le signe de chaque ligne trigonométrique dans chacun des quadrants (fig. 18).

Remarque I. Si l'on considère la sécante et la cosécante non plus en OT' et OS' sur les axes OA, OB, mais dans leurs positions OT et OS, on voit que chacune de ces lignes trigonométriques est *positive quand elle passe par l'extrémité de l'arc et négative dans le cas contraire,* c'est-à-dire quand l'un de ses prolongements passe par l'extrémité de l'arc.

Remarque II. Lorsqu'un arc se termine dans le 1er quadrant, ses lignes trigonométriques sont toutes positives.

Dans le 2e quadrant, toutes les lignes sont négatives, excepté le sinus et la cosécante.

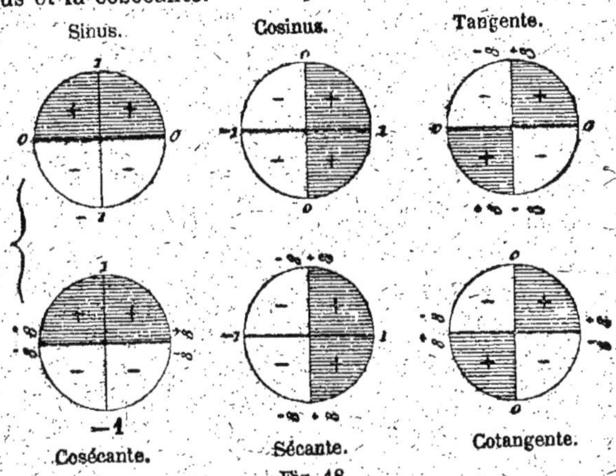

Fig. 18.

Dans le 3e quadrant, toutes les lignes sont négatives, excepté la tangente et la cotangente.

Dans le 4e quadrant, toutes les lignes sont négatives, excepté le cosinus et la sécante.

10. Théorème. *Les rapports trigonométriques d'un angle sont indépendants du rayon du cercle considéré* (ils sont déterminés dès que l'angle est connu).

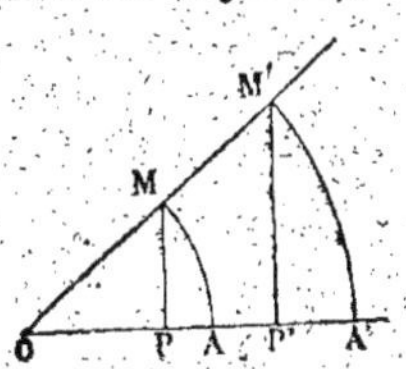

Soit un angle AOM mesuré par l'arc $AM = a$, décrit du sommet O comme centre avec le rayon $OA = 1$, et par tout autre arc A'M' décrit du même centre avec un rayon quelconque $OA' = R$.

Fig. 19.

Abaissons sur OA les perpendiculaires MP, M'P'; les triangles semblables OPM, OP'M' donnent :

$$\frac{MP}{M'P'} = \frac{OP}{OP'} = \frac{OM}{OM'}$$

c'est-à-dire
$$\frac{\sin a}{M'P'} = \frac{\cos a}{OP'} = \frac{1}{R}$$

d'où
$$\sin a = \frac{M'P'}{R} \quad \text{et} \quad \cos a = \frac{OP'}{R}$$

Donc, quel que soit le rayon R, sin a est égal au rapport $\frac{M'P'}{R}$, cos a est égal au rapport $\frac{OP'}{R}$.

Il en serait de même de tous les autres rapports trigonométriques.

§ III. — Relations entre les lignes trigonométriques de certains axes.

Inscrivons au cercle trigonométrique un rectangle MM'M''M''', dont les côtés soient parallèles aux diamètres rectangulaires AA' et BB', c'est-à-dire à l'axe des cosinus et à l'axe des sinus. Un tel rectangle pourrait être nommé un rectangle trigonométrique.

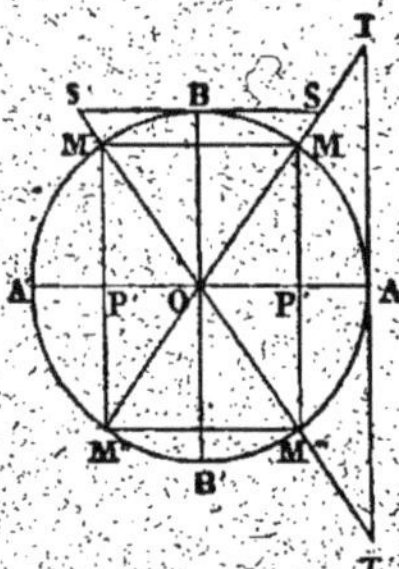

Fig. 20.

En construisant les lignes trigonométriques des arcs terminés en chacun des quatre sommets M, M', M'', M''', on constate que les lignes de même nom sont égales en valeur absolue. Parmi les nombreuses conséquences qui découlent de cette remarque, les suivantes sont particulièrement utiles à retenir.

11. Arcs qui diffèrent d'un nombre entier de circonférences. Deux arcs de même origine, qui diffèrent d'un nombre entier de circonférences, sont terminés au même point (n° 6, 1°) ; ils ont donc les mêmes lignes trigonométriques.

Quels que soient l'arc a et le nombre entier k, on peut écrire :

$$\sin(2k\pi + a) = \sin a \qquad \text{coséc}\,(2k\pi + a) = \text{coséc}\,a$$
$$\cos(2k\pi + a) = \cos a \qquad \text{séc}\,(2k\pi + a) = \text{séc}\,a$$
$$\text{tg}\,(2k\pi + a) = \text{tg}\,a \qquad \text{cotg}\,(2k\pi + a) = \text{cotg}\,a$$

Ainsi, *lorsqu'on ajoute ou qu'on retranche à un arc un nombre quelconque de circonférences, ses lignes trigonométriques conservent les mêmes valeurs absolues affectées des mêmes signes.*

12. Arcs supplémentaires. Deux arcs supplémentaires AM, AM', ont leurs extrémités symétriques par rapport au diamètre

BB'; leurs lignes trigonométriques sont donc égales et de signes contraires, à l'exception du sinus $MP = M'P'$ et de la cosécante $OS = OS'$ qui sont égales et de même signe. En sorte qu'on a :

$$\sin(\pi - a) = \sin a, \qquad \operatorname{coséc}(\pi - a) = \operatorname{coséc} a$$
$$\cos(\pi - a) = -\cos a, \qquad \operatorname{séc}(\pi - a) = -\operatorname{séc} a$$
$$\operatorname{tg}(\pi - a) = -\operatorname{tg} a, \qquad \operatorname{cotg}(\pi - a) = -\operatorname{cotg} a$$

Donc, *si l'on remplace un arc par son supplément, les lignes trigonométriques conservent leur valeur absolue et changent de signe, à l'exception du* sinus *et de la* cosécante.

Fig. 21.

Dans les applications, on a fréquemment à se rappeler que *deux angles supplémentaires ont des sinus égaux et de même signe, mais des cosinus égaux et de signes contraires.*

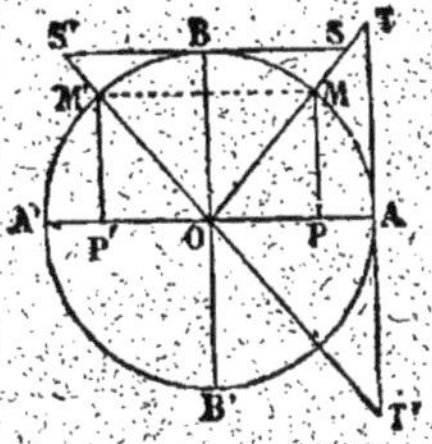

13. Arcs qui diffèrent d'une demi-circonférence. Deux arcs AM et AM' qui diffèrent d'*une demi-circonférence* ont leurs extrémités diamétralement opposées ; leurs lignes trigonométriques sont donc égales et de signes contraires, à l'exception de la tangente AT et de la cotangente BS, qui sont égales et de même signe.

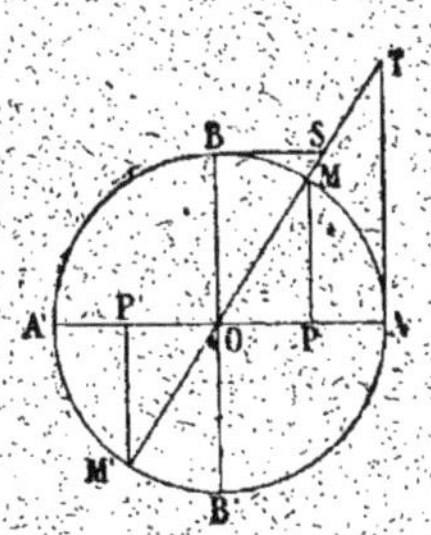

Fig. 22.

On a donc :

$$\sin(\pi + a) = -\sin a, \qquad \operatorname{coséc}(\pi + a) = -\operatorname{coséc} a$$
$$\cos(\pi + a) = -\cos a, \qquad \operatorname{séc}(\pi + a) = -\operatorname{séc} a$$
$$\operatorname{tg}(\pi + a) = \operatorname{tg} a, \qquad \operatorname{cotg}(\pi + a) = \operatorname{cotg} a$$

Donc, *si l'on ajoute ou si l'on retranche à un arc une demi-circonférence, les lignes trigonométriques conservent leur valeur absolue et changent de signe, à l'exception de la* tangente *et de la* cotangente.

14. Arcs égaux et de signes contraires. Deux arcs *égaux et de signes contraires*, AM et AM', ont leurs extrémités symétriques par rapport au diamètre AA'; leurs lignes trigonométriques sont donc égales en valeur absolue et de signes contraires, à l'exception du cosinus OP et de la sécante OT = OT', qui sont égales et de même signe.

Ainsi on peut écrire :

$$\sin(-a) = -\sin a, \qquad \operatorname{cos\acute{e}c}(-a) = -\operatorname{cos\acute{e}c} a$$
$$\cos(-a) = \cos a, \qquad \operatorname{s\acute{e}c}(-a) = \operatorname{s\acute{e}c} a$$
$$\operatorname{tg}(-a) = -\operatorname{tg} a, \qquad \operatorname{cotg}(-a) = -\operatorname{cotg} a$$

Donc, *si l'on change le signe d'un arc, les lignes trigonométriques conservent leur valeur absolue et changent de signe, à l'exception du* cosinus *et de la* sécante

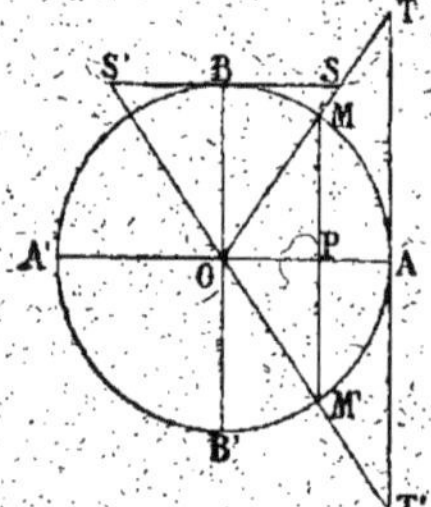

Fig. 23.

Remarque. D'après ce qui précède, un arc quelconque étant donné, il existe toujours un arc du premier quadrant et un seul, ayant les mêmes lignes trigonométriques que lui, en valeur absolue.

Ainsi, abstraction faite des signes, les lignes trigonométriques prennent dans le premier quadrant toutes les valeurs qu'elles sont susceptibles de prendre ; de sorte que si l'on connaissait les lignes trigonométriques de tous les arcs compris entre 0° et 90°, on en pourrait déduire les valeurs et les signes des lignes trigonométriques de tous les autres arcs.

15. Réduire un arc au premier quadrant.

Réduire un arc au premier quadrant, c'est trouver l'arc compris entre 0° *et* 90° *dont les lignes trigonométriques sont égales en valeur absolue à celles de l'arc donné.*

Pour ramener au premier quadrant un arc donné a, si cet arc surpasse 360°, on le divise d'abord par 360 ; ce qui donne un quotient entier q et un reste α inférieur à 360.

Le quotient indique combien l'arc donné renferme de circonférences entières ; le reste fait connaître dans quel quadrant cet arc se termine et, par suite, de quels signes sont affectées ses lignes trigonométriques.

Si le reste α *est inférieur à* 90°, *c'est l'arc cherché*, dont les lignes trigonométriques sont égales en valeur absolue à celles de a.

Si α *est un arc du* 2e *quadrant, on le retranche de* π : la différence $\pi - \alpha$ est l'arc demandé.

Si α *est un arc du* 3e *quadrant, on lui retranche* π : l'excès $\alpha - \pi$ répond à la question.

Si α est un arc du 4e quadrant, on le retranche de 2π : la différence $2\pi - \alpha$ est l'arc demandé.

EXEMPLES : On a :

1° $1860° = 360° \times 5 + 60°$

2° $1575° = 360° \times 4 + 135°$ et $\pi - 135° = 45°$

3° $930° = 360° \times 2 + 210°$ et $210° - \pi = 30°$

4° $705° = 360° + 345°$ et $2\pi - 345° = 15°$

Ainsi, les lignes trigonométriques des arcs

1860°, 1575°, 930° et 705°,

sont respectivement égales, en valeur absolue, à celles des arcs

60°, 45°, 30° et 15°.

16. Arcs qui diffèrent de $\frac{\pi}{2}$.

Pour obtenir les lignes trigonométriques de l'arc $\left(a + \frac{\pi}{2}\right)$, en fonction de celles de l'arc a, il suffit de les exprimer d'abord en fonction des lignes trigonométriques de l'arc $(-a)$, puis de remplacer ces dernières en fonction de celles de l'arc a.

Les arcs $\left(a + \frac{\pi}{2}\right)$ et $(-a)$ étant complémentaires, on a successivement (nos 7 et 14) :

$$\sin\left(a + \frac{\pi}{2}\right) = \cos(-a) = \cos a$$

$$\cos\left(a + \frac{\pi}{2}\right) = \sin(-a) = -\sin a$$

$$\operatorname{tg}\left(a + \frac{\pi}{2}\right) = \operatorname{cotg}(-a) = -\operatorname{cotg} a, \text{ etc.}$$

Donc, *si deux arcs diffèrent de $\frac{\pi}{2}$, les lignes trigonométriques de l'un sont égales en valeur absolue aux lignes complémentaires de l'autre; et ces valeurs égales ont des signes contraires, excepté le sinus et la cosécante du plus grand arc et le cosinus et la sécante du plus petit, qui sont quatre lignes trigonométriques de même signe.*

§ IV. — Variations des lignes trigonométriques.

Proposons-nous de suivre les variations de chacune des lignes trigonométriques de l'arc a lorsque celui-ci passe, en croissant, par tous les états de grandeur.

Nous supposerons que cet arc est engendré par un mobile M qui décrit la circonférence dans le sens positif.

Toutes les fois que ce mobile passe au même point de la circonférence, les six lignes trigonométriques de l'arc reprennent les mêmes valeurs (nº 11).

A chaque tour de circonférence, les six lignes trigonométriques reprennent quatre fois les mêmes valeurs absolues, pour les quatre positions du point M situées aux sommets d'un même rectangle trigonométrique (fig. 20).

17. Sinus et cosinus.

1º Variations du sinus. Si l'extrémité de l'arc part de l'origine et, marchant dans le sens positif, décrit les quatre quadrants,

Dans le 1er quadrant, le sinus croît de 0 à $+1$, en passant par toutes les valeurs intermédiaires.

Dans le 2e quadrant, le sinus décroît de $+1$ à 0 en reprenant en ordre inverse toutes les valeurs précédentes.

Dans le 3e quadrant, le sinus devient négatif et décroît de 0 à -1.

Dans le 4e quadrant, le sinus reste négatif et croît de -1 à 0.

Pour deux positions de l'extrémité M équidistantes du point B ou du point B', le sinus a deux valeurs égales et de même signe.

Pour deux positions de M équidistantes du point A ou du point A', les sinus sont égaux et de signes contraires.

Chaque fois que l'extrémité M fait un tour de circonférence, le sinus change deux fois de signe en passant par 0, et prend deux fois chacune des valeurs comprises entre son *maximum* $+1$ et son *minimum* -1.

Périodicité du sinus. Le sinus ne change pas lorsqu'on ajoute ou qu'on retranche à l'arc un nombre entier quelconque de circonférences, on a
$$\sin(a + 2k\pi) = \sin a$$

Donc, *le sinus est une fonction périodique de l'arc, et l'amplitude de sa période est* 2π. (nº XXII.)

Courbe figurative des variations du sinus. Sur deux axes rectangulaires Ox, Oy, portons en abscisses les valeurs de l'arc a et en ordonnées les valeurs correspondantes de sin a (nº XXIV).

Par exemple, en développant l'arc OM on obtient l'abscisse OM′, et son sinus PM donne l'ordonnée correspondante M′S = PM.

Lorsque le point M décrit la circonférence, le point M′ se déplace sur l'axe Ox, et le point S engendre la courbe figurative des variations du sinus. Cette courbe se prolonge indéfiniment dans les deux sens de la droite Ox, qu'elle traverse en une infinité de points équidistants ; la courbe est symétrique par rapport à chacun des points situés sur Ox et par rapport à chacune des droites passant par les ordonnées maximums ou minimums.

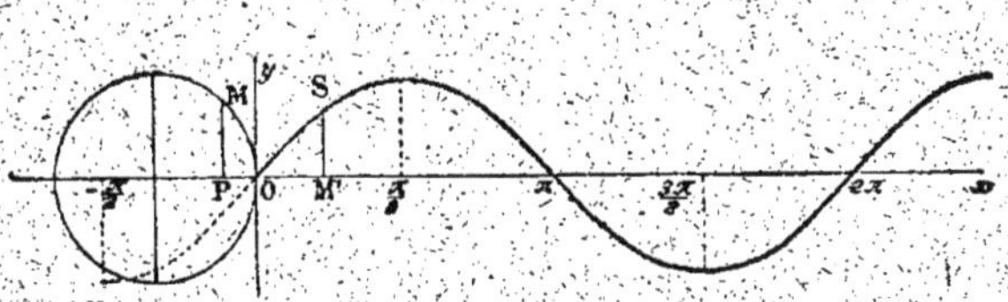

Fig. 24. — Variations du sinus.

2º **Variations du cosinus.** Si l'extrémité de l'arc part de l'origine et décrit, dans le sens positif, chacun des quadrants :

Dans le 1er quadrant, le cosinus décroît de $+1$ à 0 en passant par toutes les valeurs intermédiaires.

Dans le 2e quadrant, le cosinus décroît de 0 à -1.

Dans le 3e et le 4e quadrant, le cosinus croît d'abord de -1 à 0, puis de 0 à $+1$; reprenant ainsi, en ordre inverse, toutes les valeurs du cosinus dans le 2e et le 1er quadrant.

Pour deux positions de l'extrémité M équidistantes du point A ou du point A′, les cosinus sont égaux et de même signe.

Pour deux positions de M équidistantes du point B ou du point B′, les cosinus sont égaux et de signes contraires.

A chaque tour de circonférence effectué par l'extrémité M, le cosinus change deux fois de signe en passant par 0, et prend deux fois chacune des valeurs comprises entre son *maximum* $+1$ et son *minimum* -1.

Périodicité du cosinus. Quelle que soit la valeur de l'arc a, on a pour toute valeur du nombre entier k

$$\cos(a+2k\pi)=\cos a$$

Donc, ***le cosinus est une fonction périodique de l'arc, et l'amplitude de sa période est*** 2π.

Courbe figurative des variations du cosinus. Sur deux axes rectangulaires Ox, Oy, on porte en abscisses les longueurs des arcs et en ordonnées les valeurs correspondantes du cosinus.

La courbe qui passe par les extrémités de toutes les ordonnées ainsi obtenues représente les variations du cosinus.

Fig. 25. — Variations du cosinus.

18. Tangente et cotangente.

1° Variations de la tangente. Si l'extrémité de l'arc part de l'origine et décrit la circonférence dans le sens positif :

Dans le 1er quadrant, la tangente est positive, elle part de 0 et augmente indéfiniment. Lorsque l'arc a tend vers $\frac{\pi}{2}$ par des valeurs croissantes, sa tangente tend vers $+\infty$.

Dans le 2e quadrant, la tangente est négative ; elle reprend les mêmes valeurs absolues dans un ordre inverse ; ainsi, elle croît de $-\infty$ à 0. On voit qu'au moment où l'extrémité M traverse le point B, en suivant le sens positif, la tangente passe de $+\infty$ à $-\infty$.

Dans le 3e quadrant, comme dans le 1er, la tangente croît de 0 à $+\infty$.

Dans le 4e comme dans le 2e, la tangente croît de $-\infty$ à 0.

Pour deux positions de l'extrémité M équidistantes du point B ou du point B′, les tangentes sont égales et de signes contraires.

Pour deux positions diamétralement opposées du point M, les tangentes sont égales et de même signe.

La tangente est une fonction de l'arc constamment croissante. A chaque tour de circonférence effectué par l'extrémité M, elle passe deux fois de suite par la série complète des valeurs de $-\infty$ à $+\infty$.

Périodicité de la tangente. La tangente d'un arc ne change pas lorsqu'on ajoute ou qu'on retranche à cet arc un nombre entier de *demi-circonférences.*

On a $$\operatorname{tg}(a + k\pi) = \operatorname{tg} a$$

Donc, *la tangente est une fonction périodique de l'arc, et l'amplitude de sa période est égale à* π (n° XXII).

2° Variations de la cotangente.

Dans le 1er quadrant, la cotangente décroît de $+\infty$ à 0.

Dans le 2e quadrant, elle décroît de 0 à $-\infty$.

Dans le 3e quadrant, elle décroît, comme dans le 1er, de $+\infty$ à 0.

Dans le 4e quadrant, comme dans le 2e, elle décroît de 0 à $-\infty$.

Chaque fois que l'extrémité de l'arc fait le tour de la circonférence, la cotangente passe deux fois par la série des valeurs de $-\infty$ à $+\infty$; elle change quatre fois de signes en passant soit par O, soit par l'infini; enfin elle n'admet ni maximum ni minimum.

La cotangente est une fonction périodique de l'arc, et l'amplitude de sa période est égale à π.

On a $$\cot g(a + k\pi) = \cot g\, a.$$

Courbes figuratives des variations de la tangente et de la cotangente.

Les variations de la tangente et de la cotangente sont représentées par les figures suivantes :

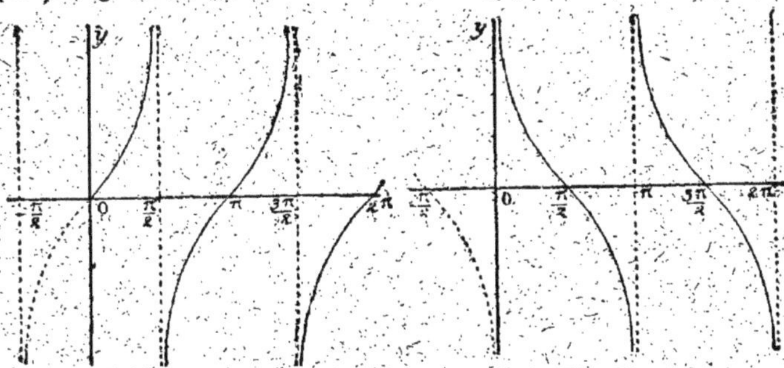

Fig. 26. Variations de la tangente.

Fig. 27. Variations de la cotangente.

19. Sécante et cosécante.

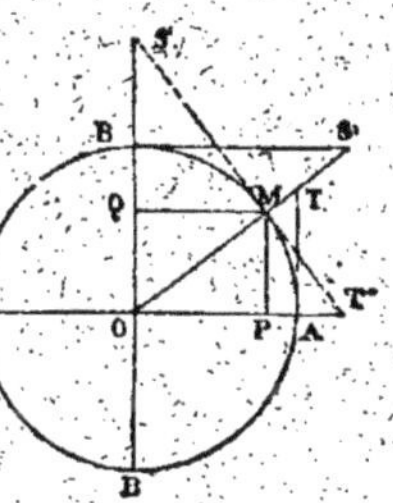

Fig. 28.

Pour suivre aisément les variations de ces deux lignes trigonométriques, il suffit de se rappeler que la sécante et la cosécante sont les segments OT′ et OS′ interceptés sur les axes rectangulaires OA, OB, par la tangente au cercle trigonométrique, dont le point de contact coïncide avec l'extrémité de l'arc. Quand ce point M décrit la circonférence, la tangente T′S′ roule sur le cercle, et les points T′, S′, se meuvent sur les axes.

1° Variations de la sécante.

Dans le 1er quadrant, la sécante croît de 1 à $+\infty$.

Dans le 2e quadrant, la sécante croît de $-\infty$ à -1.

Dans le 3e quadrant, elle décroît de -1 à $-\infty$.

Dans le 4e, elle décroît de $+\infty$ à $+1$.

Pour deux positions de l'extrémité de l'arc équidistantes du point A ou du point A', les sécantes sont égales.

Pour deux positions de l'extrémité de l'arc équidistantes du point B ou du point B', les sécantes sont égales et de signes contraires.

A chaque tour de circonférence effectué par l'extrémité de l'arc, la sécante change deux fois de signe en passant par l'infini, et elle passe deux fois par chacune des valeurs comprises entre $+\infty$ et son minimum $+1$, ou entre $-\infty$ et son maximum -1.

2° Variations de la cosécante.

Dans le 1er quadrant, la cosécante décroît de $+\infty$ à $+1$.

Dans le 2e quadrant, elle croît de $+1$ à $+\infty$.

Dans le 3e quadrant, elle croît de $-\infty$ à -1.

Dans le 4e quadrant, elle décroît de -1 à $-\infty$.

Pour deux positions de l'extrémité M équidistantes du point B ou du point B', les cosécantes sont égales.

Pour deux positions de M équidistantes du point A ou du point A', les cosécantes sont égales et de signes contraires.

A chaque tour de circonférence effectué par l'extrémité M, la cosécante change deux fois de signes en passant par l'infini, et elle prend deux fois toute valeur non comprise entre -1 et $+1$.

Périodicité de la sécante et de la cosécante.

On a $\text{séc}\,(a+2k\pi) = \text{séc}\,a$ et $\text{cosée}\,(a+2k\pi) = \text{coséc}\,a$.

Donc, *la sécante et la cosécante sont des fonctions périodiques de l'arc, et l'amplitude de chaque période est* 2π.

Courbes figuratives de la sécante et de la cosécante.

Les variations de la sécante et de la cosécante sont représentées par les courbes suivantes :

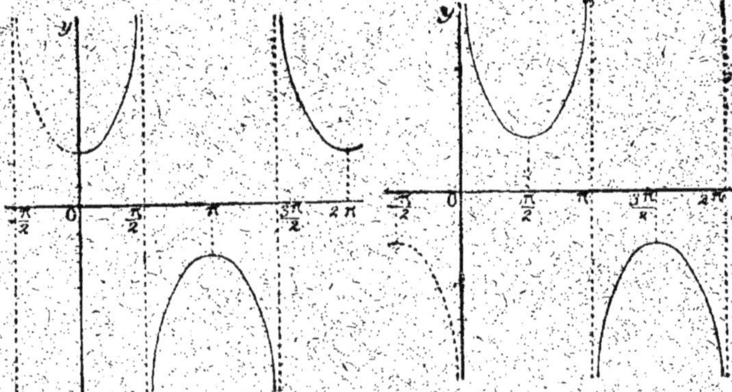

Fig. 29.
Variations de la sécante.

Fig. 30.
Variations de la cosécante.

Résumé. Le tableau suivant indique les valeurs des six lignes trigonométriques pour chacun des angles

$$0^\circ, \quad \frac{\pi}{2}, \quad \pi, \quad \frac{3\pi}{2}, \quad 2\pi$$

et le sens de variation de chacune de ces lignes dans les quatre quadrants.

Arc a	0		$\frac{\pi}{2}$		π		$\frac{3\pi}{2}$		2π	Amplitude.
Sin a	0	croît	1	décroît	0	décroît	-1	croît	0	2π
Cos a	1	décroît	0	décroît	-1	croît	0	croît	1	2π
Tang a	0	croît	$\pm\infty$	croît	0	croît	$\pm\infty$	croît	0	π
Cot a	∞	décroît	0	décroît	$\mp\infty$	décroît	0	décroît	$-\infty$	π
Séc a	1	croît	$\pm\infty$	croît	-1	décroît	$\mp\infty$	décroît	1	2π
Coséc a	∞	décroît	1	croît	$\pm\infty$	croît	-1	décroît	$-\infty$	2π

Remarque. D'après ce qui précède :

1° *Tout nombre positif ou négatif peut représenter une tangente ou une cotangente.*

2° *Les nombres qui ne sont pas compris entre -1 et $+1$ peuvent seuls représenter une sécante ou une cosécante.*

3° *Les nombres appartenant à l'intervalle de -1 à $+1$ sont les seuls qui puissent représenter un sinus ou un cosinus.*

§ V. — Arcs ayant une ligne trigonométrique donnée.

Un arc donné n'a qu'une seule ligne trigonométrique de chaque espèce ; au contraire, à une ligne trigonométrique donnée correspondent des arcs en nombre indéfini.

Proposons-nous d'exprimer, en fonction de l'un d'entre eux, tous les arcs ayant une ligne trigonométrique donnée.

Nous déduirons ensuite, des formules obtenues, les conditions pour que deux arcs aient des sinus égaux, ou des cosinus égaux, ou des tangentes égales, etc.

20. Formules des arcs ayant un sinus donné ou une cosécante donnée. *Tous les arcs ayant un sinus donné ou une cosécante donnée sont compris dans les deux formules*

$$a = 2k\pi + \alpha \quad \text{et} \quad a = (2k+1)\pi - \alpha \qquad \text{(E)}$$

α étant l'un quelconque de ces arcs et k *un nombre entier quelconque, positif, nul ou négatif.*

1° **Arcs ayant un sinus donné.** Portons sur l'axe des sinus BB' un segment OH égal en grandeur et en signe au sinus donné; puis, par le point H, menons la corde MM' parallèle au diamètre AA'. Il est évident que tous les arcs terminés en M ou en M' ont pour sinus OH, et que ce sont les seuls.

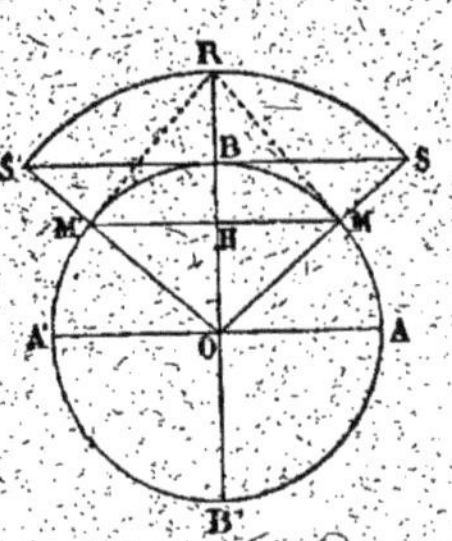

Fig. 31.

Ainsi, *tous les arcs qui ont un même sinus donné se terminent sur une droite parallèle au diamètre* AA'.

Donc (nº 6, 2º), si l'on désigne l'un de ces arcs par α, tous les autres peuvent s'en déduire à l'aide des formules (E), dans lesquelles il suffit de remplacer k par un nombre entier quelconque, positif ou négatif.

2º **Arcs ayant une cosécante donnée.** Portons sur l'axe BB' un segment OR égal en grandeur et en signe à la cosécante donnée; puis menons au cercle les tangentes RM, RM'. Tous les arcs terminés en M ou en M' ont pour cosécante OR, et ce sont les seuls.

On obtiendrait aussi les points M et M' en coupant la tangente SS' par un arc décrit du centre O avec OR pour rayon; les droites OS, OS' passent par les points cherchés.

Ces points M et M' sont symétriques par rapport au diamètre BB'. Donc (nº 6, 2º), tous les arcs a ayant la cosécante donnée sont renfermés dans les formules (E), où α désigne l'un quelconque de ces arcs.

Condition pour que deux arcs aient des sinus égaux.

Pour que deux arcs aient des sinus égaux, et par suite des cosécantes égales, il faut et il suffit que leur différence soit un nombre pair ou que leur somme soit un nombre impair de demi-circonférences.

En effet, pour que deux arcs a et α aient le même sinus ou la même cosécante, il faut et il suffit qu'ils satisfassent à l'une des formules (E), c'est-à-dire que l'on ait

$$a-\alpha=2k\pi \quad \text{ou bien} \quad a+\alpha=(2k+1)\pi$$

21. Formule des arcs ayant une tangente ou une cotangente

donnée. *Tous les arcs ayant une tangente ou une cotangente donnée sont compris dans la formule*

$$a = k\pi + \alpha \qquad (F)$$

α désignant l'un quelconque de ces arcs et k un nombre entier quelconque, positif, nul ou négatif.

1° **Arcs ayant une tangente donnée.** Portons sur la tangente en A un segment AT égal en grandeur et en signe à la tangente donnée ; puis menons la droite OT qui rencontre la circonférence en M et en M'. Il est évident que tous les arcs terminés en M ou en M' ont pour tangente OT, et que ce sont les seuls.

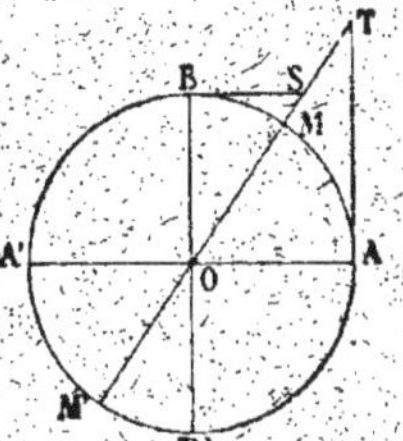

Fig. 32.

Ainsi, *tous les arcs qui ont une même tangente donnée se terminent sur un même diamètre.*

Donc (nº 6, 3º), si l'on désigne l'un de ces arcs par α, tous sont compris dans la formule (F) où k représente un nombre entier quelconque, positif, nul ou négatif.

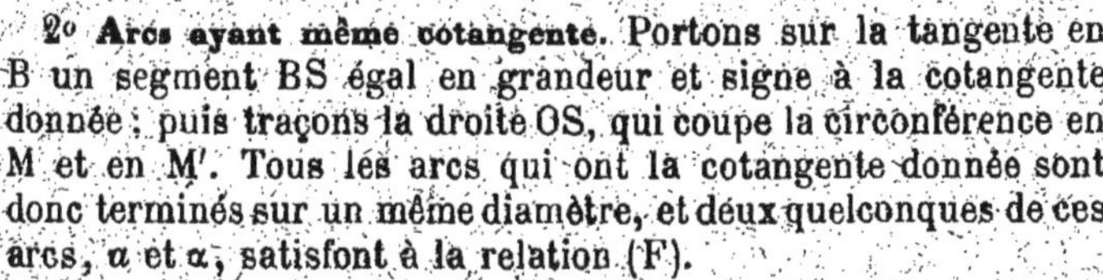

2° **Arcs ayant même cotangente.** Portons sur la tangente en B un segment BS égal en grandeur et signe à la cotangente donnée ; puis traçons la droite OS, qui coupe la circonférence en M et en M'. Tous les arcs qui ont la cotangente donnée sont donc terminés sur un même diamètre, et deux quelconques de ces arcs, a et α, satisfont à la relation (F).

Condition pour que deux arcs aient des tangentes égales.

Pour que deux arcs aient des tangentes égales, et par suite des cotangentes égales, il faut et il suffit que leur différence soit un nombre entier quelconque de demi-circonférences.

En effet, pour que deux arcs a et α aient la même tangente ou la même cotangente, il faut et il suffit qu'ils satisfassent à la formule (F), c'est-à-dire que l'on ait $a - \alpha = k\pi$

22. Formule des arcs ayant un cosinus donné ou une sécante donnée. *Tous les arcs ayant un cosinus donné ou une sécante donnée sont compris dans la formule*

$$a = 2k\pi \pm \alpha \qquad (G)$$

α désignant l'un quelconque de ces arcs et k un nombre entier quelconque, positif, négatif ou nul.

1° Arcs ayant un cosinus donné. Portons sur l'axe des cosinus AA' un segment OP égal en grandeur et signe au cosinus donné; puis menons par le point P la corde MM' parallèle au diamètre BB'. Il est évident que tous les arcs terminés en M et en M' ont pour cosinus OP, et que ce sont les seuls.

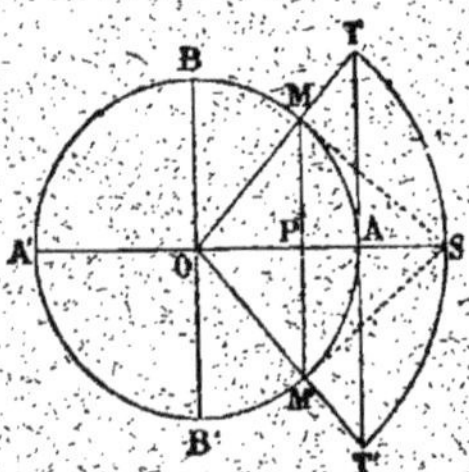

Fig. 33.

Ainsi, *tous les arcs qui ont un cosinus donné se terminent sur une droite perpendiculaire au diamètre* AA'.

Donc (n° 6, 4°), si l'on désigne l'un de ces arcs par α, tous sont compris dans la formule (G) où k représente un nombre entier quelconque, positif, négatif ou nul.

2° Arcs ayant une sécante donnée. Portons sur l'axe AA' un segment OS égal en grandeur et en signe à la sécante donnée; puis menons au cercle les tangentes SM, SM'. Tous les arcs terminés en M ou M' ont pour sécante OS, et ce sont les seuls.

On obtiendrait ces mêmes points M, M' en coupant la tangente TT' par la circonférence décrite du centre O avec OS pour rayon; les droites OT, OT' passent par les points cherchés.

Ces points M et M' sont symétriques par rapport au diamètre AA'.

Donc (n° 6, 4°), deux arcs a et α ayant la sécante donnée satisfont à la formule (G).

Condition pour que deux arcs aient des cosinus égaux. *Pour que deux arcs aient des cosinus égaux, et par suite des sécantes égales, il faut et il suffit que leur somme ou leur différence soit un nombre entier de circonférences.*

En effet, pour que deux arcs a et α aient le même cosinus ou la même sécante, il faut et il suffit qu'ils satisfassent à la relation (G), c'est-à-dire que l'on ait $a \pm \alpha = 2k\pi$

Fonctions circulaires inverses. Les six lignes trigonométriques d'un arc sont fonctions de cet arc. Inversement, l'arc peut être considéré comme une fonction de chacune de ses lignes trigonométriques.

Seulement, tandis qu'à un arc donné correspond une seule ligne trigonométrique de chaque espèce; au contraire, à une ligne trigonométrique donnée correspondent une infinité d'arcs.

Si l'on pose $y = \sin x, \quad y = \cos x, \quad y = \operatorname{tg} x$

les fonctions inverses s'écrivent respectivement

$$x = \operatorname{arc} \sin y, \quad x = \operatorname{arc} \cos y, \quad x = \operatorname{arc} \operatorname{tg} y$$

Aucune de ces fonctions n'est complètement définie; chacune admet une infinité de déterminations différentes; mais pour ne conserver qu'une seule valeur de la première fonction, par exemple, il suffit d'astreindre l'arc x à rester compris entre $-\frac{\pi}{2}$ et $\frac{\pi}{2}$; pour ne conserver qu'une seule valeur de la seconde fonction, il suffit de spécifier que l'arc x est compris entre 0 et π.

Exercices.

1° *Exprimer en degrés, minutes et secondes, l'arc* $\frac{3\pi}{16}$, *le complément de* $\frac{7\pi}{8}$ *et le supplément de* $\frac{13\pi}{30}$.

En remplaçant π par sa valeur 180°, on a

$$\frac{3\pi}{16} = \frac{3 \times 180}{16} = 33°45'$$

Le complément de $\frac{7\pi}{8}$ est

$$\frac{\pi}{2} - \frac{7\pi}{8} = \frac{-3\pi}{8} = -67°30'$$

Le supplément de $\frac{13\pi}{30}$ est

$$\pi - \frac{13\pi}{30} = \frac{17\pi}{30} = 102°$$

2° *Sachant que* $\sin 30° = \frac{1}{2}$, *calculer le sinus de chacun des arcs* 150°, 210° *et* 330°.

On a $150° = 180° - 30°$; donc $\sin 150° = \sin 30° = \frac{1}{2}$

$210° = 180° + 30°$; donc $\sin 210° = -\sin 30° = -\frac{1}{2}$

$330° = 360° - 30°$; donc $\sin 330° = -\sin 30° = -\frac{1}{2}$

3° *Réduire au premier quadrant l'arc* 1894°.

On a $1894° = 360° \times 5 + 94°$

et $180° - 94° = 86°$

Donc l'arc donné renferme 5 circonférences entières, il se termine dans le 2° quadrant, et ses lignes trigonométriques ont les mêmes valeurs absolues que celles de 86°.

4° *Trouver les arcs* x *qui vérifient l'égalité*

$$\sin x = \sin 15°$$

Les arcs ayant même sinus que 15° sont renfermés dans les deux formules $x = 2k\pi + 15°$ et $x = (2k+1)\pi - 15°$

que l'on peut réunir dans la formule unique

$$x = k\pi + (-1)^k 15°$$

5° *Trouver tous les arcs x qui satisfont à l'égalité*

$$\operatorname{tg} x = \operatorname{tg} 30°$$

Les arcs ayant la même tangente que 30° sont compris dans la formule $x = k\pi + 30° = k\pi + \frac{\pi}{6} = (6k+1)\frac{\pi}{6}$

6° *Résoudre l'equation* $\cos x = \cos 45°$

Tous les arcs x ayant même cosinus que 45° sont compris dans la formule $x = 2k\pi \pm 45° = 2k\pi \pm \frac{\pi}{4} = (8k \pm 1)\frac{\pi}{4}$

7° *Trouver tous les arcs x dont les lignes trigonométriques sont égales en valeurs absolues à celles de l'arc* α.

Tous ces arcs x, terminés à l'un ou l'autre des quatre sommets d'un même rectangle trigonométrique, sont compris dans la formule

$$x = k\pi \pm \alpha$$

8° *Combien l'expression* $\cos\frac{k\pi}{7}$ *prend-elle de valeurs différentes, lorsqu'on attribue à k toutes les valeurs entières de* $-\infty$ *à* $+\infty$?

Construisons sur un cercle trigonométrique les extrémités de tous les arcs $k.\frac{\pi}{7}$: ce sont les points qui divisent la circonférence, à partir de l'origine A, en 14 parties égales ; c'est-à-dire les extrémités du diamètre AA' et 12 autres points symétriques deux à deux par rapport à ce diamètre. Or les arcs terminés en des points symétriques par rapport à AA' ont un même cosinus (n° 22, 1°). Donc les valeurs de $\cos\frac{k\pi}{7}$ sont au nombre de 8, savoir :

$$\pm\cos 0°, \quad \pm\cos\frac{\pi}{7}, \quad \pm\cos\frac{2\pi}{7}, \quad \pm\cos\frac{3\pi}{7}$$

9. *Montrer que les valeurs de* $\operatorname{tg}\frac{k\pi}{\sqrt{2}}$, *en nombre illimité, sont toutes différentes.*

Pour deux valeurs distinctes du nombre entier, k et k', on ne peut pas avoir $\operatorname{tg}\frac{k\pi}{\sqrt{2}} = \operatorname{tg}\frac{k'\pi}{\sqrt{2}}$

En effet, cette égalité entraînerait (n° 21)

$$\frac{k\pi}{\sqrt{2}} = n\pi + \frac{k'\pi}{\sqrt{2}}$$

n étant un nombre entier quelconque.

Or cette dernière égalité pourrait s'écrire

$$k - k' = n\sqrt{2}$$

ce qui est impossible, puisque le second membre est irrationnel.

CHAPITRE II

DES FORMULES TRIGONOMÉTRIQUES

§ I. — Relations entre les lignes trigonométriques d'un même arc.

23. Formules fondamentales. Entre les six lignes trigonométriques d'un même arc, il existe 5 relations distinctes, qui sont les formules fondamentales de la trigonométrie.

Soit $AM = a$ un arc du premier quadrant. Construisons ses six lignes trigonométriques.

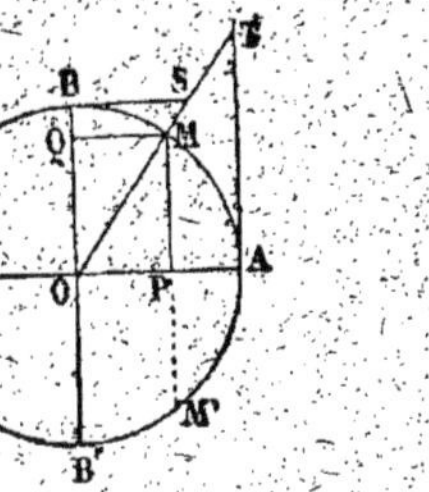

Fig. 34.

Le triangle rectangle OMP donne

$$\overline{MP}^2 + \overline{OP}^2 = \overline{OM}^2$$

ou $$\sin^2 a + \cos^2 a = 1 \qquad (1)$$

Les triangles semblables OAT, OPM donnent

$$\frac{AT}{PM} = \frac{OA}{OP} = \frac{OT}{OM}$$

ou $$\frac{\text{tg } a}{\sin a} = \frac{1}{\cos a} = \frac{\text{séc } a}{1}$$

d'où l'on tire $$\text{tg } a = \frac{\sin a}{\cos a} \qquad (2)$$

et $$\text{séc } a = \frac{1}{\cos a} \qquad (3)$$

Les triangles semblables OBS, OPM permettent d'écrire

$$\frac{BS}{OP} = \frac{OB}{PM} = \frac{OS}{QM}$$

ou $$\frac{\text{cotg}\, a}{\cos a} = \frac{1}{\sin a} = \frac{\text{coséc}\, a}{1}$$

c'est-à-dire $$\text{cotg}\, a = \frac{\cos a}{\sin a} \qquad (4)$$

et $$\text{coséc}\, a = \frac{1}{\sin a} \qquad (5)$$

24. Généralisation des formules fondamentales. Nous avons supposé l'arc AM dans le premier quadrant; mais on vérifie facilement que les cinq formules fondamentales sont vraies pour un arc quelconque.

En effet, quel que soit cet arc, il existe toujours un arc du premier quadrant ayant les mêmes lignes trigonométriques en valeur absolue (n° 15); il suffit donc de vérifier les signes.

Or la formule (1) ne renfermant que des carrés, quantités essentiellement positives, est toujours satisfaite.

La tangente et la cotangente doivent être positives dans le premier et le troisième quadrant, et négatives dans les deux autres; c'est ce résultat que donnent les formules (2) et (4), car le sinus et le cosinus sont de même signe dans le premier et le troisième quadrant, et de signes contraires dans les deux autres.

Enfin les formules (3) et (5) sont également générales, puisque la sécante est toujours de même signe que le cosinus, et la cosécante de même signe que le sinus (n° 9).

25. Formules qui s'en déduisent. En combinant entre elles les formules fondamentales, on peut établir un grand nombre d'autres relations entre les six lignes trigonométriques d'un même arc. Ainsi :

1° En multipliant membre à membre les formules (2) et (4),

on obtient : $$\text{tg}\, a\ \text{cotg}\, a = 1$$

ou $$\text{cotg}\, a = \frac{1}{\text{tg}\, a}$$

En vertu de cette relation et des formules (3) et (5), *la cotangente d'un arc est l'inverse de sa tangente, la sécante est l'inverse du cosinus, la cosécante est l'inverse du sinus.*

Cette remarque est fort importante, car dans un grand nombre de problèmes relatifs aux six lignes trigonométriques d'un même arc, elle nous permettra de considérer exclusivement le sinus, le cosinus et la tangente; les trois autres lignes pouvant être regardées comme connues dès qu'on a leurs inverses.

2° En divisant les deux membres de la formule (1) par $\cos^2 a$,

on obtient : $$\frac{\sin^2 a}{\cos^2 a} + 1 = \frac{1}{\cos^2 a}$$

c'est-à-dire, en tenant compte des formules (2) et (3),

$$1 + \text{tg}^2 a = \text{séc}^2 a$$

En divisant les deux membres de (1) par $\sin^2 a$, on obtiendrait

$$1 + \text{cotg}^2 a = \text{coséc}^2 a$$

3° Si l'on remplace cos a et sin a par leurs inverses, les formules (2) et (5) deviennent

$$\text{tg}\, a = \sin a \;\text{séc}\, a$$

et

$$\text{cotg}\, a = \cos a \;\text{coséc}\, a$$

On obtient ainsi les relations qui existent entre les trois lignes directes ou entre les trois lignes complémentaires.

Remarque. A l'aide de considérations géométriques on peut aussi établir, entre les lignes trigonométriques d'un même arc, des relations autres que (1, 2, 3, 4, 5). Par exemple, les triangles rectangles OAT, OBS donnent immédiatement $1 + \text{tg}^2 a = \text{séc}^2 a$

et $1 + \text{cotg}^2 a = \text{coséc}^2 a$

Mais ces relations et toutes celles que l'on peut obtenir d'une manière quelconque entre les lignes trigonométriques d'un même arc, peuvent se déduire des cinq formules fondamentales. C'est ce qui résulte du théorème suivant.

26. Théorème. *Entre les six lignes trigonométriques d'un même arc, il existe cinq relations distinctes, et pas davantage.*

1° *Il y a cinq relations distinctes.* En effet, les cinq formules fondamentales que nous avons établies ne peuvent pas rentrer l'une dans l'autre, car chacune des quatre dernières contient une ligne trigonométrique qui ne figure dans aucune autre.

D'ailleurs, à une ligne trigonométrique donnée correspondent des arcs qui ont leurs extrémités en deux points seulement (nos 20 et suiv.); les cinq autres lignes trigonométriques de ces arcs sont donc déterminées et l'on doit pouvoir les calculer en fonction de la première. Or pour déterminer algébriquement cinq inconnues il faut cinq équations. Donc, entre les six lignes trigonométriques d'un même arc, il existe cinq relations distinctes.

2° *Il ne peut y avoir plus de cinq relations distinctes.* En effet, six relations distinctes formeraient un système d'équations d'où l'on pourrait tirer pour les six lignes trigonométriques des valeurs déterminées et indépendantes de l'arc. Ce qui est impossible.

27. Expression des lignes trigonométriques d'un arc en fonction de l'une d'elles. A l'aide des cinq formules fondamentales, on peut calculer toutes les lignes trigonométriques d'un arc en fonction de l'une quelconque d'entre elles.

Bornons-nous à considérer le sinus, le cosinus et la tangente, puisque les trois autres lignes sont connues en même temps que leurs inverses (nº 25, 1º).

1º **Calculer cos a et tg a en fonction de sin a.**

La formule (1) donne immédiatement

$$\cos a = \pm\sqrt{1-\sin^2 a}$$

et la formule (2) devient

$$\text{tg}\, a = \frac{\sin a}{\pm\sqrt{1-\sin^2 a}}$$

On rend compte aisément des doubles signes : Le sinus donné détermine une infinité d'arcs, qui se terminent en deux points M, M', symétriques par rapport au diamètre BB'. Or les arcs terminés en M et les arcs terminés en M' ont des cosinus égaux et de signes contraires, des tangentes égales et de signes contraires. Donc, étant donné sin a, l'arc a peut se terminer indifféremment soit en M, soit en M'; de sorte que la valeur de cos a et celle de tg a sont déterminées en valeur absolue, mais non pas en signe.

28. 2º **Calculer sin a et tg a en fonction de cos a.** On obtient de même

$$\sin a = \pm\sqrt{1-\cos^2 a}$$

et

$$\text{tg}\, a = \frac{\pm\sqrt{1-\cos^2 a}}{\cos a}$$

Le cosinus donné détermine une infinité d'arcs qui se terminent en deux points M, M''', symétriques par rapport au diamètre AA'. Or les arcs terminés en M et les arcs terminés en M''' ont des sinus égaux et de signes contraires, des tangentes égales et de signes contraires. Donc, l'arc a étant l'un ou l'autre de ces arcs, la valeur de sin a et celle de tg a ne sont déterminées qu'en valeur absolue.

29. 3º **Calculer sin a et cos a en fonction de tg a.** Les inconnues sont déterminées par le système des deux équations

$$\sin^2 a + \cos^2 a = 1 \qquad (1)$$

$$\text{tg}\, a = \frac{\sin a}{\cos a} \qquad (2)$$

Éliminons sin a par substitution. L'équation (2) peut s'écrire

$$\sin a = \text{tg}\, a \cos a \qquad (2')$$

L'équation (1) devient

$$\cos^2 a\,(\text{tg}^2 a + 1) = 1$$

On en tire $$\cos a = \frac{1}{\pm\sqrt{1+\mathrm{tg}^2 a}} \qquad (6)$$

En tenant compte de ce résultat, l'équation (2') donne

$$\sin a = \frac{\mathrm{tg}\, a}{\pm\sqrt{1+\mathrm{tg}^2 a}} \qquad (7)$$

Dans les formules (6) et (7) les signes + se correspondent, ainsi que les signes —; car chaque valeur de $\cos a$ donne une seule valeur de $\sin a$. On ne peut donc pas associer les deux valeurs de $\cos a$ avec chacune des valeurs de $\sin a$, et le système (1, 2) n'admet que deux solutions.

Remarque. Le système des équations (1) et (2) peut être résolu comme il suit.

L'équation (2) peut s'écrire, en plaçant les deux inconnues aux numérateurs, $$\frac{\sin a}{\mathrm{tg}\, a} = \frac{\cos a}{1} \qquad (\alpha)$$

Élevons les deux membres au carré, puis ajoutons les fractions terme à terme. Il vient, eu égard à l'équation (1) :

$$\frac{\sin^2 a}{\mathrm{tg}^2 a} = \frac{\cos^2 a}{1} = \frac{1}{1+\mathrm{tg}^2 a} \qquad (\beta)$$

d'où l'on déduit

$$\sin a = \pm\frac{\mathrm{tg}\, a}{\sqrt{1+\mathrm{tg}^2 a}}, \qquad \cos a = \frac{1}{\pm\sqrt{1+\mathrm{tg}^2 a}}$$

En associant chaque valeur de $\sin a$ à chaque valeur de $\cos a$, on obtient quatre solutions qui satisfont aux équations (β) ; mais le système (β) n'est pas équivalent au proposé, car en élevant au carré l'équation (α) nous avons introduit les solutions de l'équation étrangère $$\frac{\sin a}{\cos a} = -\mathrm{tg}\, a$$

Pour choisir, parmi les quatre solutions, celles qui conviennent aux équations (1) et (2), il suffit de remarquer que les valeurs correspondantes de $\sin a$ et de $\cos a$ doivent avoir pour quotient $+\mathrm{tg}\, a$. On n'obtient ce résultat qu'en prenant le même signe devant les deux radicaux.

30. Explication des doubles signes. La tangente donnée détermine une infinité d'arcs, terminés en deux points M, M' diamétralement opposés. Or les arcs terminés en M et ceux qui se terminent en M' ont des sinus égaux et de signes contraires, des cosinus égaux et de signes contraires. Donc, a désignant l'un quelconque de ces arcs, $\sin a$ et $\cos a$ ne sont déterminés qu'en valeur absolue.

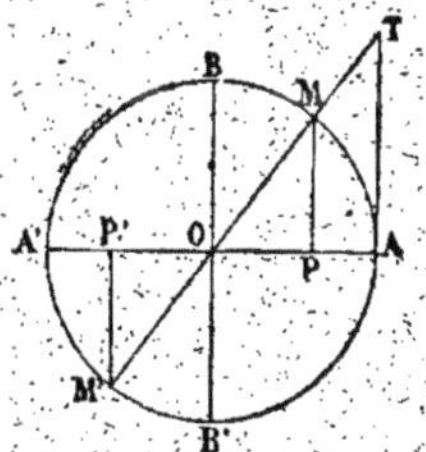

Fig. 35.

L'ambiguïté disparaîtrait évidemment, si l'on donnait l'arc a en même temps que sa tangente; on pourrait alors savoir dans quel quadrant cet arc se termine, et en conclure le signe de sin a et celui de cos a.

31. Calcul des lignes trigonométriques de quelques arcs. *Le sinus* MP *d'un arc* AM *est la moitié de la corde* MM′ *qui soustend un arc double.*

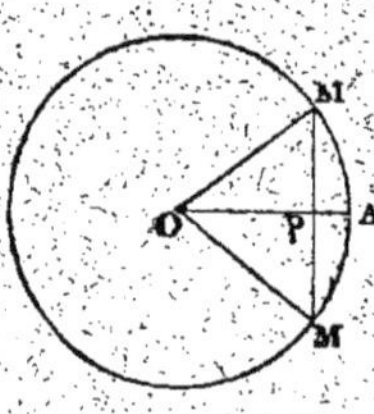

Fig. 36.

Par suite, le côté de tout polygone régulier est le double du sinus de la moitié de l'angle au centre, et l'apothème de ce polygone est le cosinus du même angle.

Soient c et a le côté et l'apothème d'un polygone régulier de n côtés, inscrit dans un cercle du rayon 1. L'angle au centre de ce polygone étant $\frac{2\pi}{n}$, on a

$$\sin\frac{\pi}{n} = \frac{c}{2} \quad \text{et} \quad \cos\frac{\pi}{n} = a$$

Puisqu'on a calculé en géométrie le côté et l'apothème des polygones réguliers de 3, 4, 5, 6, 10... côtés, les formules précédentes permettent d'en déduire le sinus et le cosinus des arcs suivants :

$$\frac{\pi}{3} = 60^\circ, \quad \frac{\pi}{4} = 45^\circ, \quad \frac{\pi}{5} = 36^\circ, \quad \frac{\pi}{6} = 30^\circ, \quad \frac{\pi}{10} = 18^\circ, \ldots$$

On obtient :

1° $$\sin 30^\circ = \cos 60^\circ = \frac{1}{2}$$

$$\cos 30^\circ = \sin 60^\circ = \frac{\sqrt{3}}{2}$$

2° $$\sin 45^\circ = \cos 45^\circ = \frac{\sqrt{2}}{2}$$

3° $$\sin 18^\circ = \frac{\sqrt{5}-1}{4}, \quad \cos 18^\circ = \frac{\sqrt{10+2\sqrt{5}}}{4}$$

Connaissant le sinus et le cosinus de ces arcs, on peut en déduire toutes leurs autres lignes trigonométriques.

Par exemple, on trouve :

$$\text{tg } 30^\circ = \text{cotg } 60^\circ = \frac{1}{\sqrt{3}}$$

$$\text{tg } 45^\circ = \text{cotg } 45^\circ = 1$$

et $$\text{tg } 60^\circ = \text{cotg } 30^\circ = \sqrt{3}$$

§ II. — Projection d'un contour polygonal exprimée à l'aide des fonctions circulaires.

32. Théorème. *La projection d'un segment de droite AB, sur un axe dirigé X'X, est égal, en grandeur et signe, au produit de la longueur absolue de ce segment, par le cosinus de l'angle que forme la propre direction du segment avec la direction positive de l'axe.*

Soit A'B' la projection de AB sur X'X ; par l'origine du segment, menons la demi-droite AZ parallèle à la direction positive X'X. Soit C l'intersection de AZ avec la projetante BB'. Il s'agit d'établir la relation

$$A'B' \quad \text{ou} \quad AC = AB \cos ZAB$$

Pour cela, de l'origine A comme centre, décrivons la circonférence ayant AB pour rayon. Cette circonférence coupe la demi-droite AZ en un point D que l'on prend pour origine des arcs.

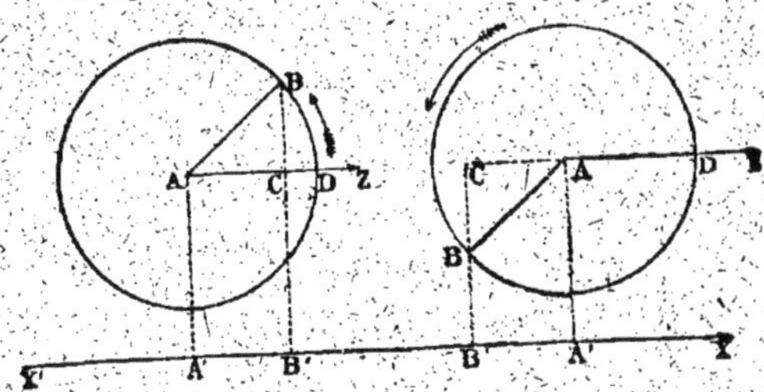

Fig. 37.

Quatre cas peuvent se présenter suivant que le point B appartient au 1er, au 2e, au 3e ou au 4e quadrant ; mais, dans tous les cas, l'angle ZAB a même mesure que l'arc DB et, d'après la définition du cosinus, on a toujours en grandeur et signe

$$\cos ZAB = \frac{AC}{AB}$$

d'où

$$AC = AB \cos ZAB \qquad \text{C. Q. F. D.}$$

33. Corollaire. *La projection d'un contour polygonal sur un axe est égale à la somme des produits que l'on obtient en multipliant la longueur de chaque côté par le cosinus de l'angle que forme la direction de ce côté avec la direction positive de l'axe de projection.*

Soit un contour polygonal ABCDE, dont les côtés ont pour longueurs $AB = a$, $BC = b$, $CD = c$ et $DE = d$

Désignons par α, β, γ, δ, les angles formés par la propre direction de chacun de ces côtés avec la direction positive de l'axe de projection X'X.

On sait que l'on a (XI) :

$$\text{pr.}\,(ABCDE) = \text{pr.}\,AB + \text{pr.}\,BC + \text{pr.}\,CD + \text{pr.}\,DE$$

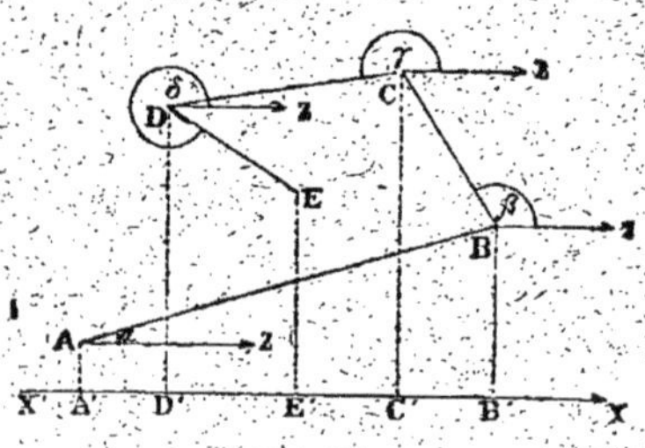

Fig. 38.

En vertu du théorème précédent, cette expression peut s'écrire :

$$\text{pr.}\,(ABCDE) = a\cos\alpha + b\cos\beta + c\cos\gamma + d\cos\delta$$

§ III. — Addition des arcs.

Le problème de l'addition des arcs consiste à chercher les lignes trigonométriques d'une somme algébrique de plusieurs arcs, connaissant les lignes trigonométriques de chacun de ces arcs.

34. Calculer le sinus et le cosinus de la somme de plusieurs arcs, connaissant les sinus et cosinus de chacun de ces arcs.

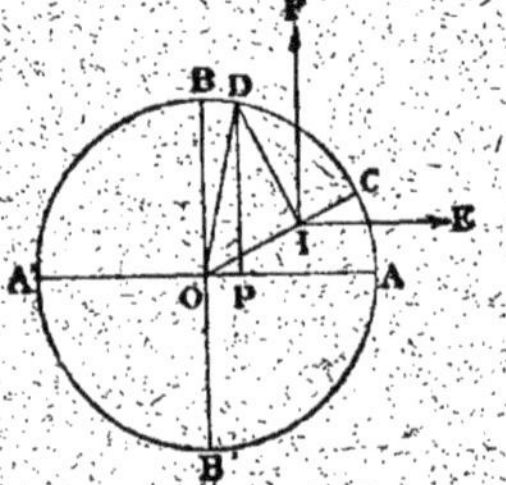

Fig. 39.

1° Sin $(a + b)$ et cos $(a + b)$ en fonction des sinus et cosinus des arcs a et b.

A partir de l'origine des arcs, portons, à la suite l'un de l'autre et chacun dans son propre sens, les arcs $AC = a$, $CD = b$. Joignons OC, OD ; abaissons DI perpendiculaire à OC, puis DP perpendiculaire à OA ; enfin, traçons les demi-droites IE, IF respectivement parallèles aux directions positives des diamètres A'A, B'B.

Les deux contours OPD, OID ayant même résultante, leurs projections sur un axe quelconque sont égales entre elles (XIII). On peut donc écrire :

$$\text{pr. OP} + \text{pr. PD} = \text{pr. OI} + \text{pr. ID} \qquad (\alpha)$$

1° Si l'on prend, pour axe de projection, le diamètre BB', on a :

$$\text{pr. OP} = 0 \qquad \text{pr. PD} = \sin(a+b)$$

$$\text{pr. OI} = \text{OI} \cos \text{BOI} = \text{OI} \cos\left(\frac{\pi}{2} - a\right) = \cos b \sin a$$

$$\text{pr. ID} = \text{ID} \cos \text{FID} = \text{ID} \cos a = \sin b \cos a$$

En tenant compte de ces valeurs, la relation (α) devient

$$\sin(a+b) = \sin a \cos b + \cos a \sin b \qquad (8)$$

2° Si l'on choisit le diamètre AA' pour axe de projection, on a :

$$\text{pr. OP} = \cos(a+b) \qquad \text{pr. PD} = 0$$

$$\text{pr. OI} = \text{OI} \cos \text{AOI} = \text{OI} \cos a = \cos a \cos b$$

$$\text{pr. ID} = \text{ID} \cos \text{EID} = \text{ID} \cos\left(\frac{\pi}{2} + a\right) = -\sin a \sin b$$

La relation (α) devient

$$\cos(a+b) = \cos a \cos b - \sin a \sin b \qquad (9)$$

Cette démonstration, fondée sur un théorème qui subsiste dans tous les cas, est elle-même tout à fait générale. Les formules (8) et (9) sont donc applicables, quelles que soient les valeurs positives ou négatives attribuées aux arcs a et b*.

2° **Sin $(a-b)$ et cos $(a-b)$ en fonction des sinus et cosinus des arcs a et b.**

Appliquons les formules générales (8) et (9) aux arcs a et $-b$. En tenant compte des égalités

$$\cos(-b) = \cos b \quad \text{et} \quad \sin(-b) = -\sin b$$

on obtient $\sin(a-b) = \sin a \cos b - \cos a \sin b \qquad (10)$

et $\cos(a-b) = \cos a \cos b + \sin a \sin b \qquad (11)$

3° **Sin $(a+b+c)$ et cos $(a+b+c)$ en fonction des sinus et cosinus des arcs a, b et c.** Appliquons la formule (8) aux arcs a et $b+c$. Nous obtenons :

$$\sin\{a+(b+c)\} = \sin a \cos(b+c) + \cos a \sin(b+c)$$

ou, en développant $\sin(b+c)$ et $\cos(b+c)$

$$\sin(a+b+c) = \sin a \cos b \cos c + \cos a \sin b \cos c$$
$$+ \cos a \cos b \sin c - \sin a \sin b \sin c$$

---

* La démonstration géométrique des formules (8) et (9) se trouve dans l'Appendice, à la fin du volume.

On obtient de même à l'aide de la formule (9) :

$$\cos(a+b+c) = \cos a \cos b \cos c - \sin a \sin b \cos c$$
$$- \sin a \cos b \sin c - \cos a \sin b \sin c$$

Remarque. En procédant d'une manière analogue, on peut obtenir successivement les sinus et les cosinus de la somme de 4, 5, 6..., n arcs, en fonction des sinus et cosinus de chacun de ces arcs. Toutes les expressions ainsi obtenues sont des polynômes entiers et homogènes par rapport aux sinus et aux cosinus donnés, chaque terme contenant le sinus ou le cosinus de chacun des arcs additionnés.

35. Calculer la tangente d'une somme algébrique de plusieurs arcs, connaissant la tangente de chacun de ces arcs.

1° Tg $(a \pm b)$ en fonction de tg a et de tg b.

1° La formule fondamentale (2), appliquée à l'arc $(a+b)$, donne

$$\operatorname{tg}(a+b) = \frac{\sin(a+b)}{\cos(a+b)}$$

ou, en développant les deux termes de la fraction,

$$\operatorname{tg}(a+b) = \frac{\sin a \cos b + \cos a \sin b}{\cos a \cos b - \sin a \sin b}$$

Pour faire apparaître tg a et tg b, divisons haut et bas par le produit $\cos a$, $\cos b$. Il vient :

$$\operatorname{tg}(a+b) = \frac{\dfrac{\sin a}{\cos a} + \dfrac{\sin b}{\cos b}}{1 - \dfrac{\sin a \sin b}{\cos a \cos b}}$$

c'est-à-dire $$\operatorname{tg}(a+b) = \frac{\operatorname{tg} a + \operatorname{tg} b}{1 - \operatorname{tg} a \operatorname{tg} b} \qquad (12)$$

2° En appliquant cette formule aux arcs a et $-b$, on obtient

$$\operatorname{tg}(a-b) = \frac{\operatorname{tg} a - \operatorname{tg} b}{1 + \operatorname{tg} a \operatorname{tg} b} \qquad (13)$$

Remarque. On a tg $45^\circ = 1$ (nº 31). Si l'on suppose $a = 45^\circ$, les formules (12) et (13) deviennent

$$\operatorname{tg}(45^\circ + b) = \frac{1 + \operatorname{tg} b}{1 - \operatorname{tg} b}$$

et $$\operatorname{tg}(45^\circ - b) = \frac{1 - \operatorname{tg} b}{1 + \operatorname{tg} b}$$

2° **Tg $(a+b+c)$ en fonction de tg a, tg b et tg c.** Appliquons la formule (12) aux arcs a et $(b+c)$. Nous avons

$$\operatorname{tg}\left\{a + (b+c)\right\} = \frac{\operatorname{tg} a + \operatorname{tg}(b+c)}{1 - \operatorname{tg} a \operatorname{tg}(b+c)}$$

ou, en développant $\operatorname{tg}(b+c)$

$$\operatorname{tg}(a+b+c)=\frac{\operatorname{tg}a+\dfrac{\operatorname{tg}b+\operatorname{tg}c}{1-\operatorname{tg}b\operatorname{tg}c}}{1-\operatorname{tg}a\dfrac{\operatorname{tg}b+\operatorname{tg}c}{1-\operatorname{tg}b\operatorname{tg}c}}$$

puis, multipliant haut et bas par $1-\operatorname{tg}b\operatorname{tg}c$

$$\operatorname{tg}(a+b+c)=\frac{\operatorname{tg}a+\operatorname{tg}b+\operatorname{tg}c-\operatorname{tg}a\operatorname{tg}b\operatorname{tg}c}{1-\operatorname{tg}a\operatorname{tg}b-\operatorname{tg}b\operatorname{tg}c-\operatorname{tg}c\operatorname{tg}a}$$

Remarques. 1° On peut calculer successivement, d'une manière analogue, la tangente de la somme **4**, 5, 6... *n* arcs, en fonction des tangentes de ces arcs. Toutes ces expressions sont rationnelles par rapport aux tangentes données.

2° Au lieu de déduire ces expressions les unes des autres, on pourrait calculer chacune d'elles par le même procédé que la première. Ainsi, pour obtenir $\operatorname{tg}(a+b+c)$, il suffit de diviser l'expression de $\sin(a+b+c)$ par celle de $\cos(a+b+c)$, puis de diviser les deux termes de la fraction obtenue par le produit $\cos a \cos b \cos c$.

§ IV. — Multiplication des arcs.

Le problème de la multiplication des arcs consiste à *exprimer les lignes trigonométriques des multiples d'un arc, en fonction des lignes trigonométriques de cet arc.*

Ce problème est un cas particulier du précédent, puisque tout multiple d'un arc a est une somme d'arcs égaux à a. Les formules relatives au multiple ma se déduisent immédiatement des formules relatives à la somme de m arcs quelconques, en supposant que tous ces arcs prennent une même valeur a.

36. Sin $2a$, **cos** $2a$ **ou tg** $2a$, **en fonction de sin** a, **cos** a **ou tg** a.

Dans les formules d'addition (8), (9) et (12), faisons $b=a$.

La formule $\sin(a+b)=\sin a\cos b+\cos a\sin b$

donne $$\sin 2a=2\sin a\cos a \qquad (14)$$

De même $\cos(a+b)=\cos a\cos b-\sin a\sin b$

devient $$\cos 2a=\cos^2 a-\sin^2 a \qquad (15)$$

Enfin $$\operatorname{tg}(a+b)=\frac{\operatorname{tg}a+\operatorname{tg}b}{1-\operatorname{tg}a\operatorname{tg}b}$$

se réduit à $$\operatorname{tg}2a=\frac{2\operatorname{tg}a}{1-\operatorname{tg}^2 a} \qquad (16)$$

Remarque. Exprimons chaque ligne trigonométrique de l'arc $2a$ en fonction de la ligne de même nom. D'après l'identité

$$\sin^2 a + \cos^2 a = 1$$

les formules (14) et (15) deviennent

$$\sin 2a = \pm 2 \sin a \sqrt{1 - \sin^2 a}$$
$$\cos 2a = 2 \cos^2 a - 1$$

Ainsi, $\cos 2a$ s'exprime rationnellement en fonction de $\cos a$, tandis que l'expression de $\sin 2a$ en fonction de $\sin a$ contient un radical du second degré, et par suite un double signe.

On explique aisément ces résultats :

1° Si l'on donne $\cos a$, l'arc a est l'un quelconque des arcs compris dans la formule (G) $\quad a = 2k\pi \pm \alpha$

α désignant l'un quelconque de ces arcs et k un nombre entier arbitraire, positif ou négatif.

Ainsi, l'arc $2a$ est l'un quelconque des arcs

$$2a = 4k\pi \pm 2\alpha.$$

Construisons sur un cercle trigonométrique les extrémités de tous ces arcs. Tous les arcs $4k\pi$ se terminent à l'origine A ; donc tous les arcs $4k\pi + 2\alpha$ se terminent en un même point M, et tous les arcs $4k\pi - 2\alpha$ en un même point M′, symétrique de M par rapport au diamètre A′A. Or les arcs terminés en M et les arcs terminés en M′ ont des cosinus égaux et de même signe.

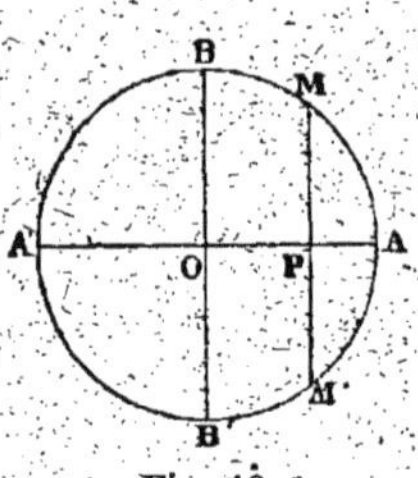

Fig. 40.

Donc, étant donné $\cos a$, tous les arcs $2a$ ont un seul et même cosinus.

2° Si l'on donne $\sin a$, l'arc a est l'un quelconque des arcs compris dans les formules (E)

$$a = 2k\pi + \alpha \quad \text{et} \quad a = (2k+1)\pi - \alpha$$

α étant l'un des arcs correspondant au sinus donné.

Les arcs $2a$ sont donc compris dans les deux formules

$$2a = 2k\pi + 2\alpha \quad \text{et} \quad 2a = 2k\pi - 2\alpha$$

Construisons les extrémités de tous ces arcs. Les arcs $2k\pi$ se terminent en A ; donc les arcs $2k\pi + 2\alpha$ se terminent en un même point M, et les arcs $2k\pi - 2\alpha$ en un point M′, symétrique de M par rapport à A′A. Or les arcs terminés en M et les arcs terminés en M′ ont des sinus égaux et de signes contraires.

Donc, étant donné $\sin a$, les arcs $2a$ ont deux sinus égaux et de signes contraires.

37. Sin $3a$, cos $3a$ et tg $3a$ en fonction de sin a, cos a, ou tg a.

On peut procéder de deux manières : Dans les formules d'addition relatives à la somme $(a+b+c)$ (nos 34 et 35), on fait $c=b=a$.

Ou bien, dans les formules d'addition (8), (9) et (12), relatives à la somme $(a+b)$, on pose d'abord $b=2a$, puis on développe sin $2a$, cos $2a$ et tg $2a$ à l'aide des formules (14), (15) et (16).

Il vient, tout calcul fait :

$$\sin 3a = 3 \sin a \cos^2 a - \sin^3 a \qquad (\alpha)$$

$$\cos 3a = \cos^3 a - 3 \sin^2 a \cos a \qquad (\beta)$$

$$\operatorname{tg} 3a = \frac{3 \operatorname{tg} a - \operatorname{tg}^3 a}{1 - 3 \operatorname{tg}^2 a}$$

Remarque I. Tg $3a$ s'exprime rationnellement en fonction de tg a. De même, la formule (α) ne contenant cos a qu'au second degré et la formule (β) ne renfermant sin a qu'au second degré, on peut exprimer sans radical sin $3a$ en fonction de sin a

$$\sin 3a = 3 \sin a - 4 \sin^3 a$$

et cos $3a$ en fonction de cos a

$$\cos 3a = 4 \cos^3 a - 3 \cos a$$

Remarque II. La méthode indiquée permet d'obtenir les lignes trigonométriques des arcs $4a$, $5a$... na en fonction de celles de l'arc a.

En général, on peut toujours exprimer rationnellement tg ma en fonction de tg a et cos ma en fonction de cos a; mais l'expression de sin ma en valeur de sin a contient ou ne contient pas de radicaux, suivant que m est pair ou impair.

Ces faits de calcul s'expliquent *à priori*, d'une manière très simple, par des raisonnements semblables à ceux qui terminent le n° 36.

Remarque III. Les formules précédentes, aussi bien que les relations fondamentales, sont des *identités*, c'est-à-dire qu'elles subsistent pour toute valeur de l'arc considéré.

Par exemple, les formules (14), (15), (16), peuvent s'écrire, en remplaçant partout a par $\frac{a}{2}$:

$$\sin a = 2 \sin \frac{a}{2} \cos \frac{a}{2} \qquad (J)$$

$$\cos a = \cos^2 \frac{a}{2} - \sin^2 \frac{a}{2} \qquad (K)$$

$$\operatorname{tg} a = \frac{2 \operatorname{tg} \frac{a}{2}}{1 - \operatorname{tg}^2 \frac{a}{2}} \qquad (L)$$

Nous emploierons ces formules dans le paragraphe suivant, pour calculer les lignes trigonométriques de l'arc $\frac{a}{2}$ en fonction de celles de l'arc a.

Tirons-en d'abord cette propriété souvent utile.

38. Théorème. *Toutes les lignes trigonométriques d'un arc s'expriment rationnellement en fonction de la tangente de la moitié de cet arc.*

1° Démonstration par le calcul.

Pour obtenir $\sin a$ $\cos a$ et $\operatorname{tg} a$, en fonction des lignes de l'arc $\frac{a}{2}$, nous remplaçons a par $\frac{a}{2}$ dans les formules (**14**), (**15**) et (**16**) ; nous avons ainsi les formules (J), (K), (L).

La troisième exprime rationnellement $\operatorname{tg} a$ en fonction de $\operatorname{tg} \frac{a}{2}$.

Pour faire apparaître $\operatorname{tg} \frac{a}{2}$ dans les seconds membres des deux autres, divisons-les par le binôme $\sin^2 \frac{a}{2} + \cos^2 \frac{a}{2}$ qui est égal à l'unité.

La première devient, en divisant haut et bas par $\cos^2 \frac{a}{2}$,

$$\sin a = \frac{2 \sin \frac{a}{2} \cos \frac{a}{2}}{\cos^2 \frac{a}{2} + \sin^2 \frac{a}{2}} = \frac{2 \operatorname{tg} \frac{a}{2}}{1 + \operatorname{tg}^2 \frac{a}{2}} \qquad \text{(M)}$$

et la seconde,

$$\cos a = \frac{\cos^2 \frac{a}{2} - \sin^2 \frac{a}{2}}{\cos^2 \frac{a}{2} + \sin^2 \frac{a}{2}} = \frac{1 - \operatorname{tg}^2 \frac{a}{2}}{1 + \operatorname{tg}^2 \frac{a}{2}} \qquad \text{(N)}$$

Ainsi, d'après les formules (L), (M) et (N), $\sin a$, $\cos a$ et $\operatorname{tg} a$ s'expriment rationnellement en fonction de $\operatorname{tg} \frac{a}{2}$. Donc il en est de même des lignes inverses $\operatorname{coséc} a$, $\operatorname{séc} a$ et $\operatorname{cotg} a$.

Remarque. On parviendrait au même résultat en remplaçant, dans les expressions (J) et (K), $\sin \frac{a}{2}$ et $\cos \frac{a}{2}$ en fonction de $\operatorname{tg} \frac{a}{2}$.

Les formules connues (**6**) et (**7**) peuvent s'écrire, en dédoublant tous les arcs,

$$\sin \frac{a}{2} = \frac{\operatorname{tg} \frac{a}{2}}{\pm\sqrt{1 + \operatorname{tg}^2 \frac{a}{2}}} \qquad \cos \frac{a}{2} = \frac{1}{\pm\sqrt{1 + \operatorname{tg}^2 \frac{a}{2}}}$$

En tenant compte de ces formules, dans lesquelles on doit prendre le même signe devant chaque radical (n° 29), les formules (J) et (K) se transforment en (M) et (N).

2° **Démonstration à priori.** Si l'on donne tg $\frac{a}{2}$, l'arc $\frac{a}{2}$ est l'un quelconque des arcs compris dans la formule (F)

$$\frac{a}{2} = k\pi + \frac{\alpha}{2}$$

$\frac{\alpha}{2}$ étant l'un des arcs correspondant à la tangente donnée.

Par suite, a est l'un quelconque des arcs

$$a = 2k\pi + \alpha$$

Or tous ces arcs se terminent au même point du cercle trigonométrique. Donc ils n'admettent qu'une seule ligne trigonométrique de chaque espèce, et l'expression d'une de ces lignes ne saurait renfermer un radical comportant un double signe.

§ V. — Division des arcs.

Le problème de la division des arcs consiste à *exprimer les lignes trigonométriques des sous-multiples d'un arc, en fonction des lignes trigonométriques de cet arc.*

Nous nous bornerons à résoudre ce problème dans le cas particulier de la *bissection* : connaissant les lignes trigonométriques de l'arc a, en déduire celles de l'arc $\frac{a}{2}$.

39. 1° Sin $\frac{a}{2}$ et cos $\frac{a}{2}$ en fonction de cos a. Étant donné cos a, on propose de calculer sin $\frac{a}{2}$ et cos $\frac{a}{2}$. En remplaçant a par $\frac{a}{2}$ dans la formule (18) et dans la première formule fondamentale, on obtient les équations à deux inconnues

$$\begin{cases} \cos^2 \frac{a}{2} + \sin^2 \frac{a}{2} = 1 \\ \cos^2 \frac{a}{2} - \sin^2 \frac{a}{2} = \cos a \end{cases}$$

Si l'on ajoute, puis que l'on retranche membre à membre ces deux équations, on parvient au système équivalent

$$\begin{cases} 2\cos^2\frac{a}{2} = 1 + \cos a & (\alpha) \\ 2\sin^2\frac{a}{2} = 1 - \cos a & (\beta) \end{cases}$$

d'où l'on tire
$$\cos\frac{a}{2} = \pm\sqrt{\frac{1+\cos a}{2}} \qquad (17)$$

$$\sin\frac{a}{2} = \pm\sqrt{\frac{1-\cos a}{2}} \qquad (18)$$

Nombre de solutions. Chaque inconnue a deux valeurs réelles, égales et de signes contraires, et comme les valeurs de $\sin\frac{a}{2}$ sont indépendantes des valeurs de $\cos\frac{a}{2}$, on peut associer chacune des premières avec chacune des secondes, ce qui donne quatre solutions du système.

2° **Tg $\frac{a}{2}$ en fonction de cos a.** En divisant membre à membre les formules (**18**) et (**17**), on obtient

$$\operatorname{tg}\frac{a}{2} = \pm\sqrt{\frac{1-\cos a}{1+\cos a}} \qquad (19)$$

Remarque. Les formules intermédiaires (α) et (β) sont d'un fréquent usage. On les écrit

$$1 + \cos a = 2\cos^2\frac{a}{2} \qquad (P)$$

$$1 - \cos a = 2\sin^2\frac{a}{2} \qquad (Q)$$

40. Explication des doubles valeurs. On donne $\cos a$. L'arc a n'est pas déterminé : c'est l'un quelconque des arcs compris dans la formule (G) $\quad a = 2k\pi \pm \alpha$,

α désignant un arc déterminé, ayant le cosinus donné.

Par suite, l'arc $\frac{a}{2}$, dont on cherche les lignes trigonométriques, est l'un quelconque des arcs compris dans la formule

$$\frac{a}{2} = k\pi \pm \frac{\alpha}{2}$$

Construisons sur un cercle trigonométrique les extrémités de tous ces arcs. Les arcs $k\pi$ se terminent au point A ou au point A'; de sorte que les arcs $k\pi + \frac{\alpha}{2}$ se terminent en deux points N, N_1 diamétralement opposés, et les arcs $k\pi - \frac{\alpha}{2}$ en deux autres points N_2, N_3 diamétralement opposés et symétriques des premiers par rapport à chacun des diamètres rectangulaires A'A, B'B.

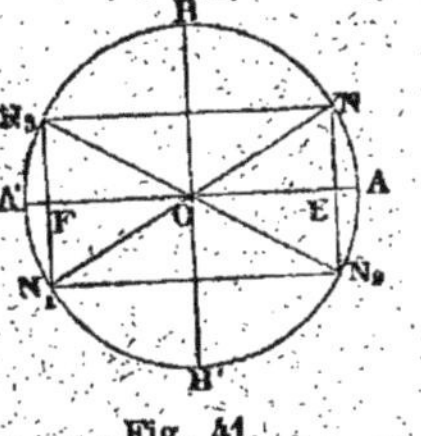

Fig. 41.

Or les arcs terminés en N, N_3 et ceux terminés en N_1, N_2 ont des sinus égaux et de signes contraires. Les arcs terminés en N, N_2 et ceux terminés en N_3, N_1 ont des cosinus égaux et de signes contraires. Enfin, les arcs terminés en N, N_1 et ceux terminés en N_3, N_2, ont des tangentes égales et de signes contraires.

Donc, chacune des formules qui expriment toutes ces lignes trigonométriques doit donner deux valeurs de somme nulle.

Explication des quatre solutions. L'arc $\frac{a}{2}$, déterminé par $\cos a$, est l'un quelconque de ceux qui se terminent en l'un des points N, N_1, N_2, N_3. Or, si l'on adopte successivement pour l'extrémité de l'arc $\frac{a}{2}$ chacun de ces quatre points, on constate que les deux valeurs de $\sin \frac{a}{2}$ se trouvent associées successivement à chacune des valeurs de $\cos \frac{a}{2}$. Donc le problème qui consiste à chercher $\sin \frac{a}{2}$ et $\cos \frac{a}{2}$ en fonction de $\cos a$ admet quatre solutions différentes.

Cessation de l'ambiguïté. Si l'on donne l'arc a lui-même, en même temps que son cosinus, le problème n'a plus qu'une solution. L'arc $\frac{a}{2}$ est alors bien déterminé; on peut savoir dans quel quadrant se termine cet arc $\frac{a}{2}$ et en conclure le signe de chacune de ses lignes trigonométriques, c'est-à-dire le signe à garder devant le radical, dans chacune des formules (**17**), (**18**) et (**19**).

41. Sin $\frac{a}{2}$ et cos $\frac{a}{2}$ en fonction de sin a. Étant donné sin a, on se propose de calculer $\sin\frac{a}{2}$ et $\cos\frac{a}{2}$. En remplaçant a par $\frac{a}{2}$ dans la formule (14) et dans la première formule fondamentale, on obtient le système d'équations à deux inconnues

$$\left\{\begin{aligned} &\sin^2\frac{a}{2}+\cos^2\frac{a}{2}=1 \\ &2\sin\frac{a}{2}\cos\frac{a}{2}=\sin a \qquad (\alpha) \end{aligned}\right.$$

Ajoutant puis retranchant ces deux équations membre à membre, on en déduit le système équivalent

$$\left\{\begin{aligned} &\left(\sin\frac{a}{2}+\cos\frac{a}{2}\right)^2=1+\sin a \\ &\left(\sin\frac{a}{2}-\cos\frac{a}{2}\right)^2=1-\sin a \end{aligned}\right.$$

que l'on peut écrire

$$\left\{\begin{aligned} &\sin\frac{a}{2}+\cos\frac{a}{2}=\pm\sqrt{1+\sin a} \qquad (\beta) \\ &\sin\frac{a}{2}-\cos\frac{a}{2}=\pm\sqrt{1-\sin a} \qquad (\gamma) \end{aligned}\right.$$

Si l'on combine ces équations membre à membre, par addition, puis par soustraction, on en déduit

$$\sin\frac{a}{2}=\frac{1}{2}\left(\pm\sqrt{1+\sin a}\pm\sqrt{1-\sin a}\right) \qquad (20)$$

$$\cos\frac{a}{2}=\frac{1}{2}\left(\pm\sqrt{1+\sin a}\mp\sqrt{1-\sin a}\right) \qquad (21)$$

Nombre de solutions. Dans chacune de ces formules, les signes placés devant les radicaux sont indépendants les uns des autres; on obtient donc quatre valeurs réelles pour $\sin\frac{a}{2}$ et les mêmes valeurs pour $\cos\frac{a}{2}$. Mais, à chaque valeur de $\sin\frac{a}{2}$, l'équation (α) ne permet de faire correspondre qu'une seule valeur de $\cos\frac{a}{2}$; de sorte que le système admet quatre solutions, et non pas seize.

Les signes semblablement placés dans les deux formules se

correspondent entre eux. En effet, les équations (β), (γ) se décomposent chacune en deux autres; par suite, le système (β, γ) équivaut à l'ensemble de quatre systèmes partiels, n'admettant chacun qu'une seule solution. Il suffit d'écrire et de résoudre individuellement ces quatre systèmes, pour constater que les signes relatifs à une même solution sont placés semblablement dans les formules (**20**) et (**21**).

42. Explication des valeurs multiples. On donne $\sin a$. L'arc a n'est pas déterminé : c'est l'un quelconque des arcs compris dans les formules (E)

$$a = 2k\pi + \alpha \quad \text{et} \quad a = (2k+1)\pi - \alpha$$

α désignant un arc déterminé, ayant le sinus donné.

Ainsi, l'arc $\frac{a}{2}$, dont on cherche les lignes trigonométriques, est l'un quelconque des arcs compris dans les formules

$$\frac{a}{2} = k\pi + \frac{\alpha}{2} \quad \text{et} \quad \frac{a}{2} = (2k+1)\frac{\pi}{2} - \frac{\alpha}{2}.$$

Construisons sur un cercle trigonométrique les extrémités de tous ces arcs.

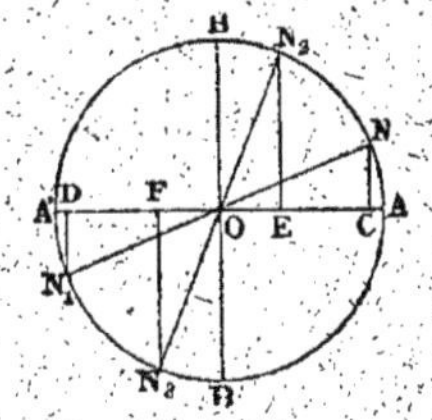

Fig. 42.

Quel que soit le nombre entier k, l'arc $k\pi$ se termine en A ou en A'; donc $k\pi + \frac{\alpha}{2}$ se termine en un point N ou au point N_1 diamétralement opposé. $(2k+1)\frac{\pi}{2}$ se termine en B ou en B'; donc $(2k+1)\frac{\pi}{2} - \frac{\alpha}{2}$ se termine au point N_2, symétrique de N par rapport à la bissectrice de l'angle AOB, ou au point N_3 diamétralement opposé à N_2.

Or les arcs terminés aux extrémités du diamètre N_2N_3 ont leurs sinus et leurs cosinus respectivement égaux aux cosinus et aux sinus des arcs terminés aux extrémités du diamètre NN_1.

Ces sinus et ces cosinus ont quatre valeurs, généralement distinctes, deux à deux égales et de signes contraires.

Cessation de l'ambiguité. Si l'on donne l'arc a en même temps que $\sin a$, le problème n'admet plus qu'une solution.

En effet, sa moitié $\frac{a}{2}$ est alors bien déterminée; on peut savoir dans quel huitième de circonférence tombe son extrémité; ce qui fait connaître le signe de chacun des binômes

$$\sin\frac{a}{2}+\cos\frac{a}{2}$$

$$\sin\frac{a}{2}-\cos\frac{a}{2}$$

Dès lors le système (α, β) est bien déterminé, et l'on en peut conclure le signe à placer devant les radicaux dans les formules (**20**) et (**21**).

Par exemple, soit $a=50°$, d'où $\frac{a}{2}=25°$.

Le sinus et le cosinus de l'arc $\frac{a}{2}$ sont positifs, mais le cosinus est plus grand que le sinus. On a donc à résoudre le système

$$\sin 25° + \cos 25° = +\sqrt{1+\sin 50°}$$
$$\sin 25° - \cos 25° = -\sqrt{1-\sin 50°}$$

La solution est unique.

Soit encore $a=420°$, d'où $\frac{a}{2}=210°$.

L'arc $\frac{a}{2}$ étant compris entre 180° et 225°, $\sin\frac{a}{2}$ et $\cos\frac{a}{2}$ sont négatifs et, en valeur absolue, le cosinus est plus grand que le sinus. Le système (α, β) devient donc

$$\sin 210° + \cos 210° = -\sqrt{1+\sin 420°}$$
$$\sin 210° - \cos 210° = +\sqrt{1-\sin 420°}$$

On en tire

$$\sin 210° = \frac{-\sqrt{1+\sin 420°}+\sqrt{1-\sin 420°}}{2}$$

$$\cos 210° = \frac{-\sqrt{1+\sin 420°}-\sqrt{1-\sin 420°}}{2}$$

43. Tg $\frac{a}{2}$ en fonction de tg a. En remplaçant a par $\frac{a}{2}$ dans la formule (**16**), on obtient l'équation

$$\operatorname{tg} a = \frac{2\operatorname{tg}\frac{a}{2}}{1-\operatorname{tg}^2\frac{a}{2}}$$

qu'il faut ordonner et résoudre par rapport à $\operatorname{tg}\frac{a}{2}$.

On peut l'écrire

$$\operatorname{tg} a \operatorname{tg}^2\frac{a}{2} + 2\operatorname{tg}\frac{a}{2} - \operatorname{tg} a = 0 \qquad (\alpha)$$

d'où $$\operatorname{tg}\frac{a}{2}=\frac{-1\pm\sqrt{1+\operatorname{tg}^2 a}}{\operatorname{tg} a} \tag{22}$$

Le produit des racines de l'équation (α) étant égal à -1, quel que soit $\operatorname{tg} a$, on a toujours deux racines *réelles, inverses* l'une de l'autre et *de signes contraires.*

44. Explication de ces résultats. On donne $\operatorname{tg} a$. L'arc a n'est pas déterminé : c'est l'un quelconque des arcs compris dans la formule (F) $$a=k\pi+\alpha$$
α désignant un arc déterminé, ayant la tangente donnée.

Les arcs dont on cherche la tangente sont donc compris dans la formule $$\frac{a}{2}=k\frac{\pi}{2}+\frac{\alpha}{2}$$

Construisons sur le cercle trigonométrique les extrémités de tous ces arcs.

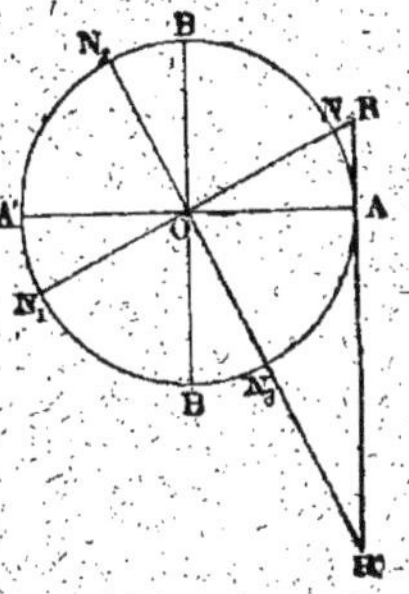

Fig. 43.

Les arcs $k\frac{\pi}{2}$ se terminent aux extrémités des diamètres rectangulaires AA', BB'; donc les arcs $k\frac{\pi}{2}+\frac{\alpha}{2}$ se terminent aux extrémités des deux autres diamètres rectangulaires NN_1, N_2N_3.

Or les arcs terminés en N et N_1 ont une même tangente AR; ceux terminés en N_2 et N_3, une autre tangente AR'.

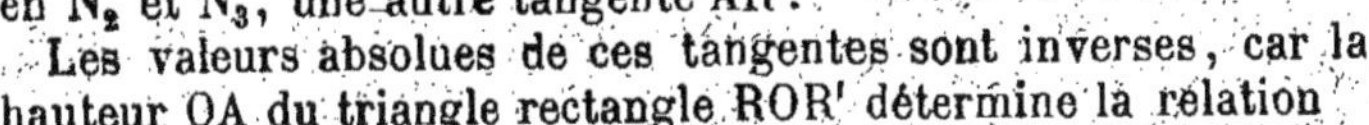

Les valeurs absolues de ces tangentes sont inverses, car la hauteur OA du triangle rectangle ROR' détermine la relation $$\overline{AR}\,.\,\overline{AR'}=\overline{OA}^2=1$$

Enfin ces tangentes sont de signes contraires, de sorte que l'on a $$\operatorname{tg}AOR\,.\operatorname{tg}AOR'=-1$$

Cessation de l'ambiguïté. Si l'on donne l'arc a en même temps que $\operatorname{tg} a$, le problème n'a plus qu'une solution; car alors l'arc $\frac{a}{2}$ est bien déterminé, on peut savoir dans quel quadrant tombe l'extrémité de cet arc, en conclure le signe de sa tangente, et choisir celle des racines de l'équation (α) qui donne la valeur de cette tangente.

§ VI. — Transformations logarithmiques.

Rendre calculable par logarithmes une expression polynôme donnée, c'est transformer cette expression en un monôme équivalent.

On y parvient soit en appliquant les formules que nous allons établir, soit à l'aide d'angles auxiliaires.

Formules de transformation.

Proposons-nous de rendre calculable par logarithmes la somme algébrique de deux lignes trigonométriques de même espèce.

46. Transformer en produit $\sin p \pm \sin q$.

On pose $\quad p = a + b \quad$ et $\quad q = a - b$

d'où $\quad a = \dfrac{p+q}{2}, \quad b = \dfrac{p-q}{2}$

Alors, $\quad \sin p \pm \sin q = \sin(a+b) \pm \sin(a-b)$

En tenant compte des formules

$$\sin(a+b) = \sin a \cos b + \cos a \sin b$$

$$\sin(a-b) = \sin a \cos b - \cos a \sin b$$

les égalités précédentes deviennent respectivement

$$\sin p + \sin q = 2 \sin a \cos b \qquad (\alpha)$$

c'est-à-dire

$$\sin p + \sin q = 2 \sin \frac{p+q}{2} \cos \frac{p-q}{2} \qquad (23)$$

et

$$\sin p - \sin q = 2 \cos a \sin b \qquad (\beta)$$

c'est-à-dire

$$\sin p - \sin q = 2 \cos \frac{p+q}{2} \sin \frac{p-q}{2} \qquad (24)$$

Remarque I. Les formules précédentes (23) et (24) permettent de substituer à la somme algébrique de deux sinus le double produit d'un sinus par un cosinus.

II. Les relations (α) et (β) peuvent s'écrire

$$2 \sin a \cos b = \sin(a+b) + \sin(a-b)$$

$$2 \cos a \sin b = \sin(a+b) - \sin(a-b)$$

Elles servent à remplacer le produit d'un sinus et d'un cosinus par la somme algébrique de deux sinus.

Applications. 1° *Transformer l'expression*

$$\frac{\sin p + \sin q}{\sin p - \sin q}$$

Si l'on divise membre à membre les formules (23) et (24), on a

$$\frac{\sin p + \sin q}{\sin p - \sin q} = \frac{2 \sin \frac{p+q}{2} \cos \frac{p-q}{2}}{2 \cos \frac{p+q}{2} \sin \frac{p-q}{2}}.$$

Mais
$$\frac{\sin \frac{p+q}{2}}{\cos \frac{p+q}{2}} = \operatorname{tg} \frac{p+q}{2}$$

et
$$\frac{\cos \frac{p-q}{2}}{\sin \frac{p-q}{2}} = \operatorname{cotg} \frac{p-q}{2} = \frac{1}{\operatorname{tg} \frac{p-q}{2}}$$

donc
$$\frac{\sin p + \sin q}{\sin p - \sin q} = \frac{\operatorname{tg} \frac{p+q}{2}}{\operatorname{tg} \frac{p-q}{2}} \qquad (25)$$

2° *Transformer l'expression* $\sin a \pm \cos b$.

On peut écrire d'abord

$$\sin a \pm \cos b = \sin a \pm \sin \left(\frac{\pi}{2} - b\right)$$

puis en appliquant les formules (23) et (24)

$$\sin a + \cos b = 2 \sin \left(\frac{a-b}{2} + \frac{\pi}{4}\right) \cos \left(\frac{a+b}{2} - \frac{\pi}{4}\right)$$

$$\sin a - \cos b = 2 \cos \left(\frac{a-b}{2} + \frac{\pi}{4}\right) \sin \left(\frac{a+b}{2} - \frac{\pi}{4}\right)$$

47. Transformer en produit $\cos p \pm \cos q$.

On pose $\quad p = a + b \quad$ et $\quad q = a - b$

d'où $\quad a = \frac{p+q}{2} \qquad b = \frac{p-q}{2}$

Alors, $\quad \cos p \pm \cos q = \cos(a+b) \pm \cos(a-b)$

Or on a $\cos(a+b) = \cos a \cos b - \sin a \sin b$

$\cos(a-b) = \cos a \cos b + \sin a \sin b$

les égalités précédentes deviennent respectivement

$$\cos p + \cos q = 2 \cos a \cos b \qquad (\alpha)$$

c'est-à-dire

$$\cos p + \cos q = 2 \cos \frac{p+q}{2} \cos \frac{p-q}{2} \qquad (26)$$

et

$$\cos p - \cos q = -2 \sin a \sin b \qquad (\beta)$$

c'est-à-dire

$$\cos p - \cos q = -2 \sin \frac{p+q}{2} \sin \frac{p-q}{2} \qquad (27)$$

Remarque I. A l'aide des formules précédentes (26) et (27) on peut remplacer la somme de deux cosinus par le double produit de deux cosinus. A la différence de deux cosinus, on peut substituer le double produit de deux sinus.

II. Les relations (α) et (β) peuvent s'écrire

$$2 \cos a \cos b = \cos(a+b) + \cos(a-b)$$

$$2 \sin a \sin b = \cos(a-b) - \cos(a+b)$$

Elles servent à remplacer le double produit de deux sinus ou de deux cosinus par la somme ou la différence de deux cosinus.

Cas particulier. *Transformer l'expression* $1 \pm \cos a$

On peut écrire $1 \pm \cos a = \cos 0^\circ \pm \cos a$

Par suite, en vertu des formules (26) et (27), on a

$$1 + \cos a = 2 \cos^2 \frac{a}{2} \qquad (P)$$

$$1 - \cos a = 2 \sin^2 \frac{a}{2} \qquad (Q)$$

égalités déjà rencontrées (nº 39).

En les divisant membre à membre, on obtient

$$\frac{1+\cos a}{1-\cos a} = \frac{1}{\operatorname{tg}^2 \frac{a}{2}}$$

d'où l'on tire

$$\cos a = \frac{1 - \operatorname{tg}^2 \frac{a}{2}}{1 + \operatorname{tg}^2 \frac{a}{2}}$$

Autre formule connue (nº 38).

48. Transformer en monôme $\operatorname{tg} a \pm \operatorname{tg} b$.

Remplaçant chaque tangente en fonction de sinus et de cosinus, puis additionnant les fractions obtenues, on a

$$\operatorname{tg} a \pm \operatorname{tg} b = \frac{\sin a}{\cos a} \pm \frac{\sin b}{\cos b} = \frac{\sin a \cos b \pm \cos a \sin b}{\cos a \cos b}$$

c'est-à-dire
$$\operatorname{tg} a \pm \operatorname{tg} b = \frac{\sin (a \pm b)}{\cos a \cos b} \qquad (28)$$

Cas particulier. On peut appliquer cette formule à l'expression
$$1 \pm \operatorname{tg} a$$

On a
$$1 = \operatorname{tg} 45^\circ \quad \text{et} \quad \cos 45^\circ = \frac{\sqrt{2}}{2}$$

Par suite,
$$1 \pm \operatorname{tg} a = \frac{\sin (45^\circ \pm a)}{\cos 45^\circ \cos a} = \frac{\sin (45^\circ \pm a)\sqrt{2}}{\cos a}$$

Remarque. Pour transformer en monôme la somme de deux lignes complémentaires de même espèce, on procède comme pour la somme de deux tangentes. On obtient ainsi

$$\operatorname{cotg} a \pm \operatorname{cotg} b = \frac{\sin (b \pm a)}{\sin a \sin b} \qquad (29)$$

$$\operatorname{séc} a + \operatorname{séc} b = \frac{\cos a + \cos b}{\cos a \cos b} = \frac{2 \cos \frac{a+b}{2} \cos \frac{a-b}{2}}{\cos a \cos b}$$

$$\operatorname{coséc} a + \operatorname{coséc} b = \frac{\sin a + \sin b}{\sin a \sin b} = \frac{2 \sin \frac{a+b}{2} \cos \frac{a-b}{2}}{\sin a \sin b}$$

Emploi des angles auxiliaires.

Représentons par a, b, c ... des monômes positifs connus, ou donnés seulement par leurs logarithmes, et proposons-nous de rendre calculable par logarithmes une somme algébrique de ces monômes.

49. 1° Rendre logarithmique un binôme $x = a \pm b$.

La méthode consiste à mettre l'un des termes en facteur commun, de manière à faire apparaître un binôme dont l'un des termes soit égal à l'unité; puis à identifier ce binôme à l'un des suivants que l'on sait rendre logarithmiques :

$$1 - \cos^2 \varphi \qquad 1 \pm \cos \varphi$$
$$1 + \operatorname{tg}^2 \varphi \qquad 1 \pm \operatorname{tg} \varphi$$

En mettant a en facteur commun, l'expression donnée prend la forme $x = a\left(1 \pm \frac{b}{a}\right)$

1° Si $\frac{b}{a}$ est inférieur à 1 et précédé du signe —, on peut poser $\frac{b}{a} = \cos^2\varphi$, ce qui donne

$$x = a(1 - \cos^2\varphi) = a \sin^2\varphi$$

2° Si $\frac{b}{a}$ est inférieur à 1 et précédé de l'un ou l'autre signe, on peut poser $\frac{b}{a} = \cos\varphi$, ce qui donne (n° 39) :

$$a + b = a(1 + \cos\varphi) = 2a\cos^2\frac{\varphi}{2}$$

et $$a - b = a(1 - \cos\varphi) = 2a\sin^2\frac{\varphi}{2}$$

3° Quels que soient a et b, dans le cas d'une somme, on peut écrire $\frac{b}{a} = \operatorname{tg}^2\varphi$, alors on a (n° 25) :

$$a + b = a(1 + \operatorname{tg}^2\varphi) = a\,\text{séc}^2\varphi = \frac{a}{\cos^2\varphi}$$

4° Dans tous les cas on peut écrire $\frac{b}{a} = \operatorname{tg}\varphi$; d'où (n° 48) :

$$a \pm b = a(1 \pm \operatorname{tg}\varphi) = \frac{a\sqrt{2}\sin(45^\circ \pm \varphi)}{\cos\varphi}$$

2° **Rendre logarithmique un polynôme** $a + b + c + d + \ldots$

A l'aide d'un angle auxiliaire, on remplace d'abord $a + b$ par un monôme β; puis, au moyen d'un second angle auxiliaire, on remplace $\beta + c$, c'est-à-dire $a + b + c$, par un monôme γ; et ainsi de suite.

Si le polynôme contient n termes, il faudra recourir successivement à $n - 1$ angles auxiliaires.

50. Applications. La méthode des angles auxiliaires est générale; mais, pour transformer un binôme donné, les quatre procédés ci-dessus ne sont pas également avantageux; souvent même il est à propos de modifier un peu la méthode générale.

Exemple I. *Rendre logarithmique* $\sqrt{a^2 + b^2}$

On adopte le troisième procédé. L'expression peut s'écrire

$$\sqrt{a^2 + b^2} = a\sqrt{1 + \frac{b^2}{a^2}}$$

ou, en posant $\frac{b^2}{a^2} = \operatorname{tg}^2 \varphi$,

$$\sqrt{a^2 + b^2} = a\sqrt{1 + \operatorname{tg}^2 \varphi} = a \operatorname{séc} \varphi = \frac{a}{\cos \varphi}$$

Exemple II. *Rendre logarithmique* $\sqrt{a^2 - b^2}$

Supposant $a > b$, on a recours au premier procédé. L'expression peut s'écrire

$$\sqrt{a^2 - b^2} = a\sqrt{1 - \frac{b^2}{a^2}}$$

ou, en posant $\frac{b^2}{a^2} = \cos^2 \varphi$

$$\sqrt{a^2 - b^2} = a\sqrt{1 - \cos^2 \varphi} = a \sin \varphi$$

Exemple III. *Rendre logarithmique* $\frac{a - b}{a + b}$

Au lieu de rendre logarithmique séparément chacun des termes de la fraction, on divise haut et bas par a, puis on pose $\frac{b}{a} = \operatorname{tg} \varphi$.

L'expression devient (nº 49)

$$\frac{a - b}{a + b} = \frac{1 - \frac{b}{a}}{1 + \frac{b}{a}} = \frac{1 - \operatorname{tg} \varphi}{1 + \operatorname{tg} \varphi} = \operatorname{tg}(45^\circ - \varphi)$$

Exemple IV. *Rendre logarithmique* $a \sin x \pm b \cos x$

On met en facteur commun seulement a, au lieu de $a \sin x$;

on obtient $a\left(\sin x \pm \frac{b}{a} \cos x\right)$

ou, en posant $\frac{b}{a} = \operatorname{tg} \varphi$,

$$a\left(\sin x \pm \frac{\sin \varphi}{\cos \varphi} \cos x\right)$$

c'est-à-dire $\frac{a}{\cos \varphi}(\sin x \cos \varphi \pm \sin \varphi \cos x)$

ou enfin $\frac{a \sin(x \pm \varphi)}{\cos \varphi}$

51. Problème. *Rendre calculables par logarithmes les racines d'une équation du second degré*

$$ax^2 + bx + c = 0$$

Ces racines, supposées réelles, ont pour expression

$$x = \frac{-b \pm \sqrt{b^2 - 4ac}}{2a}$$

Il y a deux cas à distinguer :

1er cas. $\frac{c}{a} < 0$. Le radical peut s'écrire

$$\pm\sqrt{b^2 - 4ac} = \pm b\sqrt{1 - \frac{4ac}{b^2}}$$

Le produit ac étant négatif, on peut poser

$$-\frac{4ac}{b^2} = \mathrm{tg}^2\,\varphi$$

d'où $\pm\sqrt{b^2 - 4ac} = \pm b\sqrt{1 + \mathrm{tg}^2\,\varphi} = \pm b\,\mathrm{séc}\,\varphi$

La formule devient

$$x = \frac{-b \pm b\,\mathrm{séc}\,\varphi}{2a} = -\frac{b}{2a}\left(1 \mp \frac{1}{\cos\varphi}\right) = -\frac{b\,(\cos\varphi \mp 1)}{2a\cos\varphi}$$

d'où, en séparant les racines

$$x' = +\frac{b}{2a}\left(\frac{1 - \cos\varphi}{\cos\varphi}\right) = +\frac{b\sin^2\frac{\varphi}{2}}{a\cos\varphi}$$

$$x'' = -\frac{b}{2a}\left(\frac{1 + \cos\varphi}{\cos\varphi}\right) = -\frac{b\cos^2\frac{\varphi}{2}}{a\cos\varphi}$$

2e cas. $\frac{c}{a} > 0$ avec $b^2 - 4ac > 0$

On a $\pm\sqrt{b^2 - 4ac} = \pm b\sqrt{1 - \frac{4ac}{b^2}}$

b^2 étant supérieur à $4ac$, on peut écrire $\frac{4ac}{b^2} = \sin^2\varphi$.

Alors, $\pm\sqrt{b^2 - 4ac} = \pm b\sqrt{1 - \sin^2\varphi} = \pm b\cos\varphi$

Les racines deviennent

$$x' = \frac{-b + b\cos\varphi}{2a} = -\frac{b}{2a}(1 - \cos\varphi) = -\frac{b}{a}\sin^2\frac{\varphi}{2}$$

$$x'' = \frac{-b - b\cos\varphi}{2a} = -\frac{b}{2a}(1 + \cos\varphi) = -\frac{b}{a}\cos^2\frac{\varphi}{2}$$

Exercices.

1° *Connaissant sin* a $=\frac{4}{5}$, *calculer le cosinus et la tangente de l'arc* a.

On a $\cos a = \pm\sqrt{1-\sin^2 a} = \pm\sqrt{1-\frac{16}{25}} = \pm\frac{3}{5}$

et par suite $\operatorname{tg} a = \frac{\sin a}{\cos a} = \pm\frac{4}{3}$

2° *Connaissant tg* a $=\frac{m}{n}$, *calculer sin* a *et cos* a.

Les formules (6) et (7) donnent

$$\sin a = \frac{\operatorname{tg} a}{\pm\sqrt{1+\operatorname{tg}^2 a}} = \frac{\frac{m}{n}}{\pm\sqrt{1+\frac{m^2}{n^2}}} = \pm\frac{m}{\sqrt{m^2+n^2}}$$

$$\cos a = \frac{1}{\pm\sqrt{1+\operatorname{tg}^2 a}} = \frac{1}{\pm\sqrt{1+\frac{m^2}{n^2}}} = \pm\frac{n}{\sqrt{m^2+n^2}}$$

3° *Vérifier l'égalité*

$$\text{arc sin}\,\frac{m-1}{m+1} = \text{arc cos}\,\frac{2\sqrt{m}}{m+1}$$

Cette égalité exprime que les nombres

$$\frac{m-1}{m+1} \quad \text{et} \quad \frac{2\sqrt{m}}{m+1}$$

sont le sinus et le cosinus d'un même arc. Pour cela, en vertu de la première formule fondamentale, il faut et il suffit que l'on ait

$$\left(\frac{m-1}{m+1}\right)^2 + \left(\frac{2\sqrt{m}}{m+1}\right)^2 = 1$$

Ce qui a lieu en effet, car le premier membre peut s'écrire

$$\frac{(m-1)^2+4m}{(m+1)^2} \quad \text{ou} \quad \frac{(m+1)^2}{(m+1)^2}$$

4° *Calculer le sinus de* 75°.

Cet arc étant la somme des arcs 45° et 30°, on peut écrire

$$\sin 75° = \sin(45° + 30°) = \sin 45° \cos 30 + \sin 30° \cos 45°$$

$$= \frac{\sqrt{2}}{2}\cdot\frac{\sqrt{3}}{2} + \frac{1}{2}\cdot\frac{\sqrt{2}}{2} = \frac{\sqrt{6}+\sqrt{2}}{4}$$

5° *Démontrer la relation*

$$\sin(a+b)\sin(a-b) = \sin^2 a - \sin^2 b$$

Le premier membre peut s'écrire successivement

$$(\sin a \cos b + \cos a \sin b)(\sin a \cos b - \cos a \sin b)$$

$$\sin^2 a \cos^2 b - \cos^2 a \sin^2 b$$

$$\sin^2 a (1 - \sin^2 b) - (1 - \sin^2 a) \sin^2 b$$

et enfin $$\sin^2 a - \sin^2 b$$

6° *Calculer* $tg \frac{a}{2}$ *en fonction de séc* a.

La formule (n° 38)

$$\text{séc}\, a = \frac{1}{\cos a} = \frac{1 + \text{tg}^2 \frac{a}{2}}{1 - \text{tg}^2 \frac{a}{2}}$$

donne $$\text{tg}^2 \frac{a}{2} = \frac{\text{séc}\, a - 1}{\text{séc}\, a + 1}$$

d'où $$\text{tg} \frac{a}{2} = \pm \sqrt{\frac{\text{séc}\, a - 1}{\text{séc}\, a + 1}}$$

7° *Calculer sin* 4x, *sachant que* $tg\, x = 3$.

On a (n° 38 et 36)

$$\sin 4x = \frac{2\,\text{tg}\, 2x}{1 + \text{tg}^2 2x} = \frac{4\,\text{tg}\, x(1 - \text{tg}^2 x)}{(1 + \text{tg}^2 x)^2} = \frac{4 . 3(-8)}{100} = -\frac{24}{25}$$

8° *Démontrer l'identité*

$$\text{tg}^2 x + \text{cotg}^2 x = 2 \frac{3 + \cos 4x}{1 - \cos 4x}$$

On a (n°s 36 et 38)

$$\cos 4x = 1 - 2 \sin^2 2x = 1 - \frac{8\,\text{tg}^2 x}{(1 + \text{tg}^2 x)^2}$$

Le second membre de l'identité peut donc s'écrire

$$2 \frac{4 - \frac{8\,\text{tg}^2 x}{(1 + \text{tg}^2 x)^2}}{\frac{8\,\text{tg}^2 x}{(1 + \text{tg}^2 x)^2}} = \frac{1 + \text{tg}^4 x}{\text{tg}^2 x} = \text{tg}^2 x + \frac{1}{\text{tg}^2 x}$$

résultat identique au premier membre.

9° *Dans l'hypothèse* $a + b + c = 180°$, *démontrer que l'on a*

$$tg\, a + tg\, b + tg\, c = tg\, a\; tg\, b\; tg\, c$$

On a $$a + b = 180° - c$$

ou, en égalant les tangentes des deux membres

$$\frac{\text{tg}\, a + \text{tg}\, b}{1 - \text{tg}\, a\, \text{tg}\, b} = \text{tg}(180° - c) = -\text{tg}\, c$$

d'où $$\text{tg}\, a + \text{tg}\, b = -\text{tg}\, c + \text{tg}\, a\, \text{tg}\, b\, \text{tg}\, c$$

et enfin $$\text{tg}\, a + \text{tg}\, b + \text{tg}\, c = \text{tg}\, a\, \text{tg}\, b\, \text{tg}\, c \qquad (R)$$

10° *Dans l'hypothèse* $a + b + c = 180°$, *démontrer que l'on a*

$$\cos^2 a + \cos^2 b + \cos^2 c + 2 \cos a \cos b \cos c = 1$$

La relation donnée permet d'écrire

$$a + b = 180 - c$$

ou, en égalant les cosinus des deux membres

$$\cos a \cos b - \sin a \sin b = -\cos c$$

Isolons le terme en sinus, puis élevons les deux membres au carré, il vient : $\cos a \cos b + \cos c = \sin a \sin b$

$$\cos^2 a \cos^2 b + 2 \cos a \cos b \cos c + \cos^2 c = \sin^2 a \sin^2 b$$

$$= (1 - \cos^2 a)(1 - \cos^2 b)$$

$$= 1 - \cos^2 a - \cos^2 b + \cos^2 a \cos^2 b$$

d'où enfin

$$\cos^2 a + \cos^2 b + \cos^2 c + 2 \cos a \cos b \cos c = 1 \qquad \text{(S)}$$

11° *En supposant que l'on ait* a + b + c = 180°, *rendre calculables par logarithmes les expressions*

$$x = \sin a + \sin b + \sin c$$

$$y = \sin a + \sin b - \sin c$$

On a $c = 180 - (a + b)$ d'où $\sin c = \sin (a + b)$.

La première expression peut s'écrire

$$x = \sin a + \sin b + \sin (a + b)$$

Les formules (23) et (14) permettent de substituer

$$\sin a + \sin b = 2 \sin \frac{a+b}{2} \cos \frac{a-b}{2}$$

et

$$\sin (a + b) = 2 \sin \frac{a+b}{2} \cos \frac{a+b}{2}$$

Ce qui donne, en mettant en facteur commun $2 \sin \frac{a+b}{2}$

$$x = 2 \sin \frac{a+b}{2} \left(\cos \frac{a-b}{2} + \cos \frac{a+b}{2} \right)$$

On peut remplacer $\sin \frac{a+b}{2}$ par $\cos \frac{c}{2}$, et la parenthèse par

$$2 \cos \frac{a}{2} \cos \frac{b}{2}$$

Il vient finalement

$$\sin a + \sin b + \sin c = 4 \cos \frac{a}{2} \cos \frac{b}{2} \cos \frac{c}{2} \qquad \text{(T)}$$

La seconde expression se transforme d'une manière toute semblable.

On a successivement

$$y = \sin a + \sin b - \sin (a + b)$$

$$= 2 \sin \frac{a+b}{2} \left(\cos \frac{a-b}{2} - \cos \frac{a+b}{2} \right)$$

et enfin

$$\sin a + \sin b - \sin c = 4 \sin \frac{a}{2} \sin \frac{b}{2} \cos \frac{c}{2} \qquad \text{(U)}$$

On trouverait de même

$$\sin a - \sin b + \sin c = 4 \sin \frac{a}{2} \cos \frac{b}{2} \sin \frac{c}{2}$$

et

$$-\sin a + \sin b + \sin c = 4 \cos \frac{a}{2} \sin \frac{b}{2} \sin \frac{c}{2}$$

12° *Rendre calculable par logarithmes la somme des sinus d'une série d'arcs en progression arithmétique.*

Soit à transformer la somme

$$S = \sin a + \sin (a+h) + \sin (a+2h) + \ldots + \sin \left\{ a + (n-1) h \right\}$$

Si l'on multiplie par $2 \sin \frac{h}{2}$ les deux membres de la relation proposée, il vient :

$$2S \sin \frac{h}{2} = 2 \sin a \sin \frac{h}{2} + 2 \sin (a+h) \sin \frac{h}{2} + \ldots + 2 \sin \left[a + (n-1) h \right] \sin \frac{h}{2}$$

Mais d'après la formule (26) chaque double produit de deux sinus peut être remplacé par une différence de deux cosinus ; on a donc :

$$2 \sin a \sin \frac{h}{2} = \cos \left(a - \frac{h}{2} \right) - \cos \left(a + \frac{h}{2} \right)$$

$$2 \sin (a+h) \sin \frac{h}{2} = \cos \left(a + \frac{h}{2} \right) - \cos \left(a + \frac{3h}{2} \right)$$

$$2 \sin (a+2h) \sin \frac{h}{2} = \cos \left(a + \frac{3h}{2} \right) - \cos \left(a + \frac{5h}{2} \right)$$

$$\ldots\ldots\ldots\ldots\ldots\ldots\ldots\ldots\ldots\ldots$$

$$2 \sin \left[a + (n-1) h \right] \sin \frac{h}{2} = \cos \left(a + \frac{2n-3}{2} h \right) - \cos \left(a + \frac{2n-1}{2} h \right)$$

en ajoutant membre à membre, il vient :

$$2S \sin \frac{h}{2} = \cos \left(a - \frac{h}{2} \right) - \cos \left(a + \frac{2n-1}{2} h \right)$$

$$= 2 \sin \left[a + \frac{n-1}{2} h \right] \sin \frac{nh}{2}$$

d'où

$$S = \frac{\sin \left(a + \frac{n-1}{2} h \right) \sin \frac{nh}{2}}{\sin \frac{h}{2}} \qquad \text{(V)}$$

On transforme d'une manière analogue la *somme des cosinus de n arcs en progression arithmétique.*

On trouve que la somme

$$\cos a + \cos (a+h) + \cos (a+2h) + \ldots + \cos \left\{ a + (n-1) h \right\}$$

a pour valeur

$$\frac{\cos \left\{ a + \frac{n-1}{2} h \right\} \sin \frac{nh}{2}}{\sin \frac{h}{2}}$$

CHAPITRE III

DES TABLES TRIGONOMÉTRIQUES

---

§ I. — Construction des tables *.

Dans les applications de la Trigonométrie, il est nécessaire de connaître les lignes trigonométriques qui correspondent à un arc donné, et réciproquement (XX); c'est pourquoi on a construit des tables qui font connaître les valeurs de ces lignes pour un certain nombre d'arcs se succédant par intervalles suffisamment rapprochés.

Nous allons indiquer comment on pourrait construire une pareille table à l'aide d'une méthode élémentaire.

Comme les lignes trigonométriques reçoivent dans le 1er quadrant toutes les valeurs absolues qu'elles sont susceptibles de prendre, il suffit de calculer ces valeurs pour le 1er quadrant. On peut d'ailleurs se borner aux arcs plus petits que 45°, puisque les cosinus des arcs de 0° à 45° sont les sinus des arcs de 45° à 90°, etc. Enfin, une des lignes d'un arc étant connue, le sinus, par exemple, les formules du chapitre précédent permettent d'en déduire les autres lignes de cet arc, puis celles de son double, de sa moitié, etc. Il suffit donc de calculer le sinus d'un premier arc.

Cherchons le sinus de l'arc de 10′ : quelques principes préliminaires nous permettront de connaître le degré d'approximation obtenu.

52. Théorème I. *Un arc moindre que 90° est plus grand que son sinus et plus petit que sa tangente.*

---

* La *construction* des tables trigonométriques ne fait point partie du programme. On peut se borner à lire les nos 52 et 53, qui seront utilisés à la fin de ce chapitre (page 79).

Soit l'arc $AB = a$; menons la corde BB' perpendiculaire à OA et la tangente BT. On a évidemment (*Géométrie*, nº 192) :

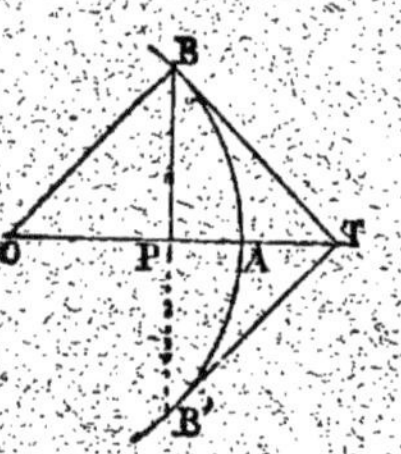

Fig. 44.

$$BT = B'T = \operatorname{tg} a;$$

et $$BB' = 2BP = 2 \sin a$$

Mais on a aussi :

$$BB' < \text{arc } BAB' < BT + B'T$$

ou $$2 \sin a < 2a < 2 \operatorname{tg} a$$

donc $$\sin a < a < \operatorname{tg} a$$

53. Corollaire. *Un arc très petit diffère très peu de son sinus.*

En effet, dans l'inégalité précédente, si l'on divise les trois quantités par $\sin a$, il vient :

$$1 < \frac{a}{\sin a} < \frac{1}{\cos a}$$

or, à mesure que l'arc a diminue et tend vers zéro, le cosinus augmente et tend vers l'unité; donc le rapport $\frac{1}{\cos a}$ a pour limite 1, et $\frac{a}{\sin a}$ étant compris entre 1 et une expression dont la limite est 1, a également pour limite 1. En d'autres termes, *un arc très petit et son sinus diffèrent peu l'un de l'autre*; on peut donc négliger l'erreur que l'on commet en prenant pour valeur approchée du sinus l'arc lui-même. Le théorème suivant permet de calculer la limite de l'erreur commise.

54. Théorème II. *La différence entre un arc du 1er quadrant et son sinus est moindre que le quart du cube de l'arc.*

En effet, on a $\operatorname{tg} \frac{a}{2} > \frac{a}{2}$ ou $\dfrac{\sin \frac{a}{2}}{\cos \frac{a}{2}} > \frac{a}{2}$

Multiplions les deux membres par $2 \cos^2 \frac{a}{2}$, il vient :

$$2 \sin \frac{a}{2} \cos \frac{a}{2} > a \cos^2 \frac{a}{2}$$

ou $\sin a > a \cos^2 \frac{a}{2}$ ou enfin $\sin a > a\left(1 - \sin^2 \frac{a}{2}\right)$

Si l'on remplace $\sin \frac{a}{2}$ par $\frac{a}{2}$, quantité plus grande, on renforce l'inégalité et l'on a :

$$\sin a > a\left(1 - \frac{a^2}{4}\right) \quad \text{ou} \quad \sin a > a - \frac{a^3}{4}$$

ou enfin $$a - \sin a < \frac{a^3}{4}$$

Donc, *en prenant l'arc pour le sinus, l'erreur est moindre que le quart du cube de l'arc.*

Remarque. Ce théorème et le précédent montrent que $\sin a$ est compris entre a et $a - \frac{a^3}{4}$; donc on a :

$$a > \sin a > a - \frac{a^3}{4}$$

55. Théorème III. Le cosinus d'un arc du 1er quadrant est compris entre $1 - \frac{a^2}{2}$ et $1 - \frac{a^2}{2} + \frac{a^4}{16}$:

En effet, si dans la relation (n° 39, Remarque) :

$$\cos a = 1 - 2\sin^2 \frac{a}{2}$$

on remplace $\sin \frac{a}{2}$ par la quantité plus grande $\frac{a}{2}$, le second membre étant diminué, on a :

$$\cos a > 1 - \frac{a^2}{2}$$

D'un autre côté, si, dans la même relation, on remplace $\sin \frac{a}{2}$ par la quantité plus petite $\frac{a}{2} - \frac{1}{4}\left(\frac{a}{2}\right)^3$ (n° 54, Remarque) ou $\frac{a}{2} - \frac{a^3}{32}$, le second membre sera augmenté, et l'on pourra écrire :

$$\cos a < 1 - 2\left(\frac{a}{2} - \frac{a^3}{32}\right)^2 \quad \text{ou} \quad \cos a < 1 - \frac{a^2}{2} + \frac{a^4}{16} - \frac{2a^6}{32^2}$$

inégalité qui sera encore vraie, *à fortiori*, si l'on augmente le 2e membre de $\frac{2a^6}{32^2}$; elle devient alors $\cos a < 1 - \frac{a^2}{2} + \frac{a^4}{16}$.

Donc $\cos a$ est compris entre $1 - \frac{a^2}{2}$ et $1 - \frac{a^2}{2} + \frac{a^4}{16}$, et l'on peut écrire : $$1 - \frac{a^2}{2} < \cos a < 1 - \frac{a^2}{2} + \frac{a^4}{16}$$

L'erreur que l'on commet en prenant $1 - \frac{a^2}{2}$ *pour* $\cos a$ *est donc moindre que* $\frac{a^4}{16}$.

56. Calcul de sin 10″ et de cos 10″. La longueur de l'arc de 180° est π ou 3,141 59... ; il renferme $180 \times 60 \times 60 = 648\,000''$.

Donc, $$\text{arc } 10'' = \frac{\pi}{64\,800} = 0{,}000\,048\,481\,368\,110...$$

Ce quotient est un nombre plus petit que 0,000 05 ; si l'on prend cette valeur pour sin 10″, l'erreur sera moindre que $\frac{(0{,}000\,05)^3}{4}$ (n° 54), c'est-à-dire moindre que $\frac{0,000\,000\,000\,000\,125}{4}$; la valeur de sin 10″ sera donc exacte au moins jusqu'à la 13ᵉ décimale, et l'on aura :

$$\sin 10'' = 0,000\,048\,481\,368\,1...$$

Si maintenant on prend $\cos 10'' = 1 - \frac{(\text{arc } 10'')^2}{2}$, l'erreur commise sera moindre que $\frac{(0,000\,05)^4}{16}$ (nº 55), c'est-à-dire moindre que $\frac{0,000\,000\,000\,000\,000\,006\,25}{16}$; la valeur obtenue sera donc exacte au moins jusqu'à la 18ᵉ décimale ; en se bornant aux 13 premières on a :

$$\cos 10'' = 0,999\,999\,998\,824\,8...$$

On pourrait calculer les sinus et cosinus des arcs de 10″ en 10″ à l'aide des formules qui donnent sin $2a$, cos $2a$, etc. ; mais le calcul se fait plus simplement à l'aide des formules de *Thomas Simpson*.

57. Formules de Simpson. — Calcul des sinus et cosinus des arcs de 10″ en 10″.

En additionnant membre à membre les formules (8) et (10), puis les formules (9) et (11), on obtient :

$$\sin(a+b) + \sin(a-b) = 2 \sin a \cos b$$
$$\cos(a+b) + \cos(a-b) = 2 \cos a \cos b.$$

la 1ʳᵉ donne $\sin(a+b) = \sin a \,.\, 2\cos b - \sin(a-b)$

et la 2ᵉ $\cos(a+b) = \cos a \,.\, 2\cos b - \cos(a-b)$

Si l'on fait $a = mb$, ces formules deviennent :

$$\sin(m+1)b = \sin mb \,.\, 2\cos b - \sin(m-1)b$$
$$\cos(m+1)b = \cos mb \,.\, 2\cos b - \cos(m-1)b$$

Elles permettent de calculer les sinus et cosinus des arcs

$$b,\ 2b,\ 3b,\ 4b,\ ...\ mb,\ (m+1)b$$

connaissant sin b et cos b.

Supposons $b = 10''$; en faisant successivement $m = 1$, $m = 2$, $m = 3$, etc., il vient :

$\sin 20'' = \sin 10'' \,.\, 2\cos 10'' - 0$	$\cos 20'' = \cos 10'' \,.\, 2\cos 10'' - 1$
$\sin 30'' = \sin 20'' \,.\, 2\cos 10'' - \sin 10''$	$\cos 30'' = \cos 20'' \,.\, 2\cos 10'' - \cos 10''$
$\sin 40'' = \sin 30'' \,.\, 2\cos 10'' - \sin 20''$	$\cos 40'' = \cos 30'' \,.\, 2\cos 10'' - \cos 20''$
$\sin 50'' = \sin 40'' \,.\, 2\cos 10'' - \sin 30''$	$\cos 50'' = \cos 40'' \,.\, 2\cos 10'' - \cos 30''$
. . . .	. . . .

Simplification à partir de 30°. A partir de 30°, le calcul de chaque ligne trigonométrique se réduit à une simple soustraction.

En effet, on a $\sin 30° = \frac{1}{2}$; par suite, les relations (23 et 27)

$$\sin(30° + b) + \sin(30° - b) = 2 \sin 30° \cos b$$
$$\cos(30° + b) - \cos(30° - b) = -2 \sin 30° \sin b$$

donnent
$$\sin(30^\circ + b) = \cos b - \sin(30^\circ - b)$$
$$\cos(30^\circ + b) = \cos(30^\circ - b) - \sin b$$

Si l'on suppose b inférieur à 30°, tout est connu dans les seconds membres. Une soustraction donnera le sinus ou le cosinus de chacun des arcs $m10''$ compris entre 30° et 60°.

Simplification à partir de 45°. Il est inutile de poursuivre le calcul au delà de 45°, puisque chacun des arcs suivants est le complément d'un arc dont le sinus et le cosinus sont déjà connus. On a :
$$\sin(45^\circ + m10'') = \cos(45^\circ - m10'')$$
$$\cos(45^\circ + m10'') = \sin(45^\circ - m10'')$$

58. **Remarques.** I. Si l'on suivait le procédé qui vient d'être indiqué pour calculer les sinus et les cosinus, il serait nécessaire de recourir à des vérifications nombreuses, car une erreur commise dans une opération rendrait inexacts tous les calculs suivants. De plus, les valeurs de $\sin 10''$ et de $\cos 10''$ étant seulement approchées, les erreurs s'accumulent à mesure qu'on avance dans les calculs et peuvent devenir considérables. Pour remédier à cet inconvénient, il faudrait avoir soin de déterminer directement les sinus et cosinus d'un certain nombre d'arcs convenablement choisis, afin de vérifier les résultats obtenus. Cette question a déjà été traitée (n° 31) ; à l'aide des formules du n° 39, on peut avoir directement les sinus et les cosinus de 9° en 9°. On pourrait aussi prendre ces valeurs, calculées directement avec une approximation suffisante, comme points de départ d'une nouvelle série d'opérations que l'on effectuerait avec les formules de Simpson.

II. Quelques ouvrages spéciaux contiennent les valeurs numériques ou valeurs naturelles des fonctions trigonométriques ; mais dans la plupart des applications les calculs se font au moyen des logarithmes ; c'est pourquoi les tables usuelles ne donnent que les logarithmes de ces valeurs, et l'on s'est borné à inscrire dans ces tables les logarithmes des quatre fonctions : *sin, cos, tg* et *cotg*. Si l'on avait besoin des logarithmes de la sécante et de la cosécante, il suffirait de prendre les cologarithmes du cosinus et du sinus, puisque ces dernières lignes sont les inverses des deux autres.

§ II. — Tables des logarithmes des fonctions trigonométriques.

Dispositions et usage des tables.

59. Les tables trigonométriques sont de deux espèces :

1° Les *grandes tables,* dites de CALLET, qui contiennent avec 7 décimales les logarithmes des lignes trigonométriques des arcs de 10″ en 10″, depuis 0° jusqu'à 90°, et de seconde en seconde pour les 5 premiers degrés. L'édition de Callet, généralement abandonnée aujourd'hui, est remplacée avantageusement par celle de DUPUIS, qui offre une disposition beaucoup plus heureuse et qui est d'un usage bien plus commode.

2° Les *petites tables*, dites de LALANDE, qui contiennent les logarithmes des lignes trigonométriques des arcs de minute en minute. Ces tables n'ont que 5 décimales; il en est de même des petites tables publiées par DUPUIS, HOUEL et F. I. C.; cependant quelques éditions de Lalande ont été étendues à 7 décimales par MARIE, REYNAUD, etc.

La disposition des tables trigonométriques étant partout la même, il suffit d'indiquer, par exemple, celle des tables de F. I. C.

Au titre de chaque colonne est joint le nombre de degrés de l'arc; de 0° à 45°, il est écrit en haut, et les minutes qui s'y rapportent sont dans la première colonne à gauche. Les colonnes suivantes contiennent, sous des titres respectifs, les logarithmes des *sin, tg, cotg* et *cos;* la lecture se fait de haut en bas. De 45° à 90°, la table revient, pour ainsi dire, sur elle-même, et la lecture se fait en sens inverse : les degrés sont au bas des pages, et les minutes dans la 1re colonne à droite. La colonne des *sin* est devenue celle des *cos*, et réciproquement; la colonne des *tg* est devenue également celle des *cotg,* et réciproquement; ce que l'on comprend sans peine, un arc plus grand que 45° ayant pour complément un arc plus petit, et *vice versa*.

Les différences entre les logarithmes des sinus de deux arcs consécutifs forment une colonne de *différences tabulaires,* à l'aide desquelles on peut calculer les logarithmes intermédiaires. Il en est de même à l'égard des tangentes, etc. Ces différences sont *positives* pour les *sinus* et les *tangentes,* parce que ces fonctions croissent avec l'arc, tandis qu'elles sont *négatives* pour les *cosinus* et les *cotangentes,* qui diminuent quand l'arc augmente.

Les tables de Dupuis et de Houël contiennent, en outre, des tables de *parties proportionnelles* qui dispensent de certains calculs nécessaires avec les tables de Lalande.

La même colonne de *différences* se rapporte à la fois aux *tg* et *cotg;* car, ces lignes étant inverses, on a pour deux arcs consécutifs a et b : $\operatorname{tg} a \cdot \operatorname{cotg} a = \operatorname{tg} b \cdot \operatorname{cotg} b$; d'où $\frac{\operatorname{tg} a}{\operatorname{tg} b} = \frac{\operatorname{cotg} b}{\operatorname{cotg} a}$, et en appliquant les logarithmes : $\log \operatorname{tg} a - \log \operatorname{tg} b = \log \operatorname{cotg} b - \log \operatorname{cotg} a$.

On peut remarquer que la différence des logarithmes des tangentes de deux arcs est la somme des différences des logarithmes des sinus et des logarithmes des cosinus des mêmes arcs, car :

$$\operatorname{tg} a = \frac{\sin a}{\cos a} \quad \text{et} \quad \operatorname{tg} b = \frac{\sin b}{\cos b}; \quad \text{d'où} \quad \frac{\operatorname{tg} a}{\operatorname{tg} b} = \frac{\sin a \cos b}{\cos a \sin b};$$

donc en appliquant les logarithmes :

$$\log \operatorname{tg} a - \log \operatorname{tg} b = \log \sin a - \log \sin b + \log \cos b - \log \cos a.$$

60. Remarques. I. A l'inspection des tables, on constate que les différences tabulaires deviennent très petites pour les sinus des arcs voisins de 90° ; de sorte qu'un petit changement de valeur ou une légère erreur sur le logarithme du sinus produit un changement relativement considérable sur l'arc. La même observation s'applique aux cosinus des arcs très petits. Ainsi, *un arc très petit est mal déterminé par son cosinus, et un arc voisin de 90° est mal déterminé par son sinus.* L'inconvénient est beaucoup moindre pour les tangentes, puisque la différence tabulaire des tangentes est la somme des différences tabulaires des sinus et des cosinus ; il est donc préférable de calculer les angles au moyen des tangentes.

II. Les sinus et les cosinus de tous les arcs sont moindres que 1 ; il en est de même des tangentes des arcs plus petits que 45°, et des cotangentes des arcs compris entre 45° et 90° ; par suite, toutes ces lignes ont des logarithmes négatifs. Or, dans certaines tables, pour éviter les caractéristiques négatives, on a augmenté les logarithmes de 10 unités ; mais cette addition est inutile, et, dans la pratique, il vaut mieux rétablir la vraie caractéristique.

III. Les grandes tables sont d'un usage plus avantageux que les petites : elles permettent d'opérer plus rapidement et d'atteindre une approximation plus rigoureuse. On peut obtenir généralement la même approximation avec les petites tables à 7 décimales, mais les calculs sont bien plus laborieux. Dans les applications usuelles, les tables à 5 décimales donnent les résultats avec l'exactitude désirable ; mais elles seraient insuffisantes pour traiter convenablement les questions proposées aux concours d'admission aux grandes Écoles *.

---

* Il faut bien se rappeler que les mesures prises avec les instruments ordinaires sont toujours entachées d'erreur ; ce serait donc se faire une idée fausse que de regarder comme exactes les données introduites dans la plupart des

61. Quelles que soient les tables dont on veut faire usage, il est indispensable de savoir résoudre les deux problèmes suivants : 1° trouver le logarithme d'une ligne trigonométrique correspondant à un arc donné ; 2° trouver le plus petit arc correspondant à une ligne trigonométrique dont on connaît le logarithme. Nous allons résoudre ces deux problèmes d'abord avec les tables de F. I. C., et ensuite avec celles de Dupuis.

Problème I. *Trouver le logarithme d'une ligne trigonométrique correspondant à un arc donné :*

Si l'arc était plus grand que 90°, il faudrait d'abord le ramener au 1er quadrant (n° 15) ; prenons donc un arc moindre que 90°. Soit, par exemple, à trouver :

1° Le logarithme de sin 29° 17′ 47″.

L'arc étant plus petit que 45°, il faut chercher le nombre des degrés en haut des pages, et à celle où l'on trouve 29°, suivre en descendant la 1re colonne à gauche jusqu'à la ligne 17′. La table donne en regard le logarithme de sin 29°17′, qui est $\bar{1},68942$. La différence tabulaire 23, placée entre ce logarithme et le logarithme immédiatement supérieur, indique que si l'arc augmentait de 60″, le logarithme augmenterait de 23 unités du 5e ordre décimal ; en considérant ces deux accroissements comme sensiblement proportionnels, on en conclut que le logarithme trouvé doit être augmenté des $\frac{47}{60}$ de 23 ou de 18 unités du 5e ordre décimal. Donc, le logarithme cherché est $\bar{1},68960$. Le calcul se dispose de la manière suivante :

$$\begin{array}{rl} \log\sin 29^\circ\,17' = & \bar{1},68942 \\ \text{pour } 47'' & \phantom{\bar{1},689}18 \\ \hline \log\sin 29^\circ\,17'\,47'' = & \bar{1},68960 \end{array} \qquad \frac{23\times 47}{60} = 18$$

Les tables des parties proportionnelles jointes aux tables de Dupuis dispensent de faire la multiplication et la division indiquées. Voici comment se fait ce même calcul :

$$\begin{array}{rll} \log\sin 29^\circ\,17'\,40'' = & \bar{1},6895733 & \text{Diff. } 376 \\ \text{pour } 7'' & \phantom{\bar{1},6895}263 & \\ \hline \log\sin 29^\circ\,17'\,47'' = & \bar{1},6895996 & \end{array}$$

---

problèmes. A l'exception des longueurs et des angles mesurés pour les calculs de triangulation et des mesures fournies par certains instruments de physique, les longueurs sont difficilement obtenues avec quatre chiffres exacts, et les angles avec une approximation de plus d'une demi-minute. Mais les données d'un problème doivent être traitées comme si elles étaient exactes.

2° *Trouver le logarithme de cos* 54° 29′ 22″,5.

L'arc étant plus grand que 45°, il faut chercher le nombre des degrés en bas des pages, et à celle où l'on trouve 54°, remonter la première colonne à droite jusqu'à la ligne 29′. La table donne en regard le logarithme de cos 54° 29′, qui est $\bar{1}$,764 13, et la différence tabulaire 18. On conclut, comme dans le cas précédent, que si l'arc augmentait de 60″, le log diminuerait de 18 unités du cinquième ordre décimal. Donc, un accroissement de 22″,5 correspondra à une diminution des $\frac{22,5}{60}$ de 18 ou 7 unités du cinquième ordre décimal. Le log cherché est donc $\bar{1}$,764 06. Voici la disposition du calcul :

$$\begin{array}{rl} \log\cos 54^\circ\,29' & = \bar{1},764\,13 \\ \text{pour } 22'',5 & \quad -7 \\ \hline \log\cos 54^\circ\,29'\,22'',5 & = \bar{1},764\,06 \end{array} \qquad \frac{-18 \times 22,5}{60} = -7$$

Avec les tables de Dupuis, on peut ainsi disposer le calcul :

$$\begin{array}{rl} \log\cos 54^\circ\,29'\,20'' & = \bar{1},764\,072\,1 \qquad \text{Diff. } 295 \\ \text{pour } 2'',5 & \quad -74 \\ \hline \log\cos 54^\circ\,29'\,22'',5 & = \bar{1},764\,064\,7 \end{array}$$

Problème II. *Trouver le plus petit arc correspondant à une ligne trigonométrique donnée.*

1° Soit, par exemple, à trouver l'arc x tel que :

$$\log \operatorname{tg} x = \bar{1},875\,43$$

Dans la colonne des tangentes, on trouve que le log immédiatement inférieur au log donné est $\bar{1}$,875 27 ; il correspond à l'arc de 36° 53′, et la différence tabulaire est de 26 unités du cinquième ordre décimal. Or le log proposé surpasse celui de la table de 16 ; si l'on désigne par d le nombre de secondes qu'il faudra ajouter à 36° 53′, on pourra écrire la proportion $\frac{d}{60} = \frac{16}{26}$, d'où $d = \frac{16 \times 60}{26} = 36$. L'angle demandé $x = 36^\circ\,53'\,36''$. Ordinairement le calcul est ainsi disposé :

$$\begin{array}{rl} \log \operatorname{tg} x & = \bar{1},875\,43 \\ \log \operatorname{tg} 36^\circ\,53' & = \bar{1},875\,27 \\ \hline \text{pour } 36'' & \quad 16 \end{array} \qquad \frac{16 \times 60}{26} = 36$$

$$x = 36^\circ\,53'\,36''$$

En faisant usage des tables de Dupuis, les parties proportionnelles abrègent le calcul. Voici comment on dispose l'opération :

$\log \operatorname{tg} x = \bar{1},875\,4328$		Diff. 439
$\log \operatorname{tg} 36^\circ\, 53'\, 30'' = \bar{1},875\,4050$		278
pour $6''$	263	15
pour $0,3$	13	2
pour $0,05$	2	
$\log \operatorname{tg} 36^\circ\, 53'\, 36'',35 = \bar{1},875\,4328$		

2° Soit encore : $\log \cos x = \bar{1},654\,41$

En cherchant dans la table des cosinus, on trouve que le log donné est compris entre le log de cos 63° 10′ et celui de 63° 11′ ; l'arc cherché égale donc 63° 10′, augmenté d'une quantité proportionnelle à la différence tabulaire -25. Or la différence entre le log cos 63° 10′ et le log donné est -14 ; donc, il faudra ajouter à 63° 10′ la quantité $\dfrac{14 \times 60}{25} = 34''$. et l'arc cherché est $x = 63^\circ\, 10'\, 34''$.

Le même calcul, fait avec les tables de Dupuis, peut s'écrire :

	$\log \cos x = \bar{1},654\,4147$		
Diff. 416.	pour	335	$63^\circ\, 10'\, 30''$
	1re différence	188	
	pour	167	$4''$
	2e différence	21	
	pour	21	$0'',5$
			$x = 63^\circ\, 10'\, 34'',5$

On opère de même à l'égard des autres lignes trigonométriques : pour les tg, on fait les mêmes calculs que pour les sinus, et pour les cotg, les mêmes calculs que pour les cosinus.

Remarque. Dans les instructions qui accompagnent toutes les tables de logarithmes, on trouve des moyens particuliers pour obtenir avec exactitude les log des sin et tg des arcs très petits, et ceux des cos et des cotg des arcs très voisins de 90° ; ces procédés sont utiles à connaître, et il est à propos de les consulter dans certains cas ; mais ils comportent des développements qui ne peuvent trouver place ici.

Applications.

1° *Calculer le plus petit arc positif qui satisfait à l'équation :*

$$\sin x = \frac{2}{3}$$

En appliquant les logarithmes, on a :

$$\log \sin x = \log 2 - \log 3$$

ou $\log \sin x = 0{,}301\,0300 - 0{,}477\,1212 = \bar{1}{,}823\,9088$

Or on a : $\log \sin 41°\,48'\,30'' = \bar{1}{,}823\,8919$ (Diff. 236.)

On trouve $7''$ pour 169

Donc $x = 41°\,48'\,37''$

2° *Évaluer le plus petit arc positif qui satisfait à l'équation :*

$$\cos x = -\frac{3}{4}$$

Soit y le supplément de cet angle ; les cos de deux angles supplémentaires sont égaux et de signes contraires, on a donc :

$$\cos y = -\cos x = \frac{3}{4}\,; \quad \text{d'où} \quad \log \cos y = \log 3 - \log 4$$

$$\log 3 = 0{,}477\,1212$$
$$\log 4 = 0{,}602\,0600$$
$$\log \cos y = \bar{1}{,}875\,0612$$

d'où $y = 41°\,24'\,34'',6$

Donc $x = 180° - y = 138°\,35'\,25'',4$

3° *Trouver la plus petite valeur positive de* x *satisfaisant à l'équation :*

$$\operatorname{tg} x = +\sqrt{2}$$

En appliquant les logarithmes, on a :

$$\log \operatorname{tg} x = \frac{1}{2} \log 2 = 0{,}150\,5150$$

qui correspond à $x = 54°\,44'\,8''$

4° *Calculer l'angle* x *compris entre* 0° *et* 90° *qui satisfait à l'équation* $\sin x = \sin P + \sin Q$, *dans le cas où* $P = 28°\,19'\,37'',4$ *et* $Q = 16°\,47'\,3'',6$. (Sorbonne, 13 novembre 1860, 1er août 1862, 21 juillet 1865.)

On sait que $\sin P + \sin Q = 2 \sin \frac{1}{2}(P + Q) \cos \frac{1}{2}(P - Q)$

Donc $\sin x = 2 \sin \frac{1}{2}(45°\,6'\,41'') \cos \frac{1}{2}(11°\,32'\,33'',8)$

d'où $= 2 \sin 22°\,33'\,20'',5 \cos 5°\,46'\,16'',9$

d'où $\log \sin x = \log 2 + \log \sin 22°\,33'\,20'',5 + \log \cos 5°\,46'\,16'',9$

$$\log 2 = 0,301\,0300$$
$$\log \sin 22°\,33'\,20'',5 = \bar{1},583\,8574$$
$$\log \cos 5°\,46'\,16'',9 = \bar{1},997\,7931$$
$$\log \sin x = \bar{1},882\,6805$$

donc $x = 49°\,45'\,13''$

5° *Calculer l'angle* x *tel que* $tang\, x = tang\, A + tang\, B$, *sachant que* $A = 38°\,24'\,30''$ *et* $B = 49°\,19'\,40''$.

On a : $\operatorname{tg} x = \operatorname{tg} A + \operatorname{tg} B$ ou (n° 48, formule 28) :

$$\operatorname{tg} x = \frac{\sin (A + B)}{\cos A \cos B}$$

donc, en appliquant les logarithmes :

$$\log \operatorname{tg} x = \log \sin (A + B) - \log \cos A - \log \cos B$$

ou $\log \sin (A + B) = \log \sin 87°\,44'\,10'' = \bar{1},999\,6609$

(On remplace les log négatifs par les colog)

$$\operatorname{colog} \cos A = 0,105\,9039$$
$$\operatorname{colog} \cos B = 0,185\,9318$$
$$\log \operatorname{tg} x = 0,291\,4966$$

Donc $x = 62°\,55'\,42'',8$

6° *Calculer la valeur de* x *donnée par la formule*

$$x = R\sqrt{\sin^2 \alpha \sin^2 \beta - \cos^2 \alpha \cos^2 \beta}$$

dans laquelle on a $R = 6\,366^m,73$, $\alpha = 67°\,42'\,28''$, $\beta = 48°\,53'\,17''$. (Saint-Cyr, 1880.)

Rendons logarithmique la quantité sous le radical ; c'est la différence de deux carrés, donc on peut l'écrire :

$$(\sin \alpha \sin \beta + \cos \alpha \cos \beta)(\sin \alpha \sin \beta - \cos \alpha \cos \beta)$$

ou $$\cos (\alpha - \beta) \cos [\pi - (\alpha + \beta)]$$

Pour que la valeur de x soit réelle, il faut que ces deux facteurs soient de même signe ; or cette condition est satisfaite, car, d'après les données, ils sont tous deux positifs.

Donc $\log x = \log R + \dfrac{\log \cos (\alpha - \beta) + \log \cos [\pi - (\alpha + \beta)]}{2}$

c'est-à-dire

$$\log x = \log 6\,366,73 + \frac{1}{2}(\log \cos 18°\,49'\,11'' + \log \cos 63°\,24'\,15'')$$

$$\log \cos (\alpha - \beta) = \bar{1},976\,1382$$
$$\log \cos [\pi - (\alpha + \beta)] = \bar{1},650\,9814$$
$$\bar{1},627\,1196$$
$$\text{la moitié} = \bar{1},813\,5598$$
$$\log R = 3,803\,9164$$
$$\log x = 3,617\,4762$$
$$x = 4144^m,54$$

Limite ou vraie valeur de quelques expressions trigonométriques.

Nous croyons utile de rappeler ici quelques définitions étudiées en algèbre.

Définitions. 1° *On dit qu'une variable tend vers zéro quand sa valeur absolue devient et reste ensuite constamment inférieure à tout nombre donné, si petit qu'il soit.*

2° *On dit qu'une variable tend vers l'infini quand sa valeur absolue devient et reste ensuite constamment supérieure à tout nombre donné, si grand qu'il soit.*

3° *On dit qu'une variable* x *tend vers* a, *ou a pour limite* a, *lorsque la différence* $x-a$ *tend vers zéro.*

Ainsi, ε désignant un nombre positif donné, aussi petit que l'on voudra; si l'on finit par avoir constamment en valeur absolue

$$x-a<\varepsilon$$

on peut écrire

$$\lim. x=a$$

4° *On dit qu'une fonction* y *d'une variable* x *a pour limite* b *pour* $x=a$, *lorsque* $x-a$ *tendant vers zéro,* $y-b$ *tend aussi vers zéro.*

5° *On dit qu'une fonction* y *d'une variable* x *est infinie pour* $x=a$, *lorsque* $x-a$ *tendant vers zéro,* y *tend vers l'infini.*

Principe. *Si deux variables sont constamment égales, et que l'une d'elles tende vers une limite, l'autre aussi tend vers une limite, et ces deux limites sont égales.*

Conséquence. *Si une égalité entre deux fonctions d'*x *reste constamment vraie quand* x *tend vers* a, *elle est encore vraie à la limite pour* $x=a$.

Théorème. *La limite de* $\frac{\sin x}{x}$, *pour* $x=0$, *est égale à l'unité.*

Supposons que l'arc x tende vers zéro par des valeurs positives, on a (n° 52) $\sin x<x<\operatorname{tg} x$

En divisant $\sin x$ par ces trois quantités croissantes, on obtient les rapports décroissants

$$\frac{\sin x}{\sin x}>\frac{\sin x}{x}>\frac{\sin x}{\operatorname{tg} x}$$

ou

$$1>\frac{\sin x}{x}>\cos x$$

Ainsi, la différence $1-\frac{\sin x}{x}$ est moindre que la différence

$1 - \cos x$; or, lorsque x tend vers zéro, cette dernière différence tend vers zéro; donc, à plus forte raison, la première tend aussi vers zéro; c'est-à-dire que l'on a

$$\lim \frac{\sin x}{x} = 1$$

Lorsqu'un arc tend vers zéro, le rapport du sinus à l'arc a pour limite l'unité.

Remarque. Les rapports inverses $\frac{\sin x}{x}$ et $\frac{x}{\sin x}$ tendent simultanément vers l'unité (nº 52) : le premier par des valeurs croissantes, le second par des valeurs décroissantes.

Corollaire I. *Lorsqu'un arc tend vers zéro, le rapport de la corde à l'arc tend vers l'unité.*

Soient arc $MM' = 2x$ d'où corde $MM' = 2 \sin x$

On a identiquement

$$\frac{\text{corde } MM'}{\text{arc } MM'} = \frac{2 \sin x}{2x} = \frac{\sin x}{x}$$

Cette égalité restant toujours vraie lorsque x tend vers zéro, elle est encore vraie à la limite, pour $x = 0$:

$$\lim. \frac{\text{corde } MM'}{\text{arc } MM'} = \lim. \frac{\sin x}{x} = 1$$

Corollaire II. *La limite de* $\frac{\operatorname{tg} x}{x}$, *pour* $x = 0$, *est égale à l'unité.*

On a identiquement

$$\frac{\operatorname{tg} x}{x} = \frac{\sin x}{x} \cdot \frac{1}{\cos x}$$

Cette égalité, vraie pour toute valeur d'x, l'est encore à la limite pour $x = 0$. En remplaçant simultanément chaque facteur par sa limite, on obtient.

$$\lim. \frac{\operatorname{tg} x}{x} = \lim. \frac{\sin x}{x} \cdot \lim. \frac{1}{\cos x} = 1 \times 1 = 1$$

Vraie valeur d'une fonction qui se présente sous l'une des formes indéterminées $\frac{0}{0}$, $\frac{\infty}{\infty}$, $0 \times \infty$, $\infty - \infty$.

Lorsqu'une fonction de x *prend une forme indéterminée pour* x = a, *on appelle vraie valeur de cette fonction pour* x = a *la limite vers laquelle tend cette fonction lorsque* x *tend vers* a.

Lever l'indétermination, c'est trouver cette limite.

Lorsqu'une expression fractionnaire prend la forme $\frac{0}{0}$ pour $x=a$, cela tient généralement à ce que ses deux termes ont un facteur commun qui s'annule pour $x=a$. En supprimant ce facteur commun, on obtient une nouvelle fraction qui, étant constamment égale à la première lorsque x tend vers a, lui est encore égale à la limite, pour $x=a$. Or, en général, la nouvelle fraction prend, pour $x=a$, une valeur bien déterminée. Cette valeur est la limite de la fonction proposée pour $x=a$.

Pour obtenir la vraie valeur d'une expression, dans les cas élémentaires, il suffit donc de simplifier cette expression ou de la transformer en une autre équivalente, avant d'y introduire l'hypothèse $x=a$. Quelquefois il est nécessaire de mettre en évidence les rapports

$$\frac{\sin(x-a)}{x-a}, \quad \frac{\operatorname{tg}(x-a)}{x-a},$$

ou leurs inverses, qui ont pour limite l'unité quand x tend vers a.

Voici quelques exemples :

I. *Valeur de l'expression*

$$y=\frac{1-\cos x}{\operatorname{tg} x}, \quad \text{pour} \quad x=0$$

Si l'on fait $x=0$, cette expression prend la forme $\frac{0}{0}$; mais les identités

$$1-\cos x=2\sin^2\frac{x}{2} \quad \text{et} \quad \operatorname{tg} x=\frac{\sin x}{\cos x}=\frac{2\sin\frac{x}{2}\cos\frac{x}{2}}{\cos x}$$

permettent d'écrire

$$y=\frac{\sin\frac{x}{2}\cos x}{\cos\frac{x}{2}}=\operatorname{tg}\frac{x}{2}\cos x$$

Donc, pour $x=0$, $\lim y=0\times 1=0$

II. *Valeur de l'expression*

$$y=\frac{1-\cos 4x}{1-\cos 2x} \quad \text{pour} \quad x=0$$

On a identiquement (n° 39) :

$$y=\frac{2\sin^2 2x}{2\sin^2 x}=\frac{4\sin^2 x\cos^2 x}{\sin^2 x}=4\cos^2 x$$

Donc, pour $x=0$, $\lim y=4\times 1=4$

III. *Valeur de l'expression*

$$y=\frac{\sin^2 x-\sin^2 a}{\sin(x-a)} \quad \text{pour} \quad x=a$$

Dans l'hypothèse $x=a$, l'expression se présente sous la forme $\frac{0}{0}$; mais l'identité (page 63, 5°)

$$\sin^2 x-\sin^2 a=\sin(x+a)\sin(x-a)$$

permet d'écrire $y = \sin(x+a)$

Donc, pour $x = a$, $\lim y = \sin 2a$

IV. *Valeur de l'expression*

$$y = \frac{\sin 2x - \sin 2a}{\cos a - \cos x} \quad \text{pour} \quad x = a$$

En vertu des formules (24 et 27), on peut écrire :

$$y = \frac{\cos(x+a)\sin(x-a)}{\sin\frac{x+a}{2}\sin\frac{x-a}{2}}$$

ou, en divisant haut et bas par $\sin\frac{x-a}{2}$:

$$y = \frac{2\cos(x+a)\cos\frac{x-a}{2}}{\sin\frac{x+a}{2}}$$

Donc, pour $x = a$,

$$\lim y = \frac{2\cos 2a \times 1}{\sin a} = \frac{2\cos 2a}{\sin a}$$

V. *Valeur de l'expression*

$$y = \frac{\cos x}{1 - \sin x} \quad \text{pour} \quad x = 90^\circ$$

Cette expression prend la forme $\frac{0}{0}$; mais on peut d'abord l'écrire :

$$y = \frac{\sqrt{1 - \sin^2 x}}{1 - \sin x}$$

ou, en supprimant le facteur $\sqrt{1 - \sin x}$

$$y = \sqrt{\frac{1 + \sin x}{1 - \sin x}}$$

Pour $x = 90^\circ$, on obtient $y = \sqrt{\frac{2}{0}}$

Donc, lorsque x tend vers 90°, la fonction y tend vers l'infini.

VI. *Valeur de l'expression*

$$\frac{\sin mx}{nx} \quad \text{pour} \quad x = 0$$

On peut écrire :

$$\frac{\sin mx}{nx} = \frac{m}{n} \cdot \frac{\sin mx}{mx}$$

Or, pour $x = 0$, $\lim \frac{\sin mx}{mx} = 1$

Donc, $\lim \frac{\sin mx}{nx} = \lim \frac{m}{n} \cdot \frac{\sin mx}{mx} = \frac{m}{n}$

VII. *Valeur de l'expression*

$$y = \frac{\sin x - \sin a}{x - a} \quad \text{pour} \quad x = a$$

On a identiquement

$$y = \frac{2 \sin \frac{x-a}{2} \cos \frac{x+a}{2}}{x-a} = \frac{\sin \frac{x-a}{2}}{\frac{x-a}{2}} \cdot \cos \frac{x+a}{2}$$

Donc, pour $x = a$,

$$\lim y = 1 \times \cos \frac{a+a}{2} = \cos a$$

VIII. *Valeur de l'expression*

$$\text{séc}\, x - \text{tg}\, x \quad \text{pour} \quad x = 90^\circ$$

Si l'on fait $x = 90^\circ$, l'expression prend la forme indéterminée $\infty - \infty$; mais on a identiquement

$$\text{séc}\, x - \text{tg}\, x = \frac{1}{\cos x} - \frac{\sin x}{\cos x} = \frac{1 - \sin x}{\cos x}$$

Donc (Exemple II), pour $x = 90^\circ$, on a :

$$\lim (\text{séc}\, x - \text{tg}\, x) = \lim \frac{1 - \sin x}{\cos x} = 0$$

IX. *Valeur de l'expression*

$$\frac{\text{tg}\, x + 1}{\text{tg}\, x - 1} \quad \text{pour} \quad x = 90^\circ$$

Si l'on remplace x par 90°, cette expression prend la forme $\frac{\infty}{\infty}$; mais en divisant d'abord haut et bas par $\text{tg}\, x$, et en faisant ensuite $x = 90^\circ$, on a :

$$\lim \frac{\text{tg}\, x + 1}{\text{tg}\, x - 1} = \lim \frac{1 + \frac{1}{\text{tg}\, x}}{1 - \frac{1}{\text{tg}\, x}} = 1$$

D'ailleurs, on a identiquement :

$$\frac{\text{tg}\, x + 1}{\text{tg}\, x - 1} = - \frac{1 + \text{tg}\, x}{1 - \text{tg}\, x} = - \text{tg}\,(45^\circ + x)$$

Donc, pour $x = 90^\circ$,

$$\lim \frac{\text{tg}\, x + 1}{\text{tg}\, x - 1} = - \text{tg}\, 135^\circ = \text{tg}\, 45^\circ = 1$$

X. *Limite du rapport* $\frac{\sin(x+h) - \sin x}{h}$ *lorsque* h *tend vers* 0.

On peut écrire :

$$\frac{\sin(x+h) - \sin x}{h} = \frac{2 \sin \frac{h}{2} \cos \left(x + \frac{h}{2}\right)}{h} = \frac{\sin \frac{h}{2}}{\frac{h}{2}} \cos \left(x + \frac{h}{2}\right)$$

Donc, pour $h = 0$,

$$\lim \frac{\sin(x+h) - \sin x}{h} = 1 \times \cos x = \cos x$$

Telle est la limite du rapport de l'accroissement du sinus à l'accroissement de l'arc, quand ce dernier accroissement tend vers zéro.

On trouve de même, pour $h = 0$,

$$\lim \frac{\cos(x+h) - \cos x}{h} = -\sin x$$

et

$$\lim \frac{\operatorname{tg}(x+h) - \operatorname{tg} x}{h} = \frac{1}{\cos^2 x}$$

CHAPITRE IV

DES ÉQUATIONS TRIGONOMÉTRIQUES

Expressions équivalentes. Deux expressions trigonométriques sont dites *équivalentes*, quand leurs valeurs numériques sont toujours égales, quelles que soient les valeurs attribuées aux arcs qu'elles renferment.

Deux espèces d'égalités. Le signe $=$, placé entre deux expressions trigonométriques, signifie que ces expressions sont équivalentes, ou bien qu'elles prennent des valeurs égales pour certaines valeurs particulières attribuées aux arcs qu'elles renferment.

De là deux sortes d'égalités, les *identités* et les *équations.*

Identité. *Une identité trigonométrique est l'égalité de deux expressions trigonométriques équivalentes.*

Les formules fondamentales, les formules d'addition, de multiplication, de transformation logarithmique... et toutes les égalités que l'on peut en déduire par le calcul, sont des identités.

Équation. *Une équation trigonométrique est une égalité renfermant une ou plusieurs lignes trigonométriques d'arcs inconnus, et qui n'est vérifiée que pour certaines valeurs particulières attribuées à ces arcs.*

L'égalité

$$\operatorname{tg} x = 1$$

est une équation ; elle n'est satisfaite que pour $x = 45^\circ$ et pour les divers arcs qui ont la même tangente.

Résoudre une équation trigonométrique à une inconnue, c'est chercher les valeurs de l'arc inconnu qui rendent égaux ses deux nombres. Chacun de ces arcs est une *solution* de l'équation.

Les solutions d'une équation trigonométrique sont *en nombre infini ;* mais si l'on compte tous ces arcs à partir d'une même origine, leurs extrémités sont généralement situées en un nombre fini de points du cercle trigonométrique.

Résoudre un système de n équations trigonométriques à n inconnues, c'est trouver les divers systèmes de valeurs des inconnues qui vérifient simultanément toutes ces équations.

§ I. — Équations à une inconnue.

La méthode la plus générale pour résoudre une équation trigonométrique consiste à la ramener à une équation algébrique, en prenant une ligne trigonométrique pour inconnue auxiliaire.

1° On choisit pour inconnue soit une ligne trigonométrique de l'arc inconnu, soit une ligne trigonométrique d'un multiple ou d'un sous-multiple de cet arc, ou de tout autre arc dont la connaissance entraînerait celle de l'arc demandé.

2° On remplace, en fonction de l'inconnue adoptée, toutes les autres lignes trigonométriques qui figurent dans l'équation.

3° A l'aide des procédés ordinaires de l'algèbre, on résout l'équation finale par rapport à l'inconnue auxiliaire, et l'on discute les racines en tenant compte des conditions de grandeur auxquelles cette ligne trigonométrique est assujettie.

4° Chacune des racines acceptables fournit une équation trigonométrique simple, de l'une des formes

$$\sin x = a, \qquad \cos x = b, \qquad \operatorname{tg} x = c$$

On détermine à l'aide des tables un angle vérifiant chacune de ces équations (n° 6 et page 77) ; après quoi, les formules des arcs ayant une ligne trigonométrique donnée (n° 20 et suiv.) permettent d'écrire toutes les solutions.

Voici quelques exemples :

I. **Résoudre l'équation**

$$3 \operatorname{tg}^2 x + 5 = \frac{7}{\cos x}. \qquad (1)$$

1re MÉTHODE. Si l'on prend pour inconnue $\cos x$ et que l'on remplace $\operatorname{tg} x$ en fonction de $\cos x$, cette équation devient

$$\frac{3(1-\cos^2 x)}{\cos^2 x} + 5 = \frac{7}{\cos x}$$

ou

$$\frac{2\cos^2 x - 7\cos x + 3}{\cos^2 x} = 0$$

ou, en supprimant le dénominateur qui ne saurait devenir infini

$$2\cos^2 x - 7\cos x + 3 = 0$$

Par rapport à $\cos x$, cette équation algébrique du second degré a pour racines 3 et $\frac{1}{2}$. La première, supérieure à l'unité, est étrangère à la question. L'équation proposée équivaut donc à l'équation unique

$$\cos x = \frac{1}{2}$$

Cette équation est satisfaite pour $x = 60^o$, et par suite, pour tous les arcs compris dans les formules (G)

$$x = 2k\pi \pm 60^o$$

2ᵉ MÉTHODE. Si l'on remplace $\cos x$ en fonction de $\operatorname{tg} x$, l'équation devient

$$3\operatorname{tg}^2 x + 5 = \pm 7\sqrt{1+\operatorname{tg}^2 x} \qquad (2)$$

mais cette équation n'est pas équivalente à la proposée; car, avec les solutions de celle-ci, elle admet encore les solutions de l'équation

$$3\operatorname{tg}^2 x + 5 = -\frac{7}{\cos x} \qquad (3)$$

En élevant au carré les deux membres de (2), on parvient à l'équation

$$9\operatorname{tg}^4 x - 19\operatorname{tg}^2 x - 24 = 0$$

d'où l'on tire

$$\operatorname{tg} x = \pm\sqrt{\frac{19 \pm \sqrt{1225}}{18}}$$

ou, en écartant les racines imaginaires

$$\operatorname{tg} x = \pm\sqrt{3}$$

d'où enfin

$$x = k\pi \pm 60 \qquad (4)$$

Les premiers membres des équations (1) et (3) étant essentiellement positifs, et leurs seconds membres étant de signes contraires, une solution comprise dans les formules (4) convient à l'équation (1) ou à l'équation (3), suivant qu'elle rend positif $\cos x$ ou $-\cos x$, c'est-à-dire suivant que le cosinus de l'arc considéré est positif ou négatif.

Or, les arcs compris dans les formules (4), se terminent en quatre points du cercle trigonométrique, respectivement situés dans chacun des quadrants. Les arcs

$$(2k+1)\pi \pm 60$$

dont les extrémités tombent dans le second et le troisième quadrant ont leurs cosinus négatifs et doivent être rejetés.

Les arcs $$2k\pi \pm 60$$
terminés dans le premier et le quatrième quadrant répondent seuls à la question.

II. **Résoudre l'équation**

$$2 \cos x + 3 = 4 \cos \frac{x}{2} \qquad (1)$$

1re MÉTHODE. On prend pour inconnue $\cos \frac{x}{2}$.

En substituant $\cos x = 2 \cos^2 \frac{x}{2} - 1$
l'équation devient

$$4 \cos^2 \frac{x}{2} - 4 \cos \frac{x}{2} + 1 = 0$$

d'où $$\cos \frac{x}{2} = \frac{1}{2}$$

Mais $$\cos 60^\circ = \frac{1}{2}$$

Donc $$\frac{x}{2} = 2k\pi \pm 60^\circ$$

et enfin $$x = 4k\pi \pm 120^\circ$$

2e MÉTHODE. Si l'on prend pour inconnue $\cos x$, il faut effectuer la substitution irrationnelle

$$\cos \frac{x}{2} = \pm \sqrt{\frac{1 + \cos x}{2}}.$$

on obtient $$2 \cos x + 3 = \pm 4 \sqrt{\frac{1 + \cos x}{2}} \qquad (2)$$

Mais cette équation est plus générale que la proposée; car, avec les solutions de (1), elle admet encore celles de l'équation

$$2 \cos x + 3 = -4 \cos \frac{x}{2} \qquad (3)$$

En élevant au carré les deux membres de (2), on parvient à l'équation $$4 \cos^2 x + 4 \cos x + 1 = 0$$

d'où $$\cos x = -\frac{1}{2}$$

et par suite $$x = 2k\pi \pm 120^\circ$$

Un arc x compris dans cette formule vérifie l'équation (1) ou l'équation (3), suivant que $\cos \frac{x}{2}$ est positif ou négatif. Or les arcs moitiés $$\frac{x}{2} = k\pi \pm 60^\circ$$

se terminent dans le premier ou le quatrième quadrant lorsque k est un nombre pair, et dans le second ou le troisième quadrant lorsque k est impair. Donc les solutions de (1), données par les valeurs paires du nombre k, sont comprises dans la formule

$$x = 4k'\pi \pm 120^\circ$$

k' désignant un nombre entier quelconque.

Remarque. Si l'on compare entre elles les deux méthodes suivies dans les exemples I et II, il est évident que les substitutions irrationnelles doivent être évitées.

III. **Résoudre l'équation**

$$3(1 - \cos x) = \sin^2 x$$

1re MÉTHODE. L'expression de $\cos x$ en fonction de $\sin x$ est irrationnelle, tandis que $\sin^2 x$ s'exprime rationnellement en fonction de $\cos x$. Des deux lignes $\sin x$ et $\cos x$, c'est donc la seconde qu'il est préférable de choisir pour inconnue.

L'équation devient

$$\cos^2 x - 3\cos x + 2 = 0$$

on en tire

$$\cos x = \frac{3 \pm 1}{2}$$

ou, en rejetant la racine inacceptable

$$\cos x = 1$$

d'où

$$x = 2k\pi$$

2e MÉTHODE. On peut substituer

$$1 - \cos x = 2\sin^2 \frac{x}{2} \quad \text{et} \quad \sin x = 2\sin\frac{x}{2}\cos\frac{x}{2}$$

L'équation prend la forme

$$2\sin^2 \frac{x}{2}\left(3 - 2\cos^2 \frac{x}{2}\right) = 0$$

Le facteur entre parenthèses ne saurait s'annuler, puisqu'un cosinus est compris entre -1 et $+1$.

L'équation proposée se réduit donc à

$$\sin\frac{x}{2} = 0$$

d'où

$$\frac{x}{2} = k\pi$$

et enfin

$$x = 2k\pi$$

IV. **Résoudre l'équation**

$$\text{séc}\, x - \cos x = \sin x \qquad (1)$$

1re MÉTHODE. Les trois lignes trigonométriques $\sin x$, $\cos x$, $\text{séc}\, x$ ne peuvent pas être exprimées rationnellement en fonction d'une même ligne de l'arc x, mais elles peuvent l'être en fonction de $\text{tg}\,\frac{x}{2}$ (nº 38).

En prenant cette dernière ligne pour inconnue, l'équation devient

$$\frac{1+\text{tg}^2\frac{x}{2}}{1-\text{tg}^2\frac{x}{2}} - \frac{1-\text{tg}^2\frac{x}{2}}{1+\text{tg}^2\frac{x}{2}} - \frac{2\,\text{tg}\frac{x}{2}}{1+\text{tg}^2\frac{x}{2}} = 0$$

ou, en réduisant au même dénominateur

$$\frac{2\,\text{tg}\frac{x}{2}\left(\text{tg}^2\frac{x}{2}+2\,\text{tg}\frac{x}{2}-1\right)}{\left(1-\text{tg}^2\frac{x}{2}\right)\left(1+\text{tg}^2\frac{x}{2}\right)} = 0.$$

Cette équation équivaut à l'ensemble des trois suivantes :

$$\text{tg}\frac{x}{2} = 0 \quad \text{ou} \quad \frac{x}{2} = k\pi \quad \text{d'où} \quad x = 2k\pi$$

$$\text{tg}\frac{x}{2} = \pm\infty \quad \text{ou} \quad \frac{x}{2} = k\pi + \frac{\pi}{2} \quad \text{d'où} \quad x = (2k+1)\pi$$

et
$$\text{tg}^2\frac{x}{2} + 2\,\text{tg}\frac{x}{2} - 1 = 0$$

d'où
$$\text{tg}\frac{x}{2} = -1 \pm \sqrt{2}$$

c'est-à-dire (nº 36, form. 16)

$$\text{tg}\, x = 1$$

d'où
$$x = k\pi + 45^\circ$$

2e MÉTHODE. Si l'on remplace $\text{séc}\, x$ en fonction de $\cos x$, on parvient à l'équation

$$\frac{1-\cos^2 x - \sin x \cos x}{\cos x} = 0$$

ou, en remplaçant $1-\cos^2 x$ par $\sin^2 x$, mettant $\sin x$ en facteur et effectuant la division

$$\sin x\,(\text{tg}\, x - 1) = 0$$

cette équation se décompose en deux autres :

$$\sin x = 0 \quad \text{d'où} \quad x = k\pi$$

et

$$\operatorname{tg} x = 1 \quad \text{d'où} \quad x = k\pi + 45^\circ$$

Artifices de calcul. On abandonne la méthode générale dès qu'il se présente un procédé particulier conduisant au résultat d'une manière plus rapide. L'habitude du calcul fait apercevoir ces procédés expéditifs.

Ainsi, la seconde méthode indiquée pour résoudre chacune des deux équations précédentes consiste à transformer le premier membre en un produit de plusieurs facteurs, puis à décomposer l'équation proposée en autant d'équations partielles.

Voici d'autres exemples :

V. **Résoudre l'équation**

$$\sin 3x = \sin x$$

1re MÉTHODE. Au lieu de remplacer $\sin 3x$ en fonction de $\sin x$, faisons tout passer dans le premier membre, puis transformons celui-ci en produit. L'équation devient

$$2 \cos 2x \sin x = 0$$

elle se décompose en deux autres :

$$\cos 2x = 0 \quad \text{d'où} \quad 2x = 2k\pi \pm \frac{\pi}{2} \quad \text{d'où} \quad x = k\pi \pm \frac{\pi}{4}$$

et

$$\sin x = 0 \quad \text{d'où} \quad x = k\pi$$

2e MÉTHODE. Pour exprimer que les arcs x et $3x$ ont des sinus égaux, il suffit de leur appliquer les formules connues (E).

On obtient ainsi les deux équations algébriques indépendantes $3x = 2k\pi + x$ et $3x = (2k+1)\pi - x$

d'où l'on tire respectivement

$$x = k\pi \quad \text{et} \quad x = (2k+1)\frac{\pi}{4}$$

VI. **Résoudre l'équation**

$$\operatorname{tg}\left(2x - \frac{\pi}{6}\right) = \operatorname{tg}\left(x + \frac{\pi}{3}\right)$$

1re MÉTHODE. Cette équation peut s'écrire

$$\operatorname{tg}\left(2x - \frac{\pi}{6}\right) - \operatorname{tg}\left(x + \frac{\pi}{3}\right) = 0$$

ou (n° 48)

$$\frac{\sin\left(x - \frac{\pi}{2}\right)}{\cos\left(2x - \frac{\pi}{6}\right)\cos\left(x + \frac{\pi}{3}\right)} = 0$$

ou simplement $\sin\left(x - \frac{\pi}{2}\right) = 0$

on en tire $x - \frac{\pi}{2} = k\pi$

d'où $x = (2k+1)\frac{\pi}{2}$

2e MÉTHODE. Pour que deux arcs aient même tangente, il faut et il suffit que leur différence soit égale à $k\pi$ (nº 21).

L'équation proposée équivaut donc à l'équation algébrique

$$\left(2x - \frac{\pi}{6}\right) - \left(x + \frac{\pi}{3}\right) = k\pi$$

qui donne $x = k\pi + \frac{\pi}{2}$

VII. **Résoudre l'équation**

$$\cos 3x - \cos 2x + \cos x = 0$$

Si l'on transforme $\cos 3x + \cos x$ en produit, l'équation devient $2 \cos 2x \cos x - \cos 2x = 0$

ou $\cos 2x\,(2 \cos x - 1) = 0$

Elle se décompose en deux équations partielles que l'on résout séparément.

VIII. **Résoudre l'équation**

$$\cos a - \cos x = \sin (x - a)$$

En transformant le premier membre en produit et remplaçant le second en fonction du sinus et du cosinus de l'arc $\frac{x-a}{2}$, l'équation peut s'écrire

$$2 \sin \frac{x+a}{2} \sin \frac{x-a}{2} = 2 \sin \frac{x-a}{2} \cos \frac{x-a}{2}$$

ou $\sin \frac{x-a}{2}\left(\sin \frac{x+a}{2} - \cos \frac{x-a}{2}\right) = 0$

Elle se décompose en deux autres faciles à résoudre.

Applications importantes.

IX. **Résoudre et discuter l'équation**

$$a \sin x + b \cos x = c$$

1re MÉTHODE. En vue de rendre logarithmique le premier

membre, on divise tous les termes de l'équation par a, puis on pose

$$\frac{b}{a} = \operatorname{tg} \varphi \tag{1}$$

L'équation proposée devient successivement

$$\sin x + \frac{b}{a} \cos x = \frac{c}{a}$$

et

$$\sin x + \frac{\sin \varphi}{\cos \varphi} \cos x = \frac{c}{a}$$

ou, en chassant le dénominateur

$$\sin x \cos \varphi + \sin \varphi \cos x = \frac{c}{a} \cos \varphi$$

c'est-à-dire

$$\sin (x + \varphi) = \frac{c}{a} \cos \varphi \tag{2}$$

On cherche dans les tables un angle φ vérifiant l'équation (1); après quoi, si les tables donnent un angle α ayant pour sinus $\frac{c}{a} \cos \varphi$, l'équation (2) se traduit par les deux équations algébriques $x + \varphi = 2k\pi + \alpha$ et $x + \varphi = (2k + 1)\pi - \alpha$ d'où l'on tire

$$x = 2k\pi + \alpha - \varphi \quad \text{et} \quad x = (2k + 1)\pi - \alpha - \varphi$$

Condition de possibilité. L'angle α n'existe que si l'on a

$$-1 \leqq \frac{c}{a} \cos \varphi \leqq +1$$

c'est-à-dire

$$\frac{c^2 \cos^2 \varphi}{a^2} \leqq 1$$

La valeur de $\cos^2 \varphi$ en fonction des données se déduit de l'équation (1). On trouve

$$\cos^2 \varphi = \frac{1}{1 + \operatorname{tg}^2 \varphi} = \frac{1}{1 + \frac{b^2}{a^2}} = \frac{a^2}{a^2 + b^2}$$

La condition de possibilité devient

$$\frac{c^2}{a^2 + b^2} \leqq 1$$

ou

$$c^2 \leqq a^2 + b^2$$

elle est indépendante des signes des trois coefficients.

2° MÉTHODE. Sin x et cos x pouvant s'exprimer rationnellement en fonction de $\operatorname{tg}\frac{x}{2}$, on prend cette dernière ligne pour inconnue auxiliaire ; l'équation devient

$$a\frac{2\operatorname{tg}\frac{x}{2}}{1+\operatorname{tg}^2\frac{x}{2}}+b\frac{1-\operatorname{tg}^2\frac{x}{2}}{1+\operatorname{tg}^2\frac{x}{2}}=c.$$

Elle équivaut à l'équation entière

$$(b+c)\operatorname{tg}^2\frac{x}{2}-2a\operatorname{tg}\frac{x}{2}-(b-c)=0$$

qui a pour racines

$$\operatorname{tg}\frac{x}{2}=\frac{a\pm\sqrt{a^2+b^2-c^2}}{b+c}$$

les racines sont réelles lorsqu'on a

$$a^2+b^2\geqq c^2$$

Elles ne sont astreintes à aucune condition de grandeur; mais, comme elles ne sont pas calculables par logarithmes, on ne peut généralement en faire usage qu'après les avoir transformées.

3e MÉTHODE. Si l'on remplace $\sin x$ et $\cos x$ en fonction de $\operatorname{tg} x$, on obtient

$$a\operatorname{tg}x+b=\pm c\sqrt{1+\operatorname{tg}^2 x} \qquad (3)$$

ou $$(a^2-c^2)\operatorname{tg}^2 x+2ab\operatorname{tg}x+b^2-c^2=0$$

d'où $$\operatorname{tg}x=\frac{-ab\pm c\sqrt{a^2+b^2-c^2}}{a^2-c^2}$$

Mais, outre que ces formules ne sont pas logarithmes, elles ont l'inconvénient d'être trop générales, car l'équation (3) équivaut à l'ensemble des deux suivantes

$$a\sin x+b\cos x=\pm c$$

4e MÉTHODE. En remplaçant $\cos x$ en fonction de $\sin x$, on obtiendrait $$a\sin x\pm\sqrt{1-\sin^2 x}=c$$

ou $$(a^2+b^2)\sin^2 x-2ac\sin x+c^2-b^2=0$$

d'où $$\sin x=\frac{ac\pm b\sqrt{a^2+b^2-c^2}}{a^2+b^2}$$

Cette formule présente tous les désavantages de la précédente, puisqu'elle n'est pas logarithmique et qu'elle résout à la fois les deux équations

$$a\sin x\pm b\cos x=c.$$

De plus, la condition de grandeur imposée à $\sin x$ vient encore compliquer la discussion.

Ainsi, dans le cas général, la première méthode donnée conduit seule à des formules logarithmiques, et chacune des autres est moins avantageuse que celle qui la précède.

X. **Résoudre l'équation**

$$a \operatorname{tg} x + b \operatorname{cotg} x = c$$

1re MÉTHODE. On fait prendre à cette équation la forme de la précédente. Elle peut s'écrire

$$a \frac{\sin x}{\cos x} + b \frac{\cos x}{\sin x} = c$$

ou $$a \sin^2 x + b \cos^2 x = c \sin x \cos x$$

En multipliant les deux membres par 2 et effectuant les substitutions

$$2 \sin^2 x = 1 - \cos 2x, \quad 2 \cos^2 x = 1 + \cos 2x,$$
$$2 \sin x \cos x = \sin 2x$$

on obtient

$$a(1 - \cos 2x) + b(1 + \cos 2x) = c \sin 2x$$

ou $$c \sin 2x + (a - b) \cos 2x = a + b$$

équation de même forme que la précédente. (Ex. XI.)

2e MÉTHODE. En remplaçant $\operatorname{cotg} x$ en fonction de $\operatorname{tg} x$, on parvient à l'équation du second degré

$$a \operatorname{tg}^2 x - c \operatorname{tg} x + b = 0$$

d'où l'on tire $$\operatorname{tg} x = \frac{c \pm \sqrt{c^2 - 4ab}}{2a}$$

Ces racines sont faciles à discuter ; mais pour en déduire les valeurs correspondantes de x, on devra d'abord les rendre logarithmiques.

XI. **Résolution trigonométrique de l'équation du second degré**

$$ax^2 + bx + c = 0$$

On se propose de résoudre cette équation à l'aide d'une équation trigonométrique.

1re MÉTHODE. On pose $\quad x = \operatorname{tg} \alpha \quad$ (1)

L'équation devient

$$a \operatorname{tg}^2 \alpha + b \operatorname{tg} \alpha + c = 0$$

Pour ramener cette équation à une forme connue (Ex. IX), on

remplace tg α en fonction de sin α et de cos α, puis on chasse les dénominateurs ; ce qui donne

$$a \sin^2 \alpha + b \sin \alpha \cos \alpha + c \cos^2 \alpha = 0$$

Alors on multiplie tous les termes par 2 et l'on opère les substitutions

$$2 \sin^2\alpha = 1 - \cos 2\alpha, \quad 2 \sin \alpha \cos \alpha = \sin 2\alpha,$$
$$2 \cos^2 \alpha = 1 + \cos 2\alpha$$

Il vient, en groupant les termes qui renferment une même ligne trigonométrique

$$b \sin 2\alpha - (a - c) \cos 2\alpha + a + c = 0$$

équation de la forme annoncée.

Si l'on divise tout par b et que l'on pose

$$\frac{a-c}{b} = \operatorname{tg} \varphi \qquad (2)$$

cette équation peut s'écrire

$$\sin 2\alpha - \frac{\sin \varphi}{\cos \varphi} \cos 2\alpha = -\left(\frac{a+c}{b}\right)$$

ou $$\sin (2\alpha - \varphi) = -\frac{a+c}{b} \cos \varphi \qquad (3)$$

La condition de possibilité

$$\frac{(a+c)^2}{b^2} \cos^2\varphi \leqq 1$$

eu égard à (1), devient

$$\frac{(a+c)^2}{b^2 + (a-c)^2} \leqq 1$$

et se réduit à $$b^2 - 4ac \geqq 0$$

si cette condition est remplie, on trouve, à l'aide des tables, un angle φ_1, ayant le sinus de $2\alpha - \varphi$; ce qui donne pour solutions de l'équation (3)

$$2\alpha - \varphi = 2k\pi + \varphi_1, \quad \text{et} \quad 2\alpha - \varphi = (2k+1)\pi - \varphi_1$$

En faisant $k = 0$ dans la première formule et $k = 1$ dans la seconde, on aura donc, après avoir calculé φ au moyen de l'équation (2) $\alpha' = \frac{\varphi + \varphi_1}{2}$ et $\alpha'' = \frac{\varphi - \varphi_1}{2}$

L'équation (1) donne alors les racines cherchées

$$x' = \operatorname{tg} \frac{\varphi + \varphi_1}{2} \quad \text{et} \quad x'' = \operatorname{tg} \frac{\varphi - \varphi_1}{2}$$

2ᵉ MÉTHODE. On pose $x = m \operatorname{tg} \varphi$ (1)

m et φ étant deux inconnues auxiliaires, dont la première sera déterminée arbitrairement. L'équation proposée devient

$$am^2 \operatorname{tg}^2 \varphi + bm \operatorname{tg} \varphi + c = 0$$

ou, en multipliant chaque terme par $\cos^2 \varphi$

$$am^2 \sin^2 \varphi + bm \sin \varphi \cos \varphi + c \cos^2 \varphi = 0 \quad (2)$$

Il y a deux cas à distinguer suivant que l'on a

$$\frac{c}{a} > 0 \qquad \text{ou} \qquad \frac{c}{a} < 0$$

d'ailleurs on peut toujours supposer $a > 0$.

1ᵉʳ Cas. $c > 0$. On dispose de m de manière à réduire les termes extrêmes au même coefficient. Cette condition

$$am^2 = c \qquad \text{donne} \qquad m = \pm\sqrt{\frac{c}{a}} \quad (3)$$

L'équation (2) devient

$$bm \sin \varphi \cos \varphi + c = 0$$

on en tire, en remplaçant m par la valeur (3)

$$\sin 2\varphi = \pm \frac{2\sqrt{ac}}{b}$$

La condition de possibilité

$$-1 \leq \pm \frac{2\sqrt{ac}}{b} \leq +1$$

peut s'écrire $b^2 - 4ac \geq 0$

Cette condition étant supposée remplie, la valeur positive de $\sin 2\varphi$ détermine deux arcs supplémentaires 2φ et $\pi - 2\varphi$. On cherche les tangentes des arcs moitiés

$$\operatorname{tg} \varphi' = \operatorname{tg} \varphi \qquad \text{et} \qquad \operatorname{tg} \varphi'' = \operatorname{cotg} \varphi$$

Après quoi, et en tenant compte de (3), la formule (1) donne les racines de l'équation du second degré

$$x' = \pm\sqrt{\frac{c}{a}} \operatorname{tg} \varphi \qquad \text{et} \qquad x'' = \pm\sqrt{\frac{c}{a}} \operatorname{cotg} \varphi$$

ces racines devant être de même signe, du signe de leur somme, on ne conservera devant chaque radical que le signe de $-b$.

2ᵉ Cas. $c < 0$. On dispose encore de m de manière à faire prendre aux coefficients extrêmes de l'équation (2) la même valeur absolue

$$am^2 = -c \quad \text{d'où} \quad m = \pm\sqrt{\frac{-c}{a}} \qquad (4)$$

L'équation (2) devient

$$bm \sin\varphi \cos\varphi = -c(\cos^2\varphi - \sin^2\varphi)$$

c'est-à-dire $\quad bm \sin 2\varphi = -2c \cos 2\varphi$

on en tire, en remplaçant m par sa valeur (4)

$$\operatorname{tg} 2\varphi = \pm \frac{2\sqrt{-ac}}{b}$$

La valeur positive de tg 2φ détermine toujours deux arcs 2φ et $2\varphi + \pi$. On cherche les tangentes des arcs moitiés

$$\operatorname{tg}\varphi' = \operatorname{tg}\varphi \quad \text{et} \quad \operatorname{tg}\varphi'' = \operatorname{tg}\left(\varphi + \frac{\pi}{2}\right) = -\operatorname{cotg}\varphi$$

En appliquant la formule (1), on obtient les racines

$$x' = \pm\sqrt{\frac{-c}{a}} \operatorname{tg}\varphi \quad \text{et} \quad x'' = \mp\sqrt{\frac{-c}{a}} \operatorname{cotg}\varphi$$

Ces racines devant être de signes contraires, la plus grande en valeur absolue, de même signe que leur somme, on peut choisir le signe que l'on devra garder seul devant chaque radical.

§ II. — Équations simultanées.

XII. **Problème.** *Trouver deux arcs, connaissant leur somme ainsi que la somme ou le produit ou le quotient de leurs sinus.*

1° Résoudre le système $\left\{\begin{array}{ll} x + y = a & (1) \\ \sin x + \sin y = m & (2) \end{array}\right.$

L'équation (2) peut s'écrire (23)

$$2 \sin\frac{x+y}{2} \cos\frac{x-y}{2} = m$$

on en tire, en tenant compte de (1)

$$\cos\frac{x-y}{2} = \frac{m}{2\sin\frac{a}{2}} \qquad (3)$$

Cette dernière équation exige

$$-1 \leq \frac{m}{2 \sin \frac{a}{2}} \leq +1$$

ou

$$\frac{m^2}{4 \sin^2 \frac{a}{2}} \leq 1$$

c'est-à-dire $\quad m^2 \leq 4 \sin^2 \frac{a}{2}$

Si cette condition est remplie, l'équation (3) détermine un angle $\frac{x-y}{2} = \alpha$, que l'on obtient à l'aide des tables, puis elle se transforme en l'équation algébrique

$$\frac{x-y}{2} = 2k\pi \pm \alpha \qquad (4)$$

D'ailleurs, l'équation (1) peut s'écrire

$$\frac{x+y}{2} = \frac{a}{2} \qquad (5)$$

En ajoutant, puis retranchant (4) et (5) membre à membre,

on obtient $\quad x = \frac{a}{2} + 2k\pi \pm \alpha$

$$y = \frac{a}{2} - 2k\pi \mp \alpha$$

formules dans lesquelles on doit attribuer à k la même valeur et placer devant α des signes contraires.

2° Résoudre le système $\left\{ \begin{array}{ll} x + y = a & (1) \\ \sin x \sin y = m & (2) \end{array} \right.$

L'équation (2) peut s'écrire (n° 46)

$$\cos(x-y) - \cos(x+y) = 2m$$

d'où, en tenant compte de (1)

$$\cos(x-y) = 2m + \cos a \qquad (3)$$

Cette équation exige

$$-1 \leq 2m + \cos a \leq +1$$

ou, en retranchant $\cos a$ de chaque membre,

$$-(1 + \cos a) \leq 2m \leq 1 - \cos a$$

c'est-à-dire $\quad -\cos^2 \frac{a}{2} \leq m \leq \sin^2 \frac{a}{2}$

Si cette condition est remplie, l'équation (3) détermine l'arc $x-y$, et l'on est ramené à calculer deux arcs, connaissant leur somme et leur différence.

3° **Résoudre le système** $\left\{\begin{array}{ll} x+y=a & (1) \\ \dfrac{\sin x}{\sin y}=\dfrac{p}{q} & (2) \end{array}\right.$

L'équation (2) peut s'écrire

$$\frac{\sin x-\sin y}{\sin x+\sin y}=\frac{p-q}{p+q}$$

ou (25)

$$\frac{\operatorname{tg}\dfrac{x-y}{2}}{\operatorname{tg}\dfrac{x+y}{2}}=\frac{p-q}{p+q}$$

d'où, en tenant compte de (1)

$$\operatorname{tg}\frac{x-y}{2}=\frac{p-q}{p+q}\operatorname{tg}\frac{a}{2}$$

A l'aide des tables, cette équation détermine toujours un arc $\dfrac{x-y}{2}=\alpha$.

Elle peut être remplacée par l'équation algébrique

$$x-y=2k\pi+2\alpha$$

on achève, connaissant la somme et la différence des arcs demandés.

Remarque I. Dans chacun des systèmes précédents, on pourrait éliminer l'un des arcs entre les deux équations et calculer ainsi les deux arcs indépendamment l'un de l'autre.

Mais toutes les fois qu'on connaît la somme de deux arcs qui entrent symétriquement dans les équations trigonométriques données, il est avantageux de prendre pour inconnue auxiliaire la différence de ces arcs.

Remarque II. Si l'on donnait la différence des deux arcs, on procéderait d'une manière analogue, en prenant pour inconnue auxiliaire la somme des arcs demandés.

XIII. **Problème.** *Trouver deux arcs, connaissant leur somme, ainsi que la somme, le produit ou le quotient de leurs cosinus.*

1° **Soit à résoudre le système** $\left\{\begin{array}{ll} x+y=a & 1 \\ \cos x+\cos y=m & 2 \end{array}\right.$

L'équation (2) peut s'écrire (26)

$$2\cos\frac{x-y}{2}\cos\frac{x+y}{2}=m$$

d'où, en tenant compte de (1)

$$\cos\frac{x-y}{2}=\frac{m}{2\cos\frac{a}{2}} \qquad (3)$$

Cette équation exige

$$-1\leqq\frac{m}{2\cos\frac{a}{2}}\leqq+1$$

c'est-à-dire $\qquad m^2\leqq 4\cos^2\frac{a}{2}$

Si cette condition est remplie, l'équation (3) permet de trouver à l'aide des tables la différence des arcs x et y, que l'on détermine aisément ensuite, connaissant leur somme et leur différence.

2° **Résoudre le système** $\left\{\begin{array}{ll} x+y=a & (1)\\ \cos x\cos y=m & (2)\end{array}\right.$

L'équation (2) peut s'écrire (n° 47)

$$\cos(x-y)+\cos(x+y)=2m$$

d'où, en tenant compte de (1)

$$\cos(x-y)=2m-\cos a \qquad (3)$$

La condition de possibilité

$$-1\leqq 2m-\cos a\leqq+1$$

peut s'écrire $\qquad -\sin^2\frac{a}{2}\leqq m\leqq\cos^2\frac{a}{2}$

Cette condition supposée remplie, l'équation (3) fait connaître la différence $x-y$, et l'on achève comme précédemment.

3° **Résoudre le système** $\left\{\begin{array}{ll} x+y=a & (1)\\ \dfrac{\cos x}{\cos y}=\dfrac{p}{q} & (2)\end{array}\right.$

L'équation (2) peut s'écrire

$$\frac{\cos x-\cos y}{\cos x+\cos y}=\frac{p-q}{p+q}$$

ou (n° 47) $\qquad -\operatorname{tg}\left(\frac{x-y}{2}\right)\operatorname{tg}\frac{x+y}{2}=\frac{p-q}{p+q}$

d'où, en tenant compte de (1)

$$\operatorname{tg}\frac{x-y}{2}=\frac{q-p}{q+p}\cot\frac{a}{2}$$

Cette équation détermine $x-y$, et l'on achève aisément.

XIV. **Problème.** *Trouver deux arcs, connaissant leur somme ainsi que la somme, le produit ou le quotient de leurs tangentes.*

1° **Résoudre le système** $\begin{cases} x+y=a & (1)\\ \operatorname{tg}x+\operatorname{tg}y=m & (2)\end{cases}$

L'équation (2) peut s'écrire (28)

$$\frac{\sin(x+y)}{\cos x\cos y}=m$$

d'où, en tenant compte de (1)

$$\cos x\cos y=\frac{\sin a}{m}$$

on est ainsi ramené à l'une des questions précédentes.

2° **Résoudre le système** $\begin{cases} x+y=a & (1)\\ \operatorname{tg}x\operatorname{tg}y=m & (2)\end{cases}$

L'équation (2) peut s'écrire

$$\frac{\sin x\sin y}{\cos x\cos y}=\frac{m}{1}$$

ou

$$\frac{\cos x\cos y-\sin x\sin y}{\cos x\cos y}=\frac{1-m}{1}$$

c'est-à-dire

$$\frac{\cos(x+y)}{\cos x\cos y}=1-m$$

d'où, en tenant compte de (1)

$$\cos x\cos y=\frac{\cos a}{1-m}$$

on est encore ramené au même système connu.

Remarque. Les deux systèmes qui précèdent peuvent aussi se ramener l'un à l'autre. En égalant entre elles les tangentes des deux membres de (1), on obtient

$$\frac{\operatorname{tg}x+\operatorname{tg}y}{1-\operatorname{tg}x\operatorname{tg}y}=\operatorname{tg}a$$

relation entre les deux quantités

$$\operatorname{tg}x+\operatorname{tg}y \quad \text{et} \quad \operatorname{tg}x\operatorname{tg}y$$

qui permet d'obtenir chacune d'elles en fonction de l'autre.

Dans les deux cas, on peut prendre pour inconnues $\operatorname{tg} x$ et $\operatorname{tg} y$ et, connaissant la somme et le produit de ces inconnues auxiliaires, construire l'équation du second degré qui les a pour racines.

3° **Résoudre le système**
$$\left\{\begin{aligned} & x+y=a && (1) \\ & \frac{\operatorname{tg} x}{\operatorname{tg} y}=\frac{p}{q} && (2) \end{aligned}\right.$$

L'équation (2) peut s'écrire
$$\frac{\operatorname{tg} x-\operatorname{tg} y}{\operatorname{tg} x+\operatorname{tg} y}=\frac{p-q}{p+q}$$

ou (n° 48)
$$\frac{\sin(x-y)}{\sin(x+y)}=\frac{p-q}{p+q}$$

d'où, en tenant compte de (1)
$$\sin(x-y)=\frac{p-q}{p+q}\sin a \qquad (3)$$

si l'on a
$$\left(\frac{p-q}{p+q}\right)^2 \sin^2 a \leq 1$$

l'équation (3) fait connaître la différence des inconnues, et l'on n'a plus à résoudre qu'un système d'équations algébriques.

Exercices.

1° *Résoudre l'équation*
$$\frac{1}{\sin^2 x}+\frac{1}{\cos^2 x}-\frac{1}{\operatorname{tg}^2 x}=3$$

1re MÉTHODE. Remplaçons toutes les lignes en fonction de $\sin x$ ou de $\cos x$, par exemple en fonction de $\sin x$. Si l'on transpose tous les termes dans le premier membre et qu'on les réduise au même dénominateur, sans chasser celui-ci, on parvient à l'équation équivalente
$$\frac{\sin^2 x(2\sin^2 x-1)}{\sin^2 x(1-\sin^2 x)}=0$$

que l'on peut écrire simplement
$$2\sin^2 x-1=0$$

On en tire $\sin x=\pm\frac{\sqrt{2}}{2}$ d'où $x=\pm 45°$

et par suite, $x=2k\pi\pm 45°$ et $x=(2k+1)\pi\pm 45°$

2° MÉTHODE. Si l'on remplace toutes les lignes en fonction de $\operatorname{tg} x$, il vient

$$\frac{1+\operatorname{tg}^2 x}{\operatorname{tg}^2 x}+1+\operatorname{tg}^2 x-\frac{1}{\operatorname{tg}^2 x}=3$$

ou
$$\operatorname{tg} x=\pm 1$$

d'où
$$x=k\pi \pm 45^\circ$$

2° *Résoudre l'équation*

$$2\sin^2 x+4\sin x\cos x-4\cos^2 x=1$$

Remplaçons les sinus et cosinus en fonction de $\operatorname{tg} x$.
L'équation devient :

$$\frac{2\operatorname{tg}^2 x}{1+\operatorname{tg}^2 x}+\frac{4\operatorname{tg} x}{1+\operatorname{tg}^2 x}-\frac{4}{1+\operatorname{tg}^2 x}=1$$

ou
$$\operatorname{tg}^2 x+4\operatorname{tg} x-5=0$$

On en tire :

$$\operatorname{tg} x=1 \quad \text{d'où} \quad x=k\pi+45^\circ$$

et
$$\operatorname{tg} x=-5 \quad \text{d'où} \quad x=k\pi-78^\circ 41' 24''$$

3° *Résoudre l'équation* $\cos^2\frac{x-a}{2}+\cos^2\frac{x+a}{2}=1$ (Bordeaux, 1893).

En tenant compte de la formule

$$1+\cos\alpha=2\cos^2\frac{\alpha}{2} \quad \text{d'où} \quad \cos^2\frac{\alpha}{2}=\frac{1+\cos\alpha}{2}$$

L'équation devient :

$$\cos(x-a)+\cos(x+a)=0$$

ou (26)
$$2\cos x\cos a=0$$

On en tire :

$$\cos x=0 \quad \text{d'où} \quad x=2k\pi\pm\frac{\pi}{2}=(2k+1)\frac{\pi}{2}$$

4° *Résoudre l'équation* $\sin\frac{x}{2}=\cos x$ (Lyon, 1893).

Cette équation peut s'écrire :

$$\cos\left(\frac{\pi}{2}-\frac{x}{2}\right)=\cos x$$

Elle signifie que les arcs $\frac{\pi}{2}-\frac{x}{2}$ et x ont le même cosinus; par suite on a (n° 22)

$$x=2k\pi\pm\left(\frac{\pi}{2}-\frac{x}{2}\right)$$

c'est-à-dire
$$x=2k\pi+\frac{\pi}{2}-\frac{x}{2}=(4k+1)\frac{\pi}{3}$$

ou bien
$$x=2k\pi-\frac{\pi}{2}+\frac{x}{2}=(4k-1)\pi$$

5° *Résoudre l'équation*

$$4\cos^2 x - 2m\cos x - 1 = 0$$

et la discuter en y regardant m *comme un paramètre variable. On rendra calculables par logarithmes les valeurs trouvées pour* cos x *en posant :* $\frac{2}{m} = tg\,\varphi$ (Paris, 1893).

Pour toute valeur de m cette équation a deux racines *réelles* de *signes contraires*; mais chacune d'elles n'est acceptable que si elle est comprise entre -1 et $+1$.

La racine négative convient si -1 est extérieur aux racines, c'est-à-dire si l'on a :

$$f(-1) = 3 + 2m > 0 \quad \text{ou} \quad m > -\frac{3}{2}$$

La racine positive convient si $+1$ est extérieur aux racines, c'est-à-dire si l'on a :

$$f(+1) = 3 - 2m > 0 \quad \text{ou} \quad m < \frac{3}{2}$$

Donc il y a deux racines acceptables, ou seulement une, selon que m est intérieur ou extérieur à l'intervalle de $-\frac{3}{2}$ à $+\frac{3}{2}$.

Pour rendre logarithmiques les racines supposées acceptables, on les écrit sous la forme :

$$\cos x = \frac{m}{4}\left(1 \pm \sqrt{1 + \frac{4}{m^2}}\right)$$

Si l'on pose $\frac{2}{m} = \text{tg}\,\varphi$, ces expressions deviennent :

$$\cos x = \frac{m}{4}\left(1 \pm \sqrt{1 + \text{tg}^2\varphi}\right) = \frac{m}{4}\left(1 \pm \text{séc}\,\varphi\right) = \frac{m(\cos\varphi \pm 1)}{4\cos\varphi}$$

ou, en séparant les deux valeurs :

$$\cos x = \frac{m\cos^2\frac{\varphi}{2}}{2\cos\varphi} \quad \text{et} \quad \cos x = \frac{-m\sin^2\frac{\varphi}{2}}{2\cos\varphi}$$

6° *Résoudre l'équation* $\sin x + \cos x = \sqrt{2}$ (Montpellier, 1893).

Cette équation est de la forme

$$a\sin x + b\cos x = c$$

mais comme les coefficients a et b sont égaux, on peut rendre son premier membre logarithmique sans introduire d'angle auxiliaire.

L'équation peut s'écrire :

$$\sin x + \sin\left(\frac{\pi}{2} - x\right) = \sqrt{2}$$

ou

$$2\sin\frac{\pi}{4}\cos\left(x - \frac{\pi}{4}\right) = \sqrt{2}$$

ou

$$\cos\left(x - \frac{\pi}{4}\right) = 1$$

On en tire : $x - \frac{\pi}{4} = 2k\pi$ d'où $x = (8k+1)\frac{\pi}{4}$

7° *Résoudre l'équation* $\cot g\, x - \operatorname{tg} x = 2$

Cette équation est de la forme

$$a \operatorname{tg} x + b \cot g\, x = c$$

mais, les deux premiers coefficients ayant la même valeur absolue, il est avantageux d'abandonner la méthode générale.

L'équation peut s'écrire successivement :

$$\frac{\cos x}{\sin x} - \frac{\sin x}{\cos x} = 2$$

$$\frac{\cos^2 x - \sin^2 x}{\sin x \cos x} = 2$$

$$\frac{\cos 2x}{\sin 2x} = 1$$

ou

$$\operatorname{tg} 2x = 1$$

On en tire :

$$2x = k\pi + 45°$$

d'où

$$x = (4k + 1)\frac{\pi}{8}$$

8° *Résoudre l'équation*

$$a \cos x + b \cos(\alpha - x) = m$$

valeurs limites de m, a, b *et* α *étant donnés.* (Rennes, 1892.)

En développant $\cos(\alpha - x)$, on obtient :

$$b \sin \alpha \sin x + (a + b \cos \alpha) \cos x = m$$

équation de la forme $A \sin x + B \cos x = C$

La condition de possibilité (page 93)

$$C^2 \leqq A^2 + B^2$$

devient ici

$$m^2 \leqq a^2 + b^2 + 2ab \cos \alpha$$

9° *Résoudre l'équation*

$$\operatorname{arc} \sin x = \operatorname{arc} \cos \sqrt{\frac{3x}{2}}$$

Cette équation exprime qu'un certain arc a pour sinus le nombre x et pour cosinus le nombre $\sqrt{\frac{3x}{2}}$. En vertu de la première relation fondamentale, cela revient à dire que la somme des carrés de ces deux nombres est égale à l'unité.

L'équation proposée peut donc être remplacée par l'équation algébrique

$$x^2 + \frac{3x}{2} = 1$$

qui est satisfaite pour $x = -2$ et pour $x = \frac{1}{2}$.

Mais, pour qu'une racine soit acceptable, il faut que l'on ait

$$x^2 \leqq 1 \quad \text{et} \quad \frac{3x}{2} \leqq 1$$

c'est-à-dire $$-1 \leqq x \leqq \frac{2}{3}$$

La valeur $x = \frac{1}{2}$ est donc seule acceptable.

10° *Résoudre l'équation*

$$\text{arc tg}\,\frac{1}{x} + \text{arc tg}\,\frac{1}{x+1} = \frac{\pi}{4}$$

Posons $$\text{arc tg}\,\frac{1}{x} = \alpha \quad \text{d'où} \quad \text{tg}\,\alpha = \frac{1}{x}$$

et $$\text{arc tg}\,\frac{1}{x+1} = \beta \quad \text{d'où} \quad \text{tg}\,\beta = \frac{1}{x+1}$$

L'équation proposée peut s'écrire :

$$\alpha + \beta = \frac{\pi}{4}$$

ou, en égalant les tangentes des deux membres,

$$\frac{\text{tg}\,\alpha + \text{tg}\,\beta}{1 - \text{tg}\,\alpha\,\text{tg}\,\beta} = 1$$

c'est-à-dire $$\frac{\frac{1}{x} + \frac{1}{1+x}}{1 - \frac{1}{x(1+x)}} = 1$$

ou $$x^2 - x - 2 = 0$$

Cette équation est satisfaite pour $x = 2$ et pour $x = -1$.

11° *Résoudre le système d'équations*

$$\text{tg}\,x + \text{tg}\,y = 2$$
$$2 \cos x \cos y = 1$$

La première équation peut s'écrire (28) :

$$\frac{\sin(x+y)}{\cos x \cos y} = 2$$

ou, à cause de la seconde, $\sin(x+y) = 1$

On en tire : $$x + y = (4k+1)\frac{\pi}{2}$$

et par suite, $$\cos y = \sin x$$

La seconde équation devient :

$$\sin 2x = 1$$

On en conclut : $$2x = (4k+1)\frac{\pi}{2}$$

Donc enfin $$x = y = (4k+1)\frac{\pi}{4}$$

12° *Résoudre le système*

$$\sin x + \sin y = a$$
$$\cos 2y - \cos 2x = b$$

La seconde équation peut s'écrire (27) :

$$\sin^2 x - \sin^2 y = \frac{b}{2}$$

En la divisant membre à membre par la première, on obtient :

$$\sin x - \sin y = \frac{b}{2a}$$

Connaissant la somme et la différence des deux sinus, on peut écrire : $\sin x = \frac{a}{2} + \frac{b}{4a}$ et $\cos x = \frac{a}{2} - \frac{b}{4a}$

13° *Résoudre les équations*

$$\sin x + \sin y = m \sin \alpha$$
$$\cos x + \cos y = m \cos \alpha \qquad \text{(Clermont, 1893).}$$

Ces équations peuvent s'écrire :

$$2 \sin \frac{x+y}{2} \cos \frac{x-y}{2} = m \sin \alpha \qquad (1)$$

$$2 \cos \frac{x+y}{2} \cos \frac{x-y}{2} = m \cos \alpha$$

On en déduit par division :

$$\operatorname{tg} \frac{x+y}{2} = \operatorname{tg} \alpha$$

d'où
$$\frac{x+y}{2} = k\pi + \alpha$$

Cette relation fait connaître

$$\sin \frac{x+y}{2} = \pm \sin \alpha$$

En tenant compte de cette valeur, l'équation (1) donne :

$$\cos \frac{x-y}{2} = \pm \frac{m}{2} \qquad (2)$$

La condition de possibilité

$$-1 \leq \pm \frac{m}{2} \leq 1$$

peut s'écrire
$$-2 \leq m \leq +2$$

Si cette condition est remplie, l'équation (2) fait connaître l'angle $\frac{x-y}{2}$, et l'on obtient sans difficulté toutes les valeurs de x et de y.

14° *Résoudre le système d'équations*

$$\operatorname{tg} x + \operatorname{tg} y = a$$
$$\operatorname{tg} \frac{x}{2} + \operatorname{tg} \frac{y}{2} = b$$

Pour abréger l'écriture, posons

$$\operatorname{tg}\frac{x}{2}=u \quad \text{et} \quad \operatorname{tg}\frac{y}{2}=v$$

Les équations deviennent :

$$\frac{2u}{1-u^2}+\frac{2v}{1-v^2}=a$$

$$u+v=b$$

La première peut s'écrire :

$$au^2v^2-a(u^2+v^2)+2(u+v)(uv-1)+a=0$$

ou, en tenant compte de la seconde :

$$au^2v^2+2(a+b)uv-ab^2-2b+a=0$$

On en tire : $$uv=\frac{a+b\pm\sqrt{a^2b^2+4ab+b^2}}{a}$$

La question revient à calculer deux nombres, connaissant leur somme et leur produit.

15° *Éliminer* x *entre les deux équations*

$$\sin x+\sqrt{3}\cos x=1$$

$$\sin x+\cos x=m$$

En résolvant ce système comme formé de deux équations du premier degré par rapport aux inconnues $\sin x$ et $\cos x$, on obtient :

$$\sin x=\frac{m\sqrt{3}-1}{\sqrt{3}-1} \quad \text{et} \quad \cos x=\frac{1-m}{\sqrt{3}-1}$$

Pour obtenir la résultante demandée, il suffit d'écrire que ces valeurs satisfont à la première formule fondamentale, ce qui donne :

$$\frac{(m\sqrt{3}-1)^2+(1-m)^2}{(\sqrt{3}-1)^2}=1$$

ou $$2m^2-(\sqrt{3}+1)m+\sqrt{3}-1=0$$

Cette équation est satisfaite pour

$$m'=1 \quad \text{et} \quad m''=\frac{\sqrt{3}-1}{2}$$

Telles sont les seules valeurs de m pour lesquelles les équations proposées ont des racines communes.

16° *Éliminer* x *et* y *entre les trois équations :*

$$\operatorname{tg}x+\operatorname{tg}y=a$$

$$\operatorname{cotg}x+\operatorname{cotg}y=b$$

$$x+y=c$$

La dernière donne : $$\operatorname{tg}c=\operatorname{tg}(x+y)=\frac{\operatorname{tg}x+\operatorname{tg}y}{1-\operatorname{tg}x\operatorname{tg}y}$$

la 2e peut s'écrire : $$\frac{1}{\operatorname{tg} x}+\frac{1}{\operatorname{tg} y}=b$$

d'où $$\operatorname{tg} x+\operatorname{tg} y=b \operatorname{tg} x \operatorname{tg} y$$

c'est-à-dire $$a=b \operatorname{tg} x \operatorname{tg} y$$

d'où $$\operatorname{tg} x \operatorname{tg} y=\frac{a}{b}$$

Donc $$\operatorname{tg} c=\frac{a}{1-\frac{a}{b}}=\frac{ab}{b-a}$$

ou $$\operatorname{cotg} c=\frac{b-a}{ab}=\frac{1}{a}-\frac{1}{b}$$

Variations de grandeur de quelques fonctions trigonométriques.

17° *Variations de la fonction*

$$y=a \sin x+b \cos x$$

Si l'on pose $$\frac{b}{a}=\operatorname{tg} \varphi \qquad (1)$$

la fonction peut s'écrire (no 50, IV) :

$$y=\frac{a}{\cos \varphi} \sin (x+\varphi)$$

L'équation (1) détermine, entre 0° et 2π, deux valeurs de l'angle φ, ayant leurs extrémités diamétralement opposées ; adoptons celle dont le cosinus est de même signe que a.

On aura $$\cos \varphi=\frac{1}{\pm\sqrt{1+\frac{b^2}{a^2}}}=\frac{a}{\sqrt{a^2+b^2}}$$

et, par suite, $$y=+\sqrt{a^2+b^2} \sin (x+\varphi)$$

L'étude des variations de la fonction y est ainsi ramenée à celle des variations d'une simple ligne trigonométrique. Si l'on fait croître x de 0° à 2π, l'arc $x+\varphi$ croît de φ à $2\pi+\varphi$ et l'on en conclut sans peine les variations de y. Bornons-nous à remarquer que $\sin (x+\varphi)$, et par suite la fonction y, passe par un maximum quand x est égal à $\frac{\pi}{2}-\varphi$ et par un minimum quand x est égal à $\frac{3\pi}{2}-\varphi$.

18° *Variations de la fonction*

$$y=a \operatorname{tg} x+b \operatorname{cotg} x$$

a *et* b *étant deux nombres positifs donnés et* x *un arc variable croissant de* 0° *à* $\frac{\pi}{2}$.

Si l'arc x appartient au premier quadrant, la fonction

$$y=a \operatorname{tg} x+\frac{b}{\operatorname{tg} x}$$

est la somme de deux variables positives dont le produit est constant.

On est donc ramené à une question d'algèbre connue.

La fonction est minimum lorsqu'on a

$$a \operatorname{tg} x = \frac{b}{\operatorname{tg} x} \quad \text{d'où} \quad \operatorname{tg} x = +\sqrt{\frac{b}{a}}$$

L'arc x croissant de 0° à $\frac{\pi}{2}$, la fonction y décroît d'abord de $+\infty$ jusqu'à son minimum $2\sqrt{ab}$, puis croît depuis ce minimum jusqu'à $+\infty$.

Remarque. L'arc x croissant de $\frac{\pi}{2}$ à π, la fonction reprend dans un ordre inverse les mêmes valeurs changées de signe.

Dans le 3e quadrant, la fonction varie comme dans le 1er ; dans le 4e quadrant, elle varie comme dans le second.

19° *Variations de la fonction*

$$y = \sin x \sin(a - x)$$

Cette fonction peut s'écrire (n° 46) :

$$y = \frac{1}{2}\left\{\cos(a - 2x) - \cos a\right\}$$

Elle varie dans le même sens que $\cos(a - 2x)$.

Il est facile d'en conclure, en particulier, que *si deux arcs positifs ont une somme constante inférieure à π, le produit de leurs sinus est maximum quand ces arcs sont égaux.*

20° *Variations de la fonction*

$$y = \operatorname{tg} x \operatorname{tg}(a - x)$$

Cette fonction peut s'écrire (n° 47) :

$$y = \frac{\sin x \sin(a - x)}{\cos x \cos(a - x)} = \frac{\cos(a - 2x) - \cos a}{\cos(a - 2x) + \cos a}$$

$$= 1 - \frac{2\cos a}{\cos(a - 2x) + \cos a}$$

Elle varie en sens contraire de cette dernière fraction, et par suite, dans le même sens que $\cos(a - 2x)$, en supposant que $\cos a$ soit positif.

On en conclura facilement que *si deux arcs positifs ont une somme constante et inférieure à $\frac{\pi}{2}$, le produit de leurs tangentes est maximum quand ces arcs sont égaux.*

21° *Maximum de* $\sin^2 x \sin 2x$ (Besançon, avril 1893).

Cette fonction peut s'écrire :

$$y = 2\sin^3 x \cos x$$

ou, en n'attribuant à x que des valeurs comprises entre 0° et $\frac{\pi}{2}$.

$$y = 2\sin^3 x\sqrt{1 - \sin^2 x},$$

$$= 2\sqrt{(\sin^2 x)^3(1 - \sin^2 x)}$$

Les facteurs sous-radical ayant une somme constante, leur produit est maximum quand ils sont entre eux comme leurs exposants ; c'est-à-dire lorsqu'on a
$$\frac{\sin^2 x}{3} = 1 - \sin^2 x$$
d'où
$$\sin x = \frac{\sqrt{3}}{2}$$
et enfin
$$x = \frac{\pi}{3}$$

22° *Montrer comment varie le trinôme*
$$3 + 5 \sin x - 2 \sin^2 x$$
quand x croît de 0 à 2π. (Caen, juillet 1893.)

Si l'on remplace d'abord $\sin x$ par X et que l'on fasse croître X de $-\infty$ à $+\infty$, la fonction algébrique
$$y = -2X^2 + 5X + 3$$
croît à partir de $-\infty$, s'annule pour $X = -\frac{1}{2}$, continue à croître jusqu'à un maximum qui a lieu pour $X = -\frac{5}{4}$ et décroît ensuite indéfiniment.

Limitons maintenant le champ de la variable entre -1 et $+1$. Pour $X = -1$, $y = -4$; pour $X = 0$, $y = 3$; pour $X = +1$, $y = +6$.

Si l'on fait croître X de -1 à 0, puis de 0 à $+1$; y croît de -4 à $+3$, puis de $+3$ à $+6$.

Cela posé, changeons de variable :

x croissant de 0 à 90°, $\sin x$ croît de 0 à $+1$, y croît de 3 à 6 ;
x croissant de 90° à 180°, $\sin x$ décroît de 1 à 0, y décroît de 6 à 3 ;
x croissant de 180° à 270°, $\sin x$ décroît de 0 à -1, y décroît de 3 à -4 ;
x croissant de 270° à 360°, $\sin x$ croît de -1 à 0, y croît de -4 à $+3$.

En résumé, la fonction proposée admet un maximum $+6$ et un minimum -4, qui arrivent en même temps que le maximum et le minimum de $\sin x$, c'est-à-dire pour $x = 90°$ et pour $x = 270°$.

DEUXIÈME PARTIE

APPLICATIONS GÉOMÉTRIQUES

CHAPITRE V

RÉSOLUTION DES TRIANGLES DANS LES CAS ÉLÉMENTAIRES

Résoudre un triangle, c'est calculer ses éléments inconnus à l'aide des éléments donnés.

Tel est le but principal de la Trigonométrie.

Un triangle renferme six éléments principaux, trois côtés et trois angles. Les angles se désignent ordinairement par les lettres A, B, C, et les côtés opposés par les minuscules correspondantes *a*, *b*, *c*. Si le triangle est rectangle, A désigne l'angle droit et *a* l'hypoténuse.

Un triangle est *déterminé* lorsqu'on connaît trois de ses éléments, dont un côté au moins. Alors on peut construire ce triangle, comme on l'apprend en géométrie; ce qui permet ensuite de mesurer les éléments inconnus. Mais ce procédé manque d'exactitude, parce que les constructions graphiques n'offrent pas une précision suffisante et à cause de l'imperfection des instruments de mesure.

A l'aide des fonctions circulaires, on remplace les opérations graphiques par des calculs, qui donnent les valeurs des inconnues avec toute l'approximation qu'il est possible d'atteindre.

§ I. — Des triangles rectangles.

Relations entre les éléments principaux d'un triangle rectangle.

62. **Théorème I.** *Dans un triangle rectangle, chaque côté de l'angle droit est égal à l'hypoténuse multipliée par le sinus de l'angle opposé au côté qu'on cherche ou par le cosinus de l'angle adjacent à ce même côté.*

Soit le triangle rectangle ABC. Si du point B comme centre, avec BC pour rayon, nous décrivons un arc de cercle, nous aurons par définition (nº 7) :

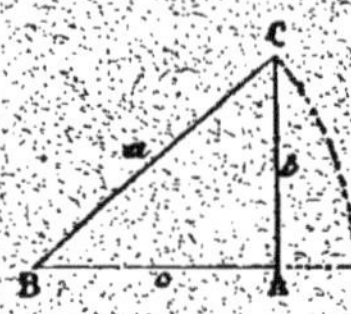

Fig. 45.

$$\sin B = \frac{AC}{BC} = \frac{b}{a}, \quad \text{d'où} \quad b = a \sin B$$

Les angles B et C étant complémentaires, $\sin B = \cos C$, donc $b = a \cos C$.

De même, $c = a \sin C$ et $c = a \cos B$

Remarque. Ce théorème n'est qu'un autre énoncé du théorème des projections (nº 32) ; car, chaque côté de l'angle droit étant la projection de l'hypoténuse, on a immédiatement

$$c = a \cos B \quad \text{et} \quad b = a \cos C \qquad (30)$$

d'où $c = a \sin C$ et $b = a \sin B$

63. Théorème II. *Dans un triangle rectangle, chaque côté de l'angle droit est égal à l'autre côté multiplié par la tangente de l'angle opposé au côté qu'on cherche, ou par la cotangente de l'angle adjacent à ce même côté.*

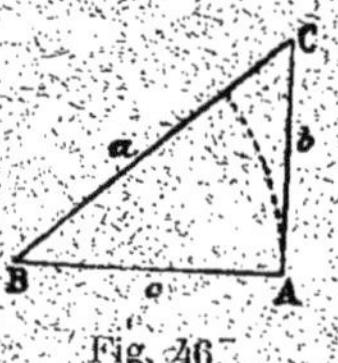

Fig. 46.

En effet, si du point B comme centre, avec BA pour rayon, nous décrivons un arc de cercle, nous aurons par définition (nº 7) :

$$\text{tg}\, B = \frac{AC}{AB} = \frac{b}{c}, \quad \text{d'où} \quad b = c\, \text{tg}\, B$$

Les angles B et C étant complémentaires, $\text{tg}\, B = \text{cotg}\, C$; donc $b = c\, \text{cotg}\, C$.

De même, $c = b\, \text{tg}\, C$ et $c = b\, \text{cotg}\, B$ (31)

Remarques I. Ce théorème peut se déduire du précédent ; car les deux relations $b = a \sin B$ et $c = a \cos B$, donnent, en les divisant membre à membre, $\frac{b}{c} = \frac{\sin B}{\cos B} = \text{tg}\, B$.

II. Les deux théorèmes précédents suffisent pour résoudre un triangle rectangle. On y joint la relation donnée par la géométrie : $a^2 = b^2 + c^2$, que l'on peut d'ailleurs obtenir en faisant la somme des carrés des deux relations :

$$\sin B = \frac{b}{a} \quad \text{et} \quad \cos B = \frac{c}{a}$$

Résolution des triangles rectangles.

64. La résolution des triangles rectangles peut présenter quatre cas, suivant que l'on donne :

1° L'hypoténuse avec un angle aigu ;
2° Un des côtés de l'angle droit avec un angle aigu ;
3° L'hypoténuse avec un côté de l'angle droit ;
4° Les deux côtés de l'angle droit.

65. 1er Cas. *On donne l'hypoténuse* a *et l'angle aigu* B ; *on demande l'angle* C *et les deux côtés* b *et* c.

L'angle C est le complément de l'angle B, donc

$$C = 90^\circ - B$$

Le 1er théorème (nº 62) donne pour les côtés de l'angle droit :

$$b = a \sin B \quad \text{et} \quad c = a \cos B$$

La *surface* est $S = \frac{1}{2} bc$; ou en substituant les valeurs de b et de c :

$$S = \frac{1}{2} a^2 \sin B \cos B = \frac{1}{4} a^2 \sin 2B$$

66. 2e Cas. *On donne un des côtés de l'angle droit* b *et l'un des angles aigus*, B *par exemple ; calculer l'autre angle aigu* C, *l'hypoténuse* a *et l'autre côté* c.

L'angle C est le complément de l'angle B, donc

$$C = 90^\circ - B$$

Le 1er théorème donne $b = a \sin B$, donc

$$a = \frac{b}{\sin B}$$

Le 2e théorème donne $c = b \operatorname{cotg} B$.

La *surface* est $S = \frac{1}{2} bc$, ou en substituant la valeur de c

$$S = \frac{1}{2} b^2 \operatorname{cotg} B$$

67. 3e Cas. *On donne l'hypoténuse* a *avec un côté* b *de l'angle droit ; calculer les angles* B *et* C *et le côté* c.

On sait que $\sin B = \cos C = \frac{b}{a}$

Le côté c est donné par la formule $c=\sqrt{a^2-b^2}$. Pour rendre cette formule calculable par logarithmes, il suffit de remplacer sous le radical a^2-b^2 par $(a+b)(a-b)$, et l'on a $c=\sqrt{(a+b)(a-b)}$.

Remarque. Dans la formule $\sin B=\cos C=\frac{b}{a}$, le calcul logarithmique donne une approximation insuffisante lorsque b diffère peu de a, car le rapport $\frac{b}{a}$ étant très voisin de 1, l'angle B diffère peu de 90°, et l'angle C de 0° ; ces angles sont mal déterminés (nº 60). Il est préférable d'employer la formule :

$$\operatorname{tg}\frac{1}{2}C=\sqrt{\frac{1-\cos C}{1+\cos C}} \quad (\text{nº } 39, \text{ form. } 19)$$

Et comme on a $\cos C=\frac{b}{a}$, il en résulte :

$$\operatorname{tg}\frac{1}{2}C=\sqrt{\frac{1-\frac{b}{a}}{1+\frac{b}{a}}}=\sqrt{\frac{a-b}{a+b}}$$

Cette formule présente encore un autre avantage, celui de ne demander que la recherche des logarithmes de $a+b$ et de $a-b$, les mêmes qui servent à calculer c.

La *surface* est $S=\frac{1}{2}bc=\frac{b}{2}\sqrt{(a+b)(a-b)}$.

68. 4e Cas. *On donne les deux côtés de l'angle droit* b *et* c *; calculer les angles* B *et* C *et l'hypoténuse* a.

Les angles aigus sont donnés par la formule (nº 63) :

$$\operatorname{tg} B=\operatorname{cotg} C=\frac{b}{c}$$

On pourrait ensuite calculer l'hypoténuse au moyen de la relation $a^2=b^2+c^2$; mais il est préférable d'employer la formule *logarithmique* $a=\frac{b}{\sin B}$; car l'angle B étant connu par sa tangente, on peut avoir facilement $\sin B$.

On pourrait cependant rendre logarithmique la formule $a^2=b^2+c^2$ par le procédé indiqué au nº 50 ; on arriverait à la formule $a=\frac{b}{\cos\varphi}$. Mais l'angle φ est précisément l'angle B, de sorte que ce second procédé conduit au même calcul que le premier.

La surface est $S=\frac{1}{2}bc$.

Exemples numériques pour indiquer la disposition des calculs.

Dans les exemples suivants, deux cas se rapportent à un même triangle et servent de vérification. Le calcul est fait avec les tables à 5 décimales.

1er Cas.

$$\text{Données}\left\{\begin{array}{l} A=90^\circ \\ a=1\,254^{m} \\ B=42^\circ\,48' \end{array}\right.$$

$$C=90^\circ-B=90^\circ-42^\circ\,48'=47^\circ\,12'$$

$$\text{Formules}\left\{\begin{array}{ll} b=a\sin B & \operatorname{Log} b=\log a+\log\sin B \\ c=a\cos B & \operatorname{Log} c=\log a+\log\cos B \end{array}\right.$$

$$\begin{array}{r|r} \log a=3{,}098\,30 & \log a=3{,}098\,30 \\ \log\sin B=\bar{1}{,}832\,15 & \log\cos B=\bar{1}{,}865\,54 \\ \hline 2{,}930\,45 & 2{,}963\,84 \\ b=852^{m}{,}02 & c=920^{m}{,}08 \end{array}$$

2e Cas.

$$\text{Données}\left\{\begin{array}{l} A=90^\circ \\ b=852^{m}{,}02 \\ B=42^\circ\,48' \end{array}\right.$$

$$C=90^\circ-B=90^\circ-42^\circ\,48'=47^\circ\,12'$$

$$\text{Formules}\left\{\begin{array}{ll} a=\dfrac{b}{\sin B} & \operatorname{Log} a=\log b-\log\sin B \\ c=b\cot B & \operatorname{Log} c=\log b+\log\cot B \end{array}\right.$$

$$\begin{array}{r|r} \log b=2{,}930\,45 & \log b=2{,}930\,45 \\ \log\sin B=\bar{1}{,}832\,15 & \log\cot B=0{,}033\,38 \\ \hline 3{,}098\,30 & 2{,}963\,83 \\ a=1\,254^{m} & c=920^{m}{,}08 \end{array}$$

3e Cas.

$$\text{Données}\left\{\begin{array}{l} A=90^\circ \\ a=397^{m}{,}70 \\ b=388^{m} \end{array}\right.$$

$$\text{Formules}\left\{\begin{array}{ll} c=\sqrt{(a+b)(a-b)}. & \operatorname{Log} c=\dfrac{1}{2}\left[\log(a+b)+\log(a-b)\right] \\ \operatorname{tg}\dfrac{1}{2}C=\sqrt{\dfrac{a-b}{a+b}}. & \operatorname{Log}\operatorname{tg}\dfrac{1}{2}C=\dfrac{1}{2}\left[\log(a-b)-\log(a+b)\right] \end{array}\right.$$

Calculs auxiliaires $\left\{ \begin{array}{l} a + b = 785^m,7 \\ a - b = 9^m,7 \end{array} \right.$

$\log (a + b) = 2,895\,26$	$\log (a - b) = 0,986\,77$
$\log (a - b) = 0,986\,77$	$-\log (a + b) = 2,895\,26$
$3,882\,03$	$\bar{2},091\,51$
$\log c = 1,941\,01$	$\log \operatorname{tg} \frac{1}{2} C = \bar{1},045\,75$
$c = 87^m,30$	$\frac{1}{2} C = 6° 20' 25''$
	$C = 12° 40' 50''$, $B = 77° 19' 10''$

4° Cas.

Données $\left\{ \begin{array}{l} A = 90° \\ b = 388^m \\ c = 87^m,30 \end{array} \right.$

Formules $\left\{ \begin{array}{l} \operatorname{tg} B = \frac{b}{c}. \\ a = \frac{b}{\sin B}. \end{array} \right.$ $\begin{array}{l} \operatorname{Log} \operatorname{tg} B = \log b - \log c. \\ \operatorname{Log} a = \log b - \log \sin B. \end{array}$

$\log b = 2,588\,83$	$\log b = 2,588\,83$
$-\log c = 1,941\,02$	$-\log \sin B = \bar{1},989\,27$
$0,647\,81$	$2,599\,56$
$B = 77° 19' 10''$, $C = 12° 40' 50''$	$a = 397^m,70$

§ II. — Des triangles quelconques.

Relations entre les éléments principaux d'un triangle quelconque.

69. Théorème I. *Dans un triangle, les côtés sont proportionnels aux sinus des angles opposés.*

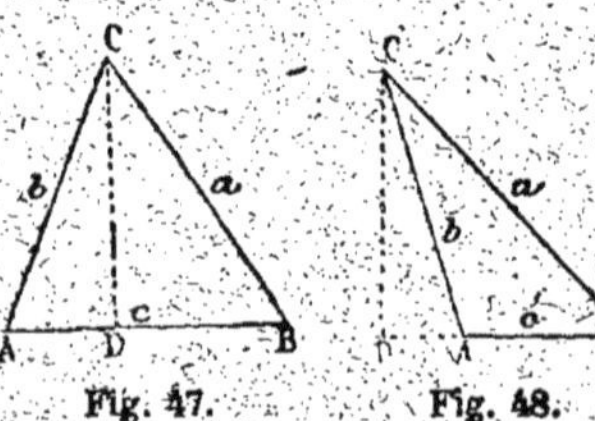

Fig. 47. Fig. 48.

Soit le triangle ABC. Menons du sommet C une perpendiculaire sur le côté opposé; cette perpendiculaire peut tomber sur AB (fig. 47) ou sur l'un de ses prolongements (fig. 48). Dans le 1er cas, les triangles rectangles CAD et CBD donnent :

$$CD = b \sin A \quad \text{et} \quad CD = a \sin B$$

on en conclut :

$$b \sin A = a \sin B ; \quad \text{d'où} \quad \frac{a}{\sin A} = \frac{b}{\sin B}$$

Dans le 2ᵉ cas, on remarque que les angles *supplémentaires* en A ont même sinus (nº 12),

donc $$CD = b \sin A \quad \text{et} \quad CD = a \sin B$$

d'où $$\frac{a}{\sin A} = \frac{b}{\sin B}$$

Deux côtés *quelconques* étant proportionnels aux sinus des angles opposés, on a :

$$\frac{a}{\sin A} = \frac{b}{\sin B} = \frac{c}{\sin C} \qquad (32)$$

70. Théorème II. *Dans un triangle, le carré d'un côté est égal à la somme des carrés des deux autres côtés, moins deux fois le produit de ces côtés multiplié par le cosinus de l'angle qu'ils comprennent.*

Soit CD la perpendiculaire abaissée du sommet C sur AB.

1º Si l'angle A est aigu (fig. 49), on a (*Géométrie*, nº 251) :

$$a^2 = b^2 + c^2 - 2c \times AD$$

Or $AD = b \cos A$, donc

$$a^2 = b^2 + c^2 - 2bc \cos A$$

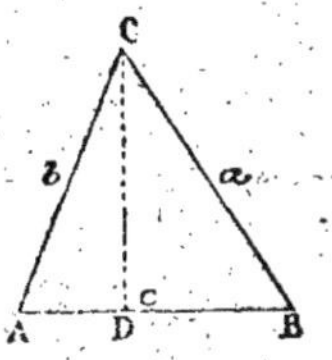

Fig. 49. 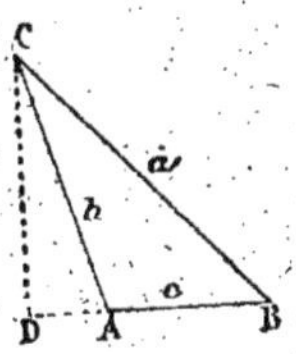 Fig. 50.

2º Si l'angle A est obtus (fig. 50), on a :

$$a^2 = b^2 + c^2 + 2c \times AD$$

or $AD = b \cos DAC$; de plus, les angles en A étant supplémentaires, $\cos DAC = -\cos A$; donc $AD = -b \cos A$, et par suite :

$$a^2 = b^2 + c^2 - 2bc \cos A \qquad (33)$$

Ce théorème donne les trois relations suivantes entre les six éléments d'un triangle :

$$\left.\begin{aligned} a^2 &= b^2 + c^2 - 2bc \cos A \\ b^2 &= a^2 + c^2 - 2ac \cos B \\ c^2 &= a^2 + b^2 - 2ab \cos C \end{aligned}\right\} \qquad (X)$$

71. Théorème III. *Chaque côté d'un triangle est égal à la somme algébrique des projections des deux autres sur la direction du premier.*

Le théorème des projections donne (nº XII) :

$$\text{pr. BC} = \text{pr. BA} + \text{pr. AC}$$

c'est-à-dire, en prenant la droite BC pour axe de projection

$$\left.\begin{aligned} &a = b \cos C + c \cos B \\ \text{De même}\quad &b = a \cos C + c \cos A \\ \text{et}\quad &c = a \cos B + b \cos A \end{aligned}\right\} \qquad \begin{matrix}(34)\\(\mathbf{Y})\end{matrix}$$

Remarque I. En joignant à la relation des sinus (32) la relation qui existe entre les trois angles d'un triangle, on a

$$\left.\begin{aligned} &\frac{a}{\sin A} = \frac{b}{\sin B} = \frac{c}{\sin C} \\ &A + B + C = 180^\circ \end{aligned}\right\} \qquad (\mathbf{Z})$$

Remarque II. *Entre les six éléments d'un triangle, il ne peut pas exister plus de trois relations distinctes.*

En effet, s'il y avait quatre relations distinctes entre les six éléments, il suffirait de connaître deux éléments pour en pouvoir déduire tous les autres; mais cela ne peut pas être; car, pour déterminer géométriquement un triangle, on sait qu'il faut trois éléments.

Les systèmes (**X**), (**Y**), (**Z**) sont composés chacun de trois relations distinctes; mais, en vertu de la remarque précédente, si les nombres a, b, c, A, B, C mesurent les six éléments d'un triangle, ces trois systèmes de relations rentrent forcément l'un dans l'autre.

C'est ce que l'on va constater directement.

72. Équivalence des trois systèmes. *Si* a, b, c, *désignent trois nombres positifs différents de zéro et* A, B, C *trois angles compris entre* 0º *et* 180º, *les systèmes* (**X**), (**Y**), (**X**) *sont équivalents.*

On va démontrer l'équivalence du système (y) avec chacun des deux autres, d'où résultera l'équivalence de ces derniers entre eux.

I. *Les systèmes* (**X**) *et* (**Y**) *sont équivalents.*

1º *Le système* (**X**) *entraîne le système* (**Y**). Le système (**X**) étant donné, on en peut déduire chacune des relations du système (**Y**), par exemple la troisième. En effet, additionnant les deux premières relations données, il vient

$$a^2 + b^2 = a^2 + b^2 + 2c^2 - 2c\,(b \cos A + a \cos B)$$

d'où

$$2c^2 = 2c\,(b \cos A + a \cos B)$$

et, en divisant tout par $2c$, que l'on suppose différent de zéro

$$c = a \cos B + b \cos A$$

2° *Le système* (**Y**) *entraîne le système* (**X**). Le système (**Y**) étant donné, on en peut déduire chacune des relations du système (**X**), par exemple la première. En effet, multiplions respectivement les relations données par a, b, c; puis, de la première, retranchons membre à membre la somme des deux autres ; nous obtenons

$$a^2 - b^2 - c^2 = -2bc \cos A$$

c'est-à-dire $$a^2 = b^2 + c^2 - 2bc \cos A$$

II. *Les systèmes* (**Z**) *et* (**Y**) *sont équivalents.*

1° *Le système* (**Z**) *entraîne le système* (**Y**). Le système (**Z**) étant donné, on en peut déduire chacune des relations du système (**Y**), par exemple la première. Pour cela il suffit d'éliminer A entre les relations du système (**Z**). En effet, la troisième peut s'écrire $$A = 180° - (B + C)$$

On en conclut

$$\sin A = \sin B \cos C + \sin C \cos B$$

Cette relation étant homogène par rapport aux trois sinus, on peut y remplacer ceux-ci par les nombres a, b, c qui leur sont proportionnels en vertu des deux premières égalités du système (**Z**). Il vient $$a = b \cos C + c \cos B$$

2° *Le système* (**Y**) *entraîne le système* (**Z**). Le système (**Y**) étant donné, on peut en déduire le système (**Z**).

Pour obtenir la première relation des sinus, il suffit d'éliminer C entre les deux premières relations (**Y**). Réduisant cos C au même coefficient, puis retranchant membre à membre, il vient $$a^2 - b^2 = c(a \cos B - b \cos A)$$

ou, en tenant compte de la troisième relation donnée,

$$a^2 - b^2 = (a \cos B + b \cos A)(a \cos B - b \cos A) = a^2 \cos^2 B - b^2 \cos^2 A$$

d'où $$a^2 \sin^2 B = b^2 \sin^2 A$$

ou simplement, puisque a, b, sin A, sin B sont positifs par hypothèse $$a \sin B = b \sin A$$

Donc, et de même

$$\frac{a}{\sin A} = \frac{b}{\sin B} = \frac{c}{\sin C}$$

La première des relations (Y) étant homogène par rapport aux trois nombres a, b, c, ces proportions permettent de l'écrire

$$\sin A = \sin B \cos C + \sin C \cos B$$

ou

$$\sin A = \sin (B + C)$$

Les angles A et B + C ayant même sinus, ils ont pour différence (nº 20)

$$A - B - C = 2k\pi$$

ou pour somme

$$A + B + C = (2k + 1)\pi$$

Mais chacun des angles A, B, C étant compris entre 0º et 180º, on doit faire $k = 0$; ce qui donne

$$A - B - C = 0$$

ou bien

$$A + B + C = 180°$$

La première hypothèse n'est pas admissible, car A désigne l'un quelconque des angles du triangle.

Donc les relations (Y) entraînent les trois relations du système (Z).

Remarque. Chacun des systèmes équivalents (X), (Y), (Z), suffit pour résoudre un triangle quelconque ; mais ils ne sont pas également avantageux. Ainsi, les formules (X) et les formules (Y) ne sont pas logarithmiques ; chacune des équations du système (Y) contient cinq éléments du triangle, ce qui donne lieu à des éliminations plus compliquées ; etc.

En général, c'est donc le système (Z) qui doit être préféré.

73. Théorème réciproque. *Si trois longueurs positives* a, b, c *et trois angles* A, B, C *compris entre 0° et 180° vérifient l'un ou l'autre des trois systèmes* (X), (Y), (Z), *il existe un triangle ayant pour côtés* a, b, c *et pour angles opposés* A, B, C.

Les trois systèmes étant équivalents, dès que les six grandeurs considérées satisfont au système (Z) ou au système (Y), elles satisfont au système (X). Il suffit d'établir, dans cette dernière hypothèse, les deux propositions suivantes :

1° *Il existe un triangle qui a pour côtés* a, b, c.

En effet, cos A étant supérieur à -1, on a :

$$b^2 + c^2 - 2bc \cos A < b^2 + c^2 + 2bc$$

c'est-à-dire

$$a^2 < (b + c)^2$$

ou

$$a^2 - (b + c)^2 < 0$$

ou

$$(a + b + c)(a - b - c) < 0$$

et, en supprimant le facteur positif $a + b + c$,

$$a - b - c < 0$$

d'où

$$a < b + c$$

On trouve de même : $b < c + a$

$$c < a + b$$

Chacune de ces longueurs étant moindre que la somme des deux autres, on peut construire un triangle ayant pour côtés a, b, c.

2° *Les angles* A', B', C' *du triangle qui a pour côtés* a, b, c, *ont respectivement pour valeur* A, B, C.

En effet, d'après le théorème II, on a :

$$a^2 = b^2 + c^2 - 2bc \cos A'$$

Mais, par hypothèse,

$$a^2 = b^2 + c^2 - 2bc \cos A$$

Ainsi, $\cos A' = \cos A$

Or chacun des angles A et A' est compris entre 0° et 180°, et, dans cet intervalle, il n'existe qu'un seul angle ayant un cosinus donné ; donc $A' = A$

De même $B' = B$ et $C' = C$

Donc il existe un triangle qui a pour éléments les six grandeurs considérées.

Remarque. Si les données d'un triangle sont représentées par des lettres, on doit toujours supposer que les côtés donnés sont positifs et que les angles donnés sont compris entre 0° et 180°.

Mais, après avoir calculé les inconnues en fonction de ces données, à l'aide des équations fournies par l'un des systèmes (**x**), (**y**) ou (**z**), il reste à discuter les formules de résolution ainsi trouvées, c'est-à-dire à chercher les conditions que doivent remplir les données pour que le triangle existe.

Pour cela, en vertu du théorème réciproque qui précède, il suffit de chercher les conditions pour que les valeurs des côtés inconnus soient positives, et que les valeurs des angles inconnus soient comprises entre 0° et 180° ; car dès que trois longueurs a, b, c et trois angles A, B, C vérifient l'un des systèmes et satisfont à ces conditions, on peut affirmer que ce sont les six éléments d'un triangle.

Résolution des triangles quelconques.

La résolution des triangles quelconques présente quatre cas élémentaires, selon qu'on donne :

1° Un côté et deux angles,

2° Deux côtés et l'angle compris,

3° Les trois côtés,

4° Deux côtés et l'angle opposé à l'un d'eux.

74. 1er Cas. *Connaissant un côté* a *et les angles* B *et* C, *calculer l'angle* A *et les côtés* b *et* c.

Les trois inconnues sont données par les trois équations

$$A + B + C = 180^\circ$$

$$\frac{a}{\sin A} = \frac{b}{\sin B} = \frac{c}{\sin C}$$

d'où l'on tire immédiatement

$$A = 180^\circ - (B + C)$$

$$b = \frac{a \sin B}{\sin A} \quad \text{et} \quad c = \frac{a \sin C}{\sin A}$$

La première formule exige que l'on ait $B + C < 180^\circ$.

Si cette condition est remplie, le problème admet une solution unique.

Surface. La surface du triangle est égale à la moitié du produit de la base a par la hauteur AD (fig. 51).

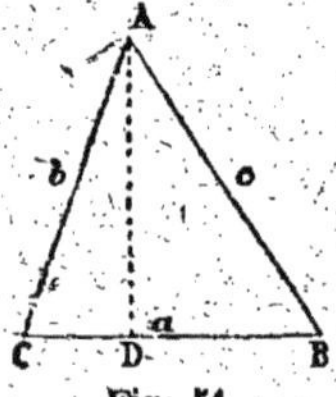

Fig. 51.

On a

$$S = \frac{a}{2} \times AD$$

Mais le triangle rectangle ABD donne $AD = c \sin B$; d'où, en remplaçant c par la valeur que l'on vient d'obtenir

$$AD = \frac{a \sin B \sin C}{\sin A}$$

La surface a donc pour expression

$$S = \frac{1}{2} a^2 \frac{\sin B \sin C}{\sin A}$$

ou bien, en remarquant que $\sin A = \sin (B + C)$, (nº 12)

$$S = \frac{1}{2} a^2 \frac{\sin B \sin C}{\sin (B + C)} \qquad (35)$$

75. 2e Cas. *Connaissant deux côtés* a *et* b *et l'angle compris* C, *calculer les angles* A *et* B *et le côté* c.

Les inconnues sont déterminées par les trois équations

$$A + B + C = 180^\circ$$

$$\frac{a}{\sin A} = \frac{b}{\sin B} = \frac{c}{\sin C}$$

On calcule d'abord les angles A et B, connaissant leur somme

$$A + B = 180^\circ - C$$

et le rapport de leurs sinus

$$\frac{\sin A}{\sin B} = \frac{a}{b}$$

Pour cela, on cherche la différence (A — B) (page 100).

La seconde équation peut s'écrire

$$\frac{\sin A - \sin B}{\sin A + \sin B} = \frac{a-b}{a+b}$$

ou (25)
$$\frac{\operatorname{tg} \frac{A-B}{2}}{\operatorname{tg} \frac{A+B}{2}} = \frac{a-b}{a+b}$$

d'où, en tenant compte de la première équation et remarquant que l'on a

$$\operatorname{tg} \frac{A+B}{2} = \operatorname{tg}\left(90^\circ - \frac{C}{2}\right) = \operatorname{cotg} \frac{C}{2}$$

$$\operatorname{tg} \frac{A-B}{2} = \frac{a-b}{a+b} \operatorname{tg} \frac{A+B}{2} = \frac{a-b}{a+b} \operatorname{cotg} \frac{C}{2} \quad (36)$$

Connaissant $\frac{A+B}{2}$ et $\frac{A-B}{2}$, on en déduit A et B par une addition et une soustraction.

Enfin, les angles étant connus, on obtient le côté c par la relation des sinus :
$$c = \frac{a \sin C}{\sin A} \quad (\alpha)$$

On peut toujours supposer que a désigne le plus grand des côtés donnés ($a \geq b$) ; alors la formule (36) donne pour $\frac{A-B}{2}$ une seule valeur plus petite que 90°. La formule (α) donne pour c une valeur positive. Donc le problème admet toujours une solution et une seule.

76. Surface. Théorème. *La surface d'un triangle est égale à la moitié du produit de deux côtés par le sinus de l'angle qu'ils comprennent.*

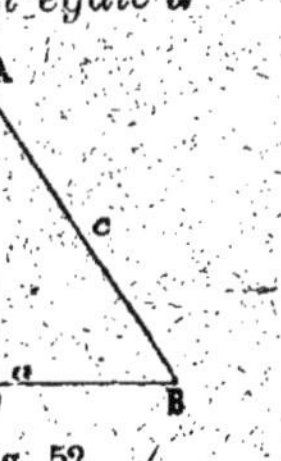

Fig. 52.

En effet, soient S la surface et AD la hauteur issue du sommet A (fig. 52).

On a
$$S = \frac{a}{2} \times AD$$

Or le triangle rectangle ADC donne

$$AD = b \sin C$$

Donc
$$S = \frac{1}{2} ab \sin C \quad (37)$$

77. Remarque. La formule (α) demande la recherche de trois nouveaux logarithmes, dont deux servent encore pour la formule (37) ; mais si l'on ne veut pas calculer la surface, on économise la recherche d'un logarithme en utilisant pour le calcul de c une autre formule que nous allons établir.

La relation des sinus permet d'écrire :

$$\frac{c}{a+b} = \frac{\sin C}{\sin A + \sin B} = \frac{2 \sin \frac{C}{2} \cos \frac{C}{2}}{2 \sin \frac{A+B}{2} \cos \frac{A-B}{2}}$$

d'où, en supprimant les facteurs égaux $\cos \frac{C}{2}$ et $\sin \frac{A+B}{2}$:

$$c = (a+b) \frac{\sin \frac{C}{2}}{\cos \frac{A-B}{2}} \qquad (38)$$

78. Calcul direct du côté c. Enfin on peut calculer directement le côté c sans connaître les angles A et B ; il faut alors recourir à la formule :

$$c^2 = a^2 + b^2 - 2ab \cos C$$

qu'il suffit de rendre logarithmique. Pour cela on multiplie $a^2 + b^2$ par $\cos^2 \frac{1}{2} C + \sin^2 \frac{1}{2} C = 1$, et l'on remplace $\cos C$ par

$$\cos^2 \frac{1}{2} C - \sin^2 \frac{1}{2} C$$

ce qui permet d'écrire :

$$c^2 = (a^2 + b^2)\left(\cos^2 \frac{1}{2} C + \sin^2 \frac{1}{2} C\right) - 2ab\left(\cos^2 \frac{1}{2} C - \sin^2 \frac{1}{2} C\right)$$

ou $$c^2 = (a-b)^2 \cos^2 \frac{1}{2} C + (a+b)^2 \sin^2 \frac{1}{2} C$$

ou enfin $$c^2 = (a+b)^2 \sin^2 \frac{1}{2} C \left[1 + \frac{(a-b)^2}{(a+b)^2} \cot g^2 \frac{1}{2} C\right]$$

En posant $\operatorname{tg} \varphi = \frac{a-b}{a+b} \cot g \frac{1}{2} C$, on a :

$$c^2 = (a+b)^2 \sin^2 \frac{1}{2} C \, (1 + \operatorname{tg}^2 \varphi)$$

ou $$c^2 = (a+b)^2 \frac{\sin^2 \frac{1}{2} C}{\cos^2 \varphi}$$

ou enfin $$c = (a+b) \frac{\sin \frac{1}{2} C}{\cos \varphi}$$

Mais il faut remarquer que la valeur de $\operatorname{tg} \varphi$ est précisément celle de $\operatorname{tg}\frac{1}{2}(A-B)$ calculée par la première méthode ; donc ce second procédé conduit aux mêmes calculs que le premier, et il est avantageux de commencer par calculer les angles, alors même que l'on n'aurait besoin que du côté c.

79. 3e Cas. *Connaissant les trois côtés* a, b, c, *calculer les trois angles* A, B, C.

Chacun des angles est déterminé par l'une des équations (X) (nº 70). Par exemple :

$$a^2 = b^2 + c^2 - 2bc\cos A$$

donne
$$\cos A = \frac{b^2+c^2-a^2}{2bc}$$

Mais cette formule n'est pas calculable par logarithmes ; on la transforme à l'aide des relations (nº 39) :

$$2\cos^2\frac{A}{2} = 1 + \cos A$$

ou
$$2\sin^2\frac{A}{2} = 1 - \cos A$$

dans lesquelles on remplace cos A par la valeur précédente. La première donne :

$$2\cos^2\frac{1}{2}A = 1 + \frac{b^2+c^2-a^2}{2bc} = \frac{b^2+2bc+c^2-a^2}{2bc}$$

ou
$$2\cos^2\frac{1}{2}A = \frac{(b+c)^2-a^2}{2bc} = \frac{(b+c+a)(b+c-a)}{2bc}$$

d'où
$$\cos\frac{1}{2}A = \sqrt{\frac{(b+c+a)(b+c-a)}{4bc}}$$

Désignons par $2p$ le périmètre du triangle, nous aurons :

$$a+b+c = 2p,$$
$$b+c-a = 2(p-a)$$
$$a+c-b = 2(p-b)$$
$$a+b-c = 2(p-c)$$

et par suite :
$$\cos\frac{1}{2}A = \sqrt{\frac{p(p-a)}{bc}}$$

On a de même :
$$\left.\begin{aligned}\cos\frac{1}{2}B &= \sqrt{\frac{p(p-b)}{ac}}\\ \cos\frac{1}{2}C &= \sqrt{\frac{p(p-c)}{ab}}\end{aligned}\right\} \quad (39)$$

La seconde relation donne pareillement :

$$2\sin^2\frac{1}{2}A = 1 - \frac{b^2+c^2-a^2}{2bc} = \frac{a^2-b^2-c^2+2bc}{2bc}$$

ou $$2\sin^2\frac{1}{2}A = \frac{a^2-(b-c)^2}{2bc} = \frac{(a+b-c)(a+c-b)}{2bc}$$

d'où $$\sin\frac{1}{2}A = \sqrt{\frac{(a+b-c)(a+c-b)}{4bc}}$$

ou bien

$$\sin\frac{1}{2}A = \sqrt{\frac{(p-b)(p-c)}{bc}}$$

On trouverait de même : $$\left.\begin{aligned} \sin\frac{1}{2}B &= \sqrt{\frac{(p-a)(p-c)}{ac}} \\ \sin\frac{1}{2}C &= \sqrt{\frac{(p-a)(p-b)}{ab}} \end{aligned}\right\} \quad (40)$$

En divisant les formules (40) par les formules (39), on obtient :

$$\left.\begin{aligned} \operatorname{tg}\frac{1}{2}A &= \sqrt{\frac{(p-b)(p-c)}{p(p-a)}} \\ \operatorname{tg}\frac{1}{2}B &= \sqrt{\frac{(p-a)(p-c)}{p(p-b)}} \\ \operatorname{tg}\frac{1}{2}C &= \sqrt{\frac{(p-a)(p-b)}{p(p-c)}} \end{aligned}\right\} \quad (41)$$

Dans toutes ces formules, les radicaux doivent être pris positivement, parce que la moitié d'un angle d'un triangle est toujours moindre que 90°, et que dans le 1er quadrant toutes les lignes trigonométriques sont positives. Si l'on n'a qu'un angle à déterminer, on peut se servir indifféremment des formules (39), (40) ou (41) ; mais si l'on doit calculer les trois angles, il est préférable d'employer les formules (41), qui demandent seulement quatre logarithmes au lieu de six ou sept, et qui donnent des résultats plus exacts (n° 60, *Rem. I*).

80. Surface. La surface d'un triangle étant exprimée par $\frac{1}{2}bc\sin A$, remplaçons $\sin A$ par $2\sin\frac{A}{2}\cos\frac{A}{2}$, nous aurons :

$$S = bc\sin\frac{1}{2}A\cos\frac{1}{2}A$$

Or nous avons vu (nº 79) que :

$$\sin \frac{1}{2} A = \sqrt{\frac{(p-b)(p-c)}{bc}} \quad \text{et} \quad \cos \frac{1}{2} A = \sqrt{\frac{p(p-a)}{bc}}$$

donc :

$$S = bc\sqrt{\frac{p(p-a)(p-b)(p-c)}{(bc)^2}} = \sqrt{p(p-a)(p-b)(p-c)} \quad (42)$$

81. Discussion. Cherchons les conditions de possibilité, c'est-à-dire les relations qui doivent exister entre les données a, b, c, pour que l'on en puisse déduire les angles A, B, C.

Cette discussion peut porter indifféremment sur l'un ou l'autre des trois groupes de formules qui précèdent.

Formules (1). Pour qu'il existe un angle $\frac{A}{2}$, compris entre 0° et 90°, satisfaisant à la formule

$$\cos \frac{A}{2} = \sqrt{\frac{p(p-a)}{bc}}$$

il faut et il suffit que l'on ait

$$0 < \frac{p(p-a)}{bc} < 1$$

La première inégalité peut s'écrire successivement

$$p(p-a) > 0$$

ou $$p-a > 0$$

c'est-à-dire $$b+c-a > 0$$

et enfin $$a < b+c$$

La seconde inégalité peut s'écrire successivement

$$\frac{(b+c+a)(b+c-a)}{4bc} < 1$$

$$(b+c)^2 - a^2 < 4bc$$

ou $$(b-c)^2 - a^2 < 0$$

c'est-à-dire $$(b-c+a)(b-c-a) < 0$$

Le premier membre est une fonction du second degré en b; pour qu'elle soit négative, c'est-à-dire de signe contraire au coefficient de b^2, il faut et il suffit que b soit intérieur aux racines $$c-a < b < c+a$$

ce qui exige à la fois

$$c < a+b \quad \text{et} \quad b < a+c$$

En résumé, il faut et il suffit que chaque côté soit inférieur à la somme des deux autres. Ce qui est conforme aux données de la géométrie.

Chacune des autres formules (1) conduirait évidemment à cette même conclusion.

Formules (2). Pour qu'il existe un angle $\frac{A}{2}$ donné par la formule

$$\sin\frac{A}{2}=\sqrt{\frac{(p-b)(p-c)}{bc}}$$

il faut et il suffit que l'on ait

$$0<\frac{(p-b)(p-c)}{bc}<1$$

La première inégalité se réduit à

$$(p-b)(p-c)>0$$

ou, en multipliant chaque facteur par 2

$$(a+c-b)(a+b-c)>0$$

cette condition exige que les deux facteurs soient de même signe : du signe de leur somme $2a$, c'est-à-dire positifs. Il faut donc que l'on ait à la fois

$$a+c-b>0 \quad \text{d'où} \quad b<a+c$$

et

$$a+b-c>0 \quad \text{d'où} \quad c<a+b$$

La seconde inégalité peut s'écrire successivement

$$(p-b)(p-c)<bc$$

$$p^2-p(b+c)<0$$

$$p-b-c<0$$

d'où, en multipliant les deux membres par 2

$$a<b+c$$

Formules (3). Pour que la formule

$$\operatorname{tg}\frac{A}{2}=\sqrt{\frac{(p-b)(p-c)}{p(p-a)}}$$

détermine un angle $\frac{A}{2}$, il faut et il suffit que l'on ait

$$\frac{(p-b)(p-c)}{p(p-a)}>0$$

ou, en multipliant les deux membres par le carré du dénominateur et supprimant le facteur positif p

$$(p-a)(p-b)(p-c)>0$$

Cette condition exige que le nombre des facteurs négatifs soit zéro ou deux.

Mais cette dernière hypothèse est inadmissible : deux de ces facteurs ne peuvent pas être négatifs en même temps, puisque la somme de deux quelconques de ces facteurs est égale à l'un des côtés a, b, c. Donc il faut que l'on ait à la fois

$$p - a > 0 \quad \text{d'où} \quad a < b + c$$
$$p - b > 0 \qquad\qquad b < a + c$$
$$p - c > 0 \qquad\qquad c < a + b$$

82. Simplification des formules (3) par l'introduction du rayon r du cercle inscrit. On sait que la surface d'un triangle est égale au produit du demi-périmètre par le rayon du cercle inscrit. (*Géométrie*, n° 316.)

On a $$S = pr$$

D'ailleurs $$S = \sqrt{p(p-a)(p-b)(p-c)}$$

Par suite, $$r = \sqrt{\frac{(p-a)(p-b)(p-c)}{p}}$$

Les formules (3) peuvent donc s'écrire :

$$\text{tg}\,\frac{A}{2} = \sqrt{\frac{(p-b)(p-c)}{p(p-a)}} = \frac{1}{p-a}\sqrt{\frac{(p-a)(p-b)(p-c)}{p}}$$

ou $$\text{tg}\,\frac{A}{2} = \frac{r}{p-a}$$

De même $$\text{tg}\,\frac{B}{2} = \frac{r}{p-b}$$

et $$\text{tg}\,\frac{C}{2} = \frac{r}{p-c}$$

Ces dernières formules sont d'un usage très commode pour les calculs logarithmiques ; car, après avoir trouvé $\log r$, on obtiendra le logarithme de chacune des tangentes par l'addition de deux logarithmes seulement.

83. 4e Cas. *Connaissant les côtés* a, b *et l'angle* A *opposé à l'un d'eux, calculer les angles* B, C *et le côté* c.

Les équations $$\frac{a}{\sin A} = \frac{b}{\sin B} = \frac{c}{\sin C}$$
$$A + B + C = 180°$$

donnent successivement

$$\sin B = \frac{b \sin A}{a} \qquad (1)$$

puis $$C = 180° - (A + B) \qquad (2)$$

et enfin $$c = \frac{a \sin C}{\sin A} \qquad (3)$$

Quant à la surface, on peut l'obtenir comme dans le 2e cas, par la formule $S = \frac{1}{2} ab \sin C$

84. Discussion. La formule (1), dont le second membre est positif, exige
$$\frac{b \sin A}{a} \leq 1$$
ou
$$a \geq b \sin A$$

Si $a < b \sin A$, le problème n'a pas de solution.

Si $a = b \sin A$, les formules (1), (2), (3) donnent successivement $B = 90°$, $C = 90° - A$ et $c = b \cos A$

Cette solution n'est acceptable que si l'angle A est aigu. Dans cette hypothèse, il existe un seul triangle répondant à la question. Ce triangle est rectangle en B.

Si $a > b \sin A$, la formule (1) donne pour l'angle B deux valeurs supplémentaires comprises entre 0° et 180° : un angle aigu B' et un angle obtus B''.

Mais ces angles ne sont acceptables que si les valeurs correspondantes de l'angle C et du côté *c* sont toutes deux positives.

Or, si l'on remplace B par la valeur B', puis par la valeur B'', les formules (2) et (3) donnent successivement :
$$C' = 180° - (A + B') \quad \text{et} \quad c' = \frac{a \sin C'}{\sin A}$$
puis
$$C'' = 180° - (A + B'') \quad \text{et} \quad c'' = \frac{a \sin C''}{\sin A}$$

Pour que la première solution convienne, il suffit que l'on ait $A + B' < 180°$, car cette condition entraîne
$$\sin C' > 0 \quad \text{et} \quad c' > 0$$

De même la seconde solution convient si l'on a
$$A + B'' < 180°$$

Cela posé, nous distinguerons deux cas.

1er Cas. $A < 90$. Alors l'angle aigu B' convient toujours, car on a évidemment $A + B' < 180°$

L'angle obtus B'' ne convient que si l'on a
$$A + B'' < 180° \quad \text{ou} \quad A < 180° - B''$$

c'est-à-dire, les angles A et $180^\circ - B''$ étant aigus,

$$\sin A < \sin(180 - B'')$$

ou $$\sin A < \sin B''$$

ou encore $$\sin A < \frac{b \sin A}{a}$$

ou enfin $$a < b$$

Ainsi, quand l'angle A est *aigu*, le problème a *deux* solutions ou *une seule* solution, suivant que le côté opposé à A est *inférieur* ou *supérieur* au côté adjacent.

2° Cas. $A > 90^\circ$. Alors l'angle obtus B'' ne convient jamais, puisque la somme $A + B''$ surpasse 180°.

L'angle aigu B' ne convient que si l'on a

$$A + B' < 180^\circ \quad \text{ou} \quad A < 180^\circ - B'$$

c'est-à-dire, les angles A et $180^\circ - B'$ étant obtus,

$$\sin A > \sin(180^\circ - B'') \quad \text{ou} \quad \sin A > \sin B''$$

ou encore $$\sin A > \frac{b \sin A}{a}$$

ou enfin $$a > b$$

Ainsi, quand l'angle A est *obtus*, le problème ne peut avoir qu'une seule solution, et cette solution n'existe que si le côté opposé à A est supérieur au côté adjacent donné.

Le tableau suivant résume cette discussion, dont tous les résultats sont conformes à ceux que l'on trouve en géométrie. (*Géom.*, n° 186.)

$a < b \sin A$			0 solution
$a = b \sin A$	$A < 90^\circ$		1 solution
	$A \geq 90^\circ$		0 solution
$a > b \sin A$	$A < 90^\circ$	$a < b$	2 solutions
		$a \geq b$	1 solution
	$A > 90^\circ$	$a \leq b$	0 solution
		$a > b$	1 solution

Ce cas de résolution des triangles est nommé ***cas douteux*** parce qu'il peut avoir 0, 1 ou 2 solutions.

85. Calcul direct du côté c. Connaissant a, b et A, on peut obtenir c au moyen de la formule

$$a^2 = b^2 + c^2 - 2bc \cos A$$

qui ne renferme aucune autre inconnue.

Cette équation, du second degré par rapport à c, peut se mettre sous la forme $$c^2 - 2b \cos A . c + b^2 - a^2 = 0$$

Pour qu'une racine de cette équation soit acceptable, il faut et il suffit qu'elle soit *réelle* et *positive*.

Il y a trois cas à distinguer suivant le signe du produit des racines :

1° $a > b$. Les racines sont réelles et de signes contraires ; la racine positive seule convient. Il y a toujours une solution et une seule.

2° $a = b$. L'une des racines est nulle ; l'autre, égale à $2b \cos A$, ne convient que si l'angle A est aigu.

3° $a < b$. Le produit des racines étant positif, on n'en peut rien conclure relativement à la nature de ces racines.

La condition de réalité

$$b^2 \cos^2 A - b^2 + a^2 \geqq 0$$

peut s'écrire $$a \geqq b \sin A$$

Si $a < b \sin A$, le triangle est impossible.

Si $a = b \sin A$, la racine double, $b \cos A$, ne convient que si l'angle A est aigu.

Si $a > b \sin A$, les racines sont de même signe : du signe de la somme $2b \cos A$.

Si $A < 90°$, les racines sont positives et conviennent l'une et l'autre.

Si $A > 90°$, les racines sont négatives et toutes deux à rejeter.

Tous ces résultats sont conformes à ceux de la discussion précédente.

86. Remarque. En résolvant l'équation qui vient d'être discutée, on obtient :

$$c = b \cos A \pm \sqrt{a^2 - b^2 \sin^2 A}$$

Si l'on veut appliquer ces formules, il reste à les rendre logarithmiques.

Pour cela, mettant a^2 en facteur commun sous radical, on les écrit :

$$c = b \cos A \pm a \sqrt{1 - \frac{b^2 \sin^2 A}{a^2}}$$

En admettant que les racines sont réelles, c'est-à-dire que l'on a

$$a^2 \geqq b^2 \sin^2 A \quad \text{d'où} \quad \frac{b \sin A}{a} \leqq 1$$

on peut poser : $$\frac{b \sin A}{a} = \sin \varphi \quad \text{d'où} \quad b = \frac{a \sin \varphi}{\sin A}$$

Les formules deviennent :

$$c = \frac{a \sin \varphi \cos A}{\sin A} \pm a \cos \varphi,$$

ou
$$c = \frac{a}{\sin A} (\sin \varphi \cos A \pm \sin A \cos \varphi)$$

ou enfin
$$c = \frac{a}{\sin A} \sin (\varphi \pm A)$$

Ces formules permettent de calculer directement c, à l'aide des tables de logarithmes ; mais comme l'angle auxiliaire φ n'est autre que l'angle B, dont on ne peut ainsi éviter le calcul, il est encore plus avantageux de suivre la première méthode, lors même qu'on n'aurait pas besoin des angles inconnus.

Exercices numériques pour indiquer la disposition des calculs.

1er Cas.

Données $\begin{cases} a = 4\,562^{m} \\ B = 35^{\circ}\,45'\,20'' \\ C = 42^{\circ}\,27'\,40'' \end{cases}$

$$A = 180^{\circ} - (B + C) = 101^{\circ}\,47'$$

Formules $\begin{cases} b = \dfrac{a \sin B}{\sin A}. \ \text{Log}\, b = \log a + \log \sin B + \text{colog} \sin A \\ c = \dfrac{a \sin C}{\sin A}. \ \text{Log}\, c = \log a + \log \sin C + \text{colog} \sin A \end{cases}$

$\log a = 3{,}659\,1553$	$\log a = 3{,}659\,1553$
$\log \sin B = \bar{1}{,}766\,6576$	$\log \sin C = \bar{1}{,}829\,3615$
$\text{colog} \sin A = 0{,}009\,2498$	$\text{colog} \sin A = 0{,}009\,2498$
$3{,}435\,0627$	$3{,}497\,7666$
$b = 2723^{m},094$	$c = 3\,146^{m},06$

Calcul de la surface : $S = \frac{1}{2} a^2 \frac{\sin B \sin C}{\sin A}$

$$\text{Log}\, S = 2 \log a + \log \sin B + \log \sin C + \text{colog} \sin A + \text{colog}\, 2$$

$2 \log a = 7{,}318\,3106$
$\log \sin B = \bar{1}{,}766\,6576$
$\log \sin C = \bar{1}{,}829\,3615$
$\text{colog} \sin A = 0{,}009\,2498$
$\text{colog}\, 2 = \bar{1}{,}698\,9700$

$6{,}622\,5495$

$S = 4\,193\,230^{mq}$ ou 419 hectares 32 ares 30 cent.

2° Cas.

Données $\begin{cases} a = 24\,835^m,36 \\ b = 18\,947^m,24 \\ C = 35^\circ\,42'\,26'',42. \end{cases}$ (École polytechnique, 1867.)

Calculs auxiliaires $\begin{cases} a + b = 43\,782,60 \\ a - b = \ \ 5\,888,12 \\ \frac{1}{2}\,C = 17^\circ\,51'\,13'',21. \end{cases}$

Formules
$$\begin{cases} \operatorname{tg}\frac{1}{2}(A-B) = \frac{a-b}{a+b}\cot\frac{1}{2}C.\ \operatorname{Log}\operatorname{tg}\frac{1}{2}(A-B) = \log(a-b) + \operatorname{colog}(a+b) + \log\cot\frac{1}{2}C \\ c = \frac{a\sin C}{\sin A} \quad \text{ou mieux} \quad c = \frac{(a+b)\sin\frac{1}{2}C}{\cos\frac{1}{2}(A-B)} \end{cases}$$

$\log(a-b) = 3,769\,9767$

$\operatorname{colog}(a+b) = \bar{5},358\,6984$

$\log\operatorname{cotg}\frac{1}{2}C = 0,492\,0113$

$\bar{1},620\,6854$ $\qquad \frac{1}{2}(A-B) = 22^\circ\,39'\,43''$

$\frac{1}{2}(A+B) = 72^\circ\ \ 8'\,46'',79$

$A = 94^\circ\,47'\,89'',79\,;\quad B = 49^\circ\,29'\ \ 3'',79$

Calcul de c

$\log(a+b) = 4,641\,2956$

$\log\sin\frac{1}{2}C = \bar{1},486\,5538$

$\operatorname{colog}\cos\frac{1}{2}(A-B) = 0,034\,8966$

$4,162\,7460$

$c = 14\,545,95$

Calcul de $S = \frac{1}{2}ab\sin C$

$\log a = 4,395\,0705$

$\log b = 4,277\,5459$

$\log\sin C = \bar{1},766\,1489$

$\operatorname{colog} 2 = \bar{1},698\,9700$

$8,137\,7353$

$S = 137\,320\,500^{mq}$

3° Cas.

Données $\begin{cases} a = 235^m,684 \\ b = 412^m,567 \\ c = 351^m,648 \end{cases}$ (École centrale, 1re session de 1872.)

$2p = 999^m,899$

Calculs auxiliaires $\begin{cases} p = 499,9495 & \text{son log est} & 2,698\,9262 \\ p-a = 264,2654 & \text{id.} & 2,422\,0405 \\ p-b = \ \ 87,3825 & \text{id.} & 1,941\,4245 \\ p-c = 148,3015 & \text{id.} & 2,171\,1456 \end{cases}$

$2\log r = 3,835\,6844$

$\log r = 1,917\,8422$

1re MÉTHODE :

$$\operatorname{tg}\frac{1}{2}A = \sqrt{\frac{(p-b)(p-c)}{p(p-a)}}$$

$$\operatorname{tg}\frac{1}{2}B = \sqrt{\frac{(p-a)(p-c)}{p(p-b)}}$$

$$\operatorname{tg}\frac{1}{2}C = \sqrt{\frac{(p-a)(p-b)}{p(p-c)}}$$

Calcul de A.

$$\begin{aligned}\log(p-b) &= 1{,}941\,4245\\ \log(p-c) &= 2{,}171\,1456\\ \operatorname{colog} p &= \bar{3}{,}301\,0738\\ \operatorname{colog}(p-a) &= \bar{3}{,}577\,9595\\ \hline &\ \bar{2}{,}991\,6034\end{aligned}$$

$$\log\operatorname{tg}\frac{1}{2}A = \bar{1}{,}495\,8017$$

$$\frac{1}{2}A = 17°\,23'\,23'',29$$

$$A = 34°\,46'\,46'',58$$

Calcul de B.

$$\begin{aligned}\log(p-a) &= 2{,}422\,0405\\ \log(p-c) &= 2{,}171\,1456\\ \operatorname{colog} p &= \bar{3}{,}301\,0738\\ \operatorname{colog}(p-b) &= \bar{2}{,}058\,5755\\ \hline &\ \bar{1}{,}952\,8354\end{aligned}$$

$$\log\operatorname{tg}\frac{1}{2}B = \bar{1}{,}976\,4177$$

$$\frac{1}{2}B = 43°\,26'\,42'',63$$

$$B = 86°\,53'\,25'',26$$

Calcul de C.

$$\begin{aligned}\log(p-a) &= 2{,}422\,0405\\ \log(p-b) &= 1{,}941\,4245\\ \operatorname{colog} p &= \bar{3}{,}301\,0738\\ \operatorname{colog}(p-c) &= \bar{3}{,}828\,8544\\ \hline &\ \bar{1}{,}493\,3932\end{aligned}$$

$$\log\operatorname{tg}\frac{1}{2}C = \bar{1}{,}746\,6966$$

$$\frac{1}{2}C = 29°\ \ 9'\,54'',08$$

$$C = 58°\,19'\,48'',16$$

2e MÉTHODE :

$$\operatorname{tg}\frac{1}{2}A = \frac{r}{p-a}$$

$$\operatorname{tg}\frac{1}{2}B = \frac{r}{p-b}$$

$$\operatorname{tg}\frac{1}{2}C = \frac{r}{p-c}$$

Calcul de A.

$$\begin{aligned}\log r &= 1{,}917\,8422\\ \operatorname{colog}(p-a) &= \bar{3}{,}577\,9595\\ \hline &\ \bar{1}{,}495\,8017\end{aligned}$$

$$\frac{1}{2}A = 17°\,23'\,23'',29$$

$$A = 34°\,46'\,46'',58$$

Calcul de B.

$$\begin{aligned}\log r &= 1{,}917\,8422\\ \operatorname{colog}(p-b) &= \bar{2}{,}058\,5755\\ \hline &\ \bar{1}{,}976\,4177\end{aligned}$$

$$\frac{1}{2}B = 43°\,26'\,42'',63$$

$$B = 86°\,53'\,25'',26$$

Calcul de C.

$$\begin{aligned}\log r &= 1{,}917\,8422\\ \operatorname{colog}(p-c) &= \bar{3}{,}828\,8544\\ \hline &\ \bar{1}{,}746\,6966\end{aligned}$$

$$\frac{1}{2}C = 29°\ \ 9'\,54'',08$$

$$C = 58°\,19'\,48'',16$$

Calcul de $S=\sqrt{p(p-a)(p-b)(p-c)}$

$\log p = 2{,}698\,9262$
$\log (p-a) = 2{,}422\,0405$
$\log (p-b) = 1{,}941\,4245$
$\log (p-c) = 2{,}171\,1456$
$9{,}233\,5368$
$\log S = 4{,}616\,7684$
$S = 41\,377^{mq},89$

Calcul de $S = pr$

$\log r = 1{,}917\,8422$
$\log p = 2{,}698\,9262$
$4{,}616\,7684$
$S = 41\,377^{mq},89$

Vérification : $A + B + C = 180°$

4e Cas.

Données $\begin{cases} a = 948^m \\ b = 1250^m,7 \\ A = 12°\,13'\,20'' \end{cases}$ ($A < 90°$, $a < b$; 2 solutions.)

Formules $\begin{cases} \sin B = \dfrac{b \sin A}{a}. \quad \text{Log} \sin B = \log b + \log \sin A + \text{colog}\, a \\ C = 180° - (A + B) \\ c = \dfrac{a \sin C}{\sin A}. \quad \text{Log}\, c = \log a + \log \sin C + \text{colog} \sin A \end{cases}$

$\log b = 3{,}097\,1531$
$\log \sin A = \bar{1},325\,7288$
$\text{colog}\, a = \bar{3},023\,1917$
$\bar{1},446\,0736$

$B' = 16°\,13'\,6'',7,\quad B'' = 163°\,46'\,53'',3$
$C' = 151°\,33'\,33'',3,\quad C'' = 3°\,59'\,46'',7.$

	1re Solution.		2e Solution.
$\log a =$	$2{,}976\,8083$		$2{,}976\,8083$
$\log \sin C =$	$\bar{1},677\,8347$	ou	$\bar{2},843\,1839$
$\text{colog} \sin A =$	$0{,}674\,2712$		$0{,}674\,2712$
	$3{,}328\,9142$	ou	$2{,}494\,2634$
$c =$	$2132^m,621$	ou	$312^m\,0782$

Calcul de la surface $S = \dfrac{1}{2} ab \sin C$

$\text{Log}\, S = \log a + \log b + \log \sin C + \text{colog}\, 2$

$\log a =$	$2{,}976\,8083$		$2{,}976\,8083$
$\log b =$	$3{,}097\,1531$		$3{,}097\,1531$
$\log \sin C =$	$\bar{1},677\,8347$	ou	$\bar{2},843\,1839$
$\text{colog}\, 2 =$	$\bar{1},698\,9700$		$\bar{1},698\,9700$
	$5{,}450\,7661$	ou	$4{,}616\,1153$
$S =$	$282\,336^{mq}$	ou	$41\,315^{mq},71$

Exercices.

1° *Établir la relation qui lie les quatre éléments consécutifs* a, C b, A *d'un triangle et appliquer cette relation au calcul de l'angle* A (Besançon, 1893.)

On obtient la relation demandée en remplaçant l'angle B en fonction des deux autres dans la relation des sinus

$$\frac{a}{\sin A} = \frac{b}{\sin B}$$

Il vient : $$\frac{a}{\sin A} = \frac{b}{\sin(A+C)}$$

Pour résoudre cette équation par rapport à A, il suffit de chasser les dénominateurs, de développer $\sin(A + C)$ et de diviser tous les termes par cos A.

On obtient l'équation homogène par rapport à sin A et cos A.

$$a \sin A \cos C + a \cos A \sin C = b \sin A$$

ou $$a \operatorname{tg} A \cos C + a \sin C = b \operatorname{tg} A$$

d'où l'on tire : $$\operatorname{tg} A = \frac{a \sin C}{b - a \cos C}$$

Pour calculer l'angle A au moyen de cette formule on devra rendre le second membre logarithmique.

2° *Résoudre un triangle sachant que les trois côtés sont de la forme* x, x + 1, x + 2 *et que le plus petit angle et le plus grand sont de la forme* X, 2X (Besançon, 1889.)

Le plus grand angle étant opposé au plus grand côté, si l'on pose

$$a = x, \quad b = x + 1, \quad c = x + 2$$

on aura $$A = X \quad \text{et} \quad C = 2X$$

La relation $$\frac{a}{\sin A} = \frac{c}{\sin C}$$

devient $$\frac{x}{\sin X} = \frac{x+2}{\sin 2X}$$

et donne $$\cos X = \frac{x+2}{2x} \qquad (1)$$

La relation $a^2 = b^2 + c^2 - 2bc \cos A$ peut donc s'écrire :

$$x^2 = (x+1)^2 + (x+2)^2 - \frac{(x+1)(x+2)^2}{x}$$

ou $$x^2 - 3x - 4 = 0$$

d'où $$x = 4$$

Par suite, $$a = 4, \quad b = 5, \quad c = 6$$

La formule (1) donne alors

$$\cos X = \frac{3}{4}$$

et l'on peut calculer $A = X$, $C = 2X$ et $B = \pi - 3X$

3° *Étant donné un triangle de côtés* a, b, c, *et d'angles* A, B, C, *démontrer que les angles aigus* x, y, z, *déterminés par les équations*

$$\cos x = \frac{a}{b+c}, \quad \cos y = \frac{b}{a+c}, \quad \cos z = \frac{c}{a+b}$$

vérifient les relations

$$\operatorname{tg}^2 \frac{x}{2} + \operatorname{tg}^2 \frac{y}{2} + \operatorname{tg}^2 \frac{z}{2} = 1$$

$$\operatorname{tg} \frac{x}{2} \operatorname{tg} \frac{y}{2} \operatorname{tg} \frac{z}{2} = \operatorname{tg} \frac{A}{2} \operatorname{tg} \frac{B}{2} \operatorname{tg} \frac{C}{2} \operatorname{tg} \frac{c}{2}$$

(Paris, 1879.)

On peut écrire :

$$\operatorname{tg}^2 \frac{x}{2} = \frac{2 \sin^2 \frac{x}{2}}{2 \cos^2 \frac{x}{2}} = \frac{1 - \cos x}{1 + \cos x} = \frac{1 - \frac{a}{b+c}}{1 + \frac{a}{b+c}}$$

d'où

$$\operatorname{tg} \frac{x}{2} = \sqrt{\frac{p-a}{p}}$$

de même $\operatorname{tg} \frac{y}{2} = \sqrt{\frac{p-b}{p}}$ et $\operatorname{tg} \frac{z}{2} = \sqrt{\frac{p-c}{p}}$

Par suite,

$$\operatorname{tg}^2 \frac{x}{2} + \operatorname{tg}^2 \frac{y}{2} + \operatorname{tg}^2 \frac{z}{2} = \frac{3p - (a+b+c)}{p} = 1$$

et

$$\operatorname{tg} \frac{x}{2} \operatorname{tg} \frac{y}{2} \operatorname{tg} \frac{z}{2} = \sqrt{\frac{(p-a)(p-b)(p-c)}{p^3}}$$

Or, en multipliant membre à membre les formules (41) on obtient aussi :

$$\operatorname{tg} \frac{A}{2} \operatorname{tg} \frac{B}{2} \operatorname{tg} \frac{C}{2} = \sqrt{\frac{(p-a)(p-b)(p-c)}{p^3}}$$

Donc

$$\operatorname{tg} \frac{x}{2} \operatorname{tg} \frac{y}{2} \operatorname{tg} \frac{z}{2} = \operatorname{tg} \frac{A}{2} \operatorname{tg} \frac{B}{2} \operatorname{tg} \frac{C}{2}$$

CHAPITRE VI

APPLICATIONS AU LEVÉ DES PLANS

---

87. Problème I. *Déterminer la distance d'un point accessible A à un point inaccessible* C.

On choisit arbitrairement et l'on mesure sur le terrain une base d'opération AB ; puis, à l'aide d'un graphomètre *, on mesure les angles A et B du triangle ABC, c'est-à-dire les angles formés avec la base AB par les rayons visuels AC, BC, dirigés vers le point C.

Fig, 53.

On peut alors calculer AC dans le triangle ABC, connaissant le côté AB et les deux angles adjacents (n° 74).

L'angle C étant égal à $180° - (A + B)$, la relation des sinus

$$\frac{AC}{\sin B} = \frac{AB}{\sin C}$$

donne

$$AC = AB \frac{\sin B}{\sin (A + B)}$$

Remarque. S'il existe un obstacle tel que le point C soit invisible pour l'observateur placé en A, on peut recourir à la solution du problème suivant.

88. Problème II. *Déterminer la distance de deux points inaccessibles* C *et* D.

La méthode consiste à déterminer les distances d'un point

---

* Pour la description et l'usage du graphomètre, on peut consulter le *Traité d'Arpentage et de Levé des plans.*

accessible A aux deux points C et D (nº 87), à mesurer l'angle A du triangle ACD et à résoudre ensuite le triangle ACD, connaissant deux côtés et l'angle compris.

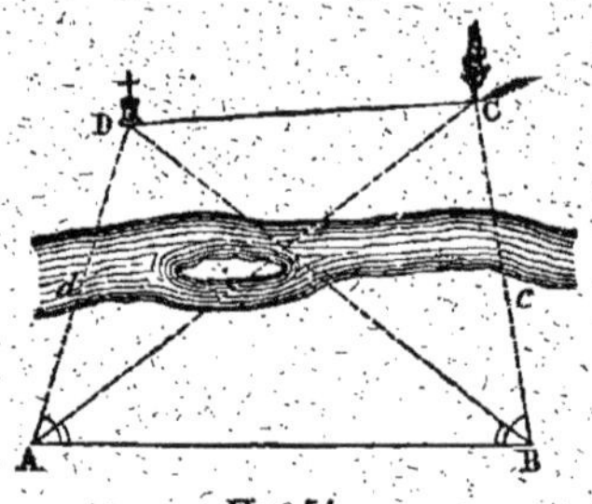

Fig. 54.

On mesure, dans la région accessible, une base AB et les angles formés avec cette base par les rayons visuels dirigés des points A et B vers les points C et D.

On calcule les distances AC et AD dans les triangles ABC et ABD, dont on connaît les angles et le côté commun AB.

Si les quatre points A, B, C, D sont dans un même plan, l'angle CAD est la différence de deux angles connus DAB et CAB. Dans le cas contraire, qui est le plus général, on mesure directement cet angle CAD.

Alors on peut calculer la distance inconnue CD dans le triangle ACD, dont on connaît deux côtés et l'angle compris.

89. **Problème III.** *Déterminer la hauteur d'une tour dont le pied est accessible sur un terrain horizontal.*

Soit à mesurer la hauteur AB.

On mesure sur le terrain une base horizontale AD, qui ne soit pas trop différente de la hauteur cherchée; puis, à l'aide d'un graphomètre placé au point D, on mesure l'angle ECB formé par l'horizontale menée par le centre du graphomètre dans le plan CAB, avec le rayon visuel CB dirigé vers le sommet de l'édifice*.

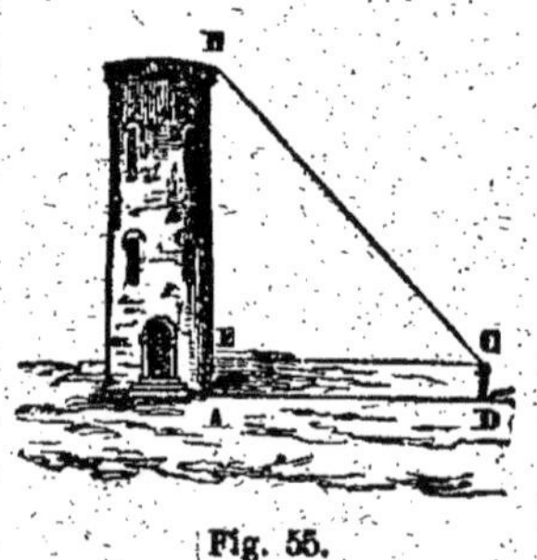

Fig. 55.

On peut alors calculer la hauteur EB dans le triangle rectangle BEC, connaissant le côté EC et l'angle aigu adjacent.

On a
$$BE = EC \text{ tg } ECB$$

Pour avoir la hauteur totale, il suffit d'ajouter à ce résultat la hauteur du graphomètre DC ou AE. On obtient

$$AB = AE + EC \text{ tg } ECB$$

* On mesure plus facilement l'angle de CB avec la verticale du point C.

90. Problème IV. *Déterminer la hauteur d'un édifice dont le pied est inaccessible.*

Soit à déterminer la hauteur EM.

La méthode consiste à déterminer la distance du sommet M à un point accessible D, à mesurer l'angle MDF formé par le rayon visuel DM avec l'horizontale qui rencontre la verticale EM et à résoudre ensuite le triangle rectangle MDF.

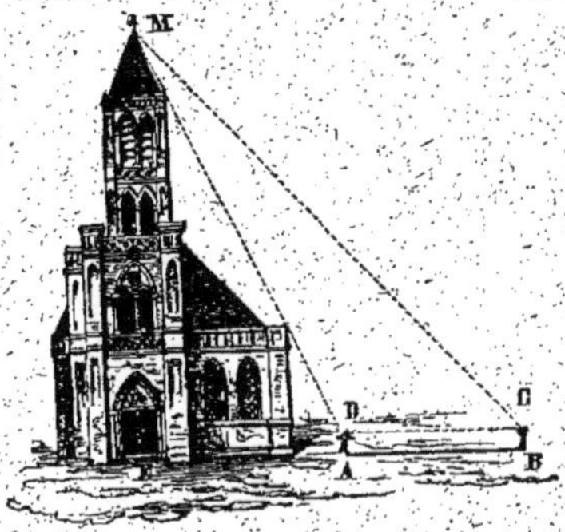

1° Supposons que l'on puisse prendre sur le terrain une base AB, qui soit *horizontale* et située *dans un plan passant par la hauteur* EM.

Fig. 56.

On mesure cette base; puis, plaçant le graphomètre en A et en B, on observe les angles MCF, MDF, formés par les rayons visuels CM, DM, avec l'horizontale CDF qui passe par le centre du graphomètre et rencontre la hauteur EM.

Alors on peut calculer la distance DM, dans le triangle CDM, dont on connaît les angles et le côté DC; puis la hauteur FM, dans le triangle MDF, dont on connaît l'hypoténuse DM et l'angle aigu D.

La hauteur totale est la somme EF + FM.

2° S'il est impossible d'avoir une base horizontale passant par le pied de la hauteur ou rencontrant cette hauteur, on procède comme dans la question suivante.

91. Problème V. *Déterminer la hauteur d'une montagne.*

Soit à mesurer la hauteur MN, du sommet M au-dessus du plan horizontal qui passe par un point connu A.

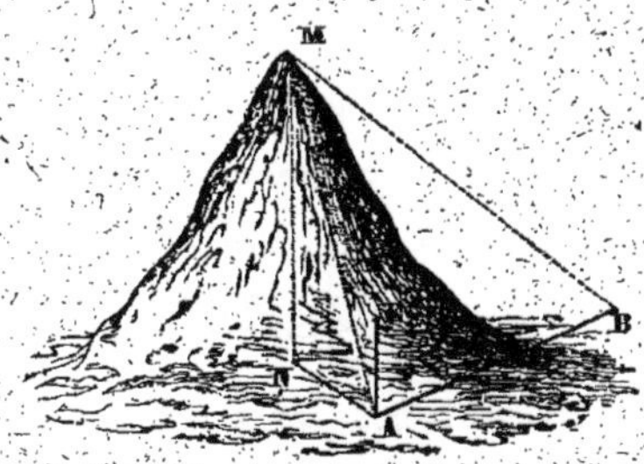

Fig. 57.

La méthode consiste à déterminer la distance AM (n° 87), à mesurer l'angle MAN et à résoudre le triangle rectangle MAN.

On prend une base arbitraire AB, que l'on mesure, ainsi que les angles formés avec cette base par les rayons visuels AM, BM, dirigés vers le sommet. On mesure aussi l'angle MAE formé par le rayon AM avec la verticale AE ; cet angle, égal à NMA, est le complément de MAN.

Alors on peut calculer la distance AM, dans le triangle ABM, dont on connaît les angles et un côté ; puis la hauteur MN, dans le triangle AMN, dont on connaît l'hypoténuse et un angle aigu.

92. Problème de la carte. *Trois points* A, B, C, *situés dans un plan horizontal, étant rapportés sur la carte d'un pays, on propose de déterminer la position d'un quatrième point du même plan, d'où les distances* CA, CB *ont été vues sous des angles mesurés* α, β.

La solution géométrique est très simple : il suffit de décrire sur AC et sur BC, comme cordes, des segments capables des angles mesurés α et β. Les arcs décrits ont deux points communs : le point C et un point M ; ce dernier répond à la question.

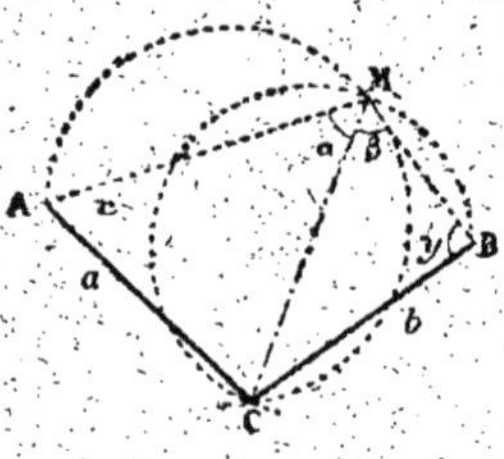

Fig. 58.

Si l'on a $\alpha + \beta + \text{ACB} = 180^\circ$ le quadrilatère ACBM est inscriptible. Alors les deux circonférences auxiliaires se confondent, et la position du point M sur cette circonférence unique est indéterminée.

Solution trigonométrique. On connaît les longueurs $\text{CA} = a$, $\text{CB} = b$ et l'angle $\text{ACB} = \text{C}$. Prenons pour inconnues les angles

$$\text{CAM} = x \quad \text{et} \quad \text{CBM} = y$$

La somme des angles d'un quadrilatère étant égale à quatre droits, on a

$$x + y = 360^\circ - (\text{C} + \alpha + \beta) \qquad (1)$$

Les triangles AMC, BMC donnent les relations des sinus

$$\frac{\sin x}{\text{CM}} = \frac{\sin \alpha}{a} \quad \text{et} \quad \frac{\sin y}{\text{CM}} = \frac{\sin \beta}{b}$$

En divisant ces deux proportions membre à membre, on obtient

$$\frac{\sin x}{\sin y} = \frac{b \sin \alpha}{a \sin \beta} \qquad (2)$$

Ainsi, la question revient à calculer deux angles x et y, connaissant leur somme et le rapport de leurs sinus. Il suffit d'appliquer la solution connue (page 100).

L'équation (2) peut s'écrire successivement

$$\frac{\sin x - \sin y}{\sin x + \sin y} = \frac{b \sin \alpha - a \sin \beta}{b \sin \alpha + a \sin \beta}$$

$$\frac{\operatorname{tg} \frac{x-y}{2}}{\operatorname{tg} \frac{x+y}{2}} = \frac{1 - \frac{a \sin \beta}{b \sin \alpha}}{1 + \frac{a \sin \beta}{b \sin \alpha}}$$

Si l'on pose $\frac{a \sin \beta}{b \sin \alpha} = \operatorname{tg} \varphi$ (3)

l'équation précédente devient

$$\frac{\operatorname{tg} \frac{x-y}{2}}{\operatorname{tg} \frac{x+y}{2}} = \frac{1 - \operatorname{tg} \varphi}{1 + \operatorname{tg} \varphi} = \operatorname{tg}(45^\circ - \varphi)$$

d'où $\operatorname{tg} \frac{x-y}{2} = \operatorname{tg}(45^\circ - \varphi) \operatorname{tg} \frac{x+y}{2}$ (4)

La formule (1) donne $x + y$, et les formules (3), (4) permettent de trouver dans les tables la plus petite valeur positive de l'angle φ, puis de l'angle $x - y$.

Connaissant la somme et la différence des angles x et y, on obtient aisément ces derniers.

Remarque. Dans le cas particulier

$$\alpha + \beta + C = 180^\circ$$

la formule (1) donne

$$x + y = 180^\circ \quad \text{d'où} \quad \sin x = \sin y$$

les formules (2) et (3) deviennent

$$\frac{\sin x}{\sin y} = \frac{b \sin \alpha}{a \sin \beta} = \frac{1}{\operatorname{tg} \varphi} = 1.$$

On a donc $\operatorname{tg} \varphi = 1$ d'où $\varphi = 45^\circ$

Le second membre de la formule (4) prend alors la forme

$$\operatorname{tg} \frac{x-y}{2} = \operatorname{tg} 0^\circ \, . \operatorname{tg} 90^\circ = 0 \times \infty$$

symbole d'indétermination. L'indétermination est réelle, comme on l'a vu géométriquement.

94. **Problème VII.** *Déterminer le rayon d'une tour ou d'une enceinte circulaire inaccessible.*

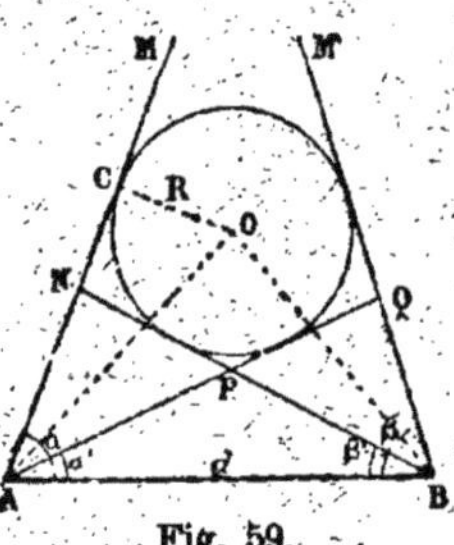

Fig. 59.

Soient O le centre de la section droite faite dans la tour par le plan horizontal qui passe par un point extérieur A, et C le point de contact d'un rayon visuel ACM tangent à cette section.

Le triangle rectangle OCA donne

$$OC = R = OA \sin OAC \qquad (1)$$

Tout revient à déterminer l'angle OAC et la distance OA.

On mesure une base horizontale AB et les angles

$$BAM = \alpha, \quad BAP = \alpha', \quad ABM' = \beta, \quad ABP = \beta'$$

formés par cette base avec les rayons visuels tangents à la tour.

Les droites AO, BO étant les bissectrices des angles PAM et PBM', on a

$$OAC = \frac{\alpha - \alpha'}{2}$$

$$BAO = \frac{\alpha + \alpha'}{2} \quad \text{et} \quad ABO = \frac{\beta + \beta'}{2}$$

La longueur OA s'obtient dans le triangle OAB, dont on connaît les angles et un côté :

$$OA = AB \frac{\sin B}{\sin (A + B)}$$

L'expression (1) devient

$$R = AB . \frac{\sin B \sin OAC}{\sin (A + B)}$$

c'est-à-dire

$$R = AB . \frac{\sin \frac{\beta + \beta'}{2} \sin \frac{\alpha - \alpha'}{2}}{\sin \frac{\alpha + \alpha' + \beta + \beta'}{2}}$$

95. **Problème VIII.** *Calculer le rayon du globe terrestre, sachant que la dépression de l'horizon est α pour un observateur placé à une hauteur* h *au-dessus du niveau de la mer.*

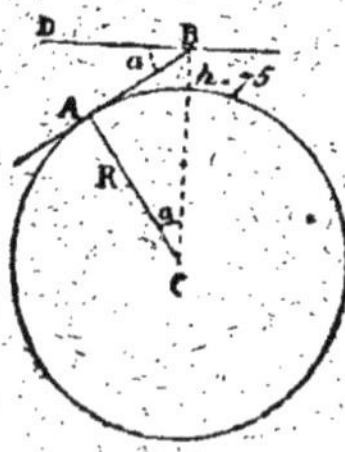

Fig. 60.

Soient C le centre du globe, B l'œil de l'observateur et A le point de contact du rayon visuel BA tangent à la surface de la mer.

La dépression de l'horizon est l'angle ABD que forme ce rayon visuel avec l'horizon visuel BD.

Les angles BCA et DBA ou α sont égaux comme ayant leurs côtés perpendiculaires.

Le triangle rectangle BAC donne

$$AC = BC \cos \alpha$$

où

$$R = (R + h) \cos \alpha$$

d'où

$$R = \frac{h \cos \alpha}{1 - \cos \alpha}$$

et en rendant logarithmique le dénominateur

$$R = \frac{h \cos \alpha}{2 \sin^2 \frac{\alpha}{2}}$$

CHAPITRE VII

RÉSOLUTION DES TRIANGLES EN DEHORS DES CAS ÉLÉMENTAIRES

§ I. — Calcul des éléments secondaires d'un triangle en fonction des éléments principaux.

96. Rayon R du cercle circonscrit. Théorème. *Dans tout triangle, le diamètre du cercle circonscrit est égal au rapport de chaque côté au sinus de l'angle opposé.*

Menons le diamètre BA′ du cercle circonscrit, puis joignons CA′. Le triangle rectangle BA′C donne

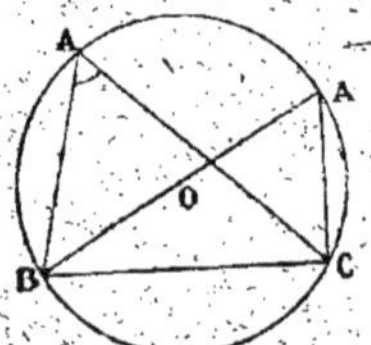

Fig. 61.

$$BC = 2R \sin A'$$

Mais l'angle A′ est égal à l'angle A.

Ainsi, $a = 2R \sin A$

Donc $2R = \frac{a}{\sin A}$

Puisque a désigne l'un quelconque des côtés du triangle, il s'ensuit que chaque côté d'un triangle est au sinus de l'angle opposé dans un rapport constant.

C'est une seconde démonstration de la relation des sinus (nº 69) :

$$\frac{a}{\sin A} = \frac{b}{\sin B} = \frac{c}{\sin C} = 2R \qquad (43)$$

Remarque. On démontre en géométrie la relation (*Géom.*, nº 316, 3º)

$$abc = 4RS$$

qui donne

$$2R = \frac{abc}{2S} = \frac{abc}{2\sqrt{p(p-a)(p-b)(p-c)}}$$

et, par suite

$$\frac{a}{\sin A} = \frac{b}{\sin B} = \frac{c}{\sin C} = \frac{abc}{2S} \qquad (44)$$

97. Rayons r, r_a, r_b, r_c des cercles inscrits et ex-inscrits.

1° Soient D, E, F les points de contact du cercle inscrit O, avec les côtés AB, BC, CA. Les triangles OAD, OBE, OCF donnent

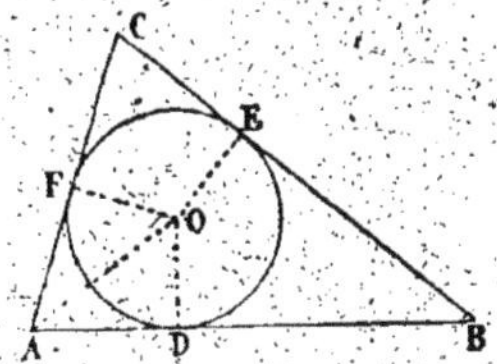

$$r = \text{AD} \operatorname{tg} \frac{A}{2} = \text{BE} \operatorname{tg} \frac{B}{2} = \text{CF} \operatorname{tg} \frac{C}{2}$$

Fig. 62.

Or

$$\text{AD} = (\text{AD} + \text{CE} + \text{EB}) - \text{BC} = p - a$$

$$\text{BE} = p - b, \qquad \text{CF} = p - c$$

Donc

$$r = (p-a) \operatorname{tg} \frac{A}{2} = (p-b) \operatorname{tg} \frac{B}{2} = (p-c) \operatorname{tg} \frac{C}{2} \quad (45)$$

2° On obtient par un calcul analogue

$$r_a = p \operatorname{tg} \frac{A}{2} = (p-b) \operatorname{cotg} \frac{C}{2} = (p-c) \operatorname{cotg} \frac{B}{2}$$

$$r_b = p \operatorname{tg} \frac{B}{2} = (p-c) \operatorname{cotg} \frac{A}{2} = (p-a) \operatorname{cotg} \frac{C}{2} \quad (46)$$

$$r_c = p \operatorname{tg} \frac{C}{2} = (p-a) \operatorname{cotg} \frac{B}{2} = (p-b) \operatorname{cotg} \frac{A}{2}$$

Remarque. On démontre en géométrie (*Géom.*, n° 316, 2°) les relations

$$S = pr = (p-a) r_a = (p-b) r_b = (p-c) r_c$$

d'où l'on tire $\quad S = \sqrt{r r_a r_b r_c}$

98. Hauteurs h_a, h_b, h_c.

1° Égalons entre elles deux expressions de l'aire du triangle, puis remplaçons b et c en fonction de a et des angles. Il vient

$$2S = ah_a = bc \sin A = \frac{a \sin B}{\sin A} \cdot \frac{a \sin C}{\sin A} \cdot \sin A$$

d'où

$$h_a = \frac{a \sin B \sin C}{\sin A} \qquad (47)$$

de même $h_b = \dfrac{b \sin A \sin C}{\sin B}$ et $h_c = \dfrac{c \sin A \sin B}{\sin C}$

2° On a

$$2S = ah_a = bh_b = ch_c = 2\sqrt{p(p-a)(p-b)(p-c)} \quad (48)$$

Ces équations donnent immédiatement chaque hauteur en fonction des trois côtés.

3° Les triangles rectangles déterminés par les hauteurs donnent

$$h_a = b \sin C = c \sin B \quad (49)$$
$$h_b = a \sin C = \text{ etc.}$$

99. Médianes. Si l'on prolonge la médiane $AM = m$ d'une longueur MA' égale à elle-même, l'angle ABA' est égal à $180° - A$, et le triangle ABA' permet d'écrire

$$\overline{AA'}^2 = 4m^2 = b^2 + c^2 + 2bc \cos A$$

Les triangles AMC, AMB donnent encore

$$m^2 = b^2 + \frac{a^2}{4} - ab \cos C = c^2 + \frac{a^2}{4} - ac \cos B$$

Enfin, l'on démontre en géométrie (*Géom.*, n° 254) la formule

$$b^2 + c^2 = 2\left(m^2 + \frac{a^2}{4}\right)$$

d'où l'on peut tirer la valeur de m en fonction des trois côtés.

100. Angle d'une médiane avec le côté opposé.

Supposons $B > C$. Soit $AMB = M$ l'angle à calculer, et désignons par H le pied de la hauteur $AH = h$.

On a

$$HM = \frac{1}{2}(HC - HB)$$

ou, à cause des triangles rectangles

$$h \operatorname{cotg} M = \frac{1}{2}(h \operatorname{cotg} C - h \operatorname{cotg} B)$$

d'où

$$\operatorname{cotg} M = \frac{\operatorname{cotg} C - \operatorname{cotg} B}{2} \quad (50)$$

101. Bissectrices intérieures α, β, γ. La bissectrice α détermine deux triangles partiels dont la somme des aires est égale à l'aire du triangle ABC. On a

$$2S = \alpha c \sin\frac{A}{2} + \alpha b \sin\frac{A}{2} = bc \sin A$$

d'où, en supprimant le facteur $\sin\frac{A}{2}$

$$\alpha = \frac{2bc}{b+c}\cos\frac{A}{2} \quad (51)$$

ou, en remplaçant $\cos \frac{A}{2}$ en fonction des trois côtés

$$\alpha = \frac{2}{b+c} \sqrt{p(p-a)bc}$$

De même

$$\beta = \frac{2ac}{a+c} \cos \frac{B}{2} = \frac{2}{a+c} \sqrt{p(p-b)ac}$$

$$\gamma = \frac{2ab}{a+b} \cos \frac{C}{2} = \frac{2}{a+b} \sqrt{p(p-c)ab}$$

102. Bissectrices extérieures. La bissectrice extérieure α', issue du sommet A, détermine deux triangles dont la différence des aires est égale à l'aire du triangle ABC. On a

$$2S = b\alpha' \sin\left(90 + \frac{A}{2}\right) - c\alpha' \sin\left(90 - \frac{A}{2}\right) = bc \sin A$$

ou $$\alpha'\left(b \cos \frac{A}{2} - c \cos \frac{A}{2}\right) = 2bc \sin \frac{A}{2} \cos \frac{A}{2}$$

d'où $$\alpha' = \frac{2bc}{b-c} \sin \frac{A}{2} \qquad (52)$$

et en remplaçant $\sin \frac{A}{2}$ en fonction des trois côtés

$$\alpha' = \frac{2}{b-c} \sqrt{(p-b)(p-c)bc}$$

§ II. — Expression des divers éléments d'un triangle en fonction des angles et du rayon du cercle circonscrit.

103. Côtés. Les relations (43) donnent immédiatement

$$a = 2R \sin A$$
$$b = 2R \sin B \qquad (53)$$
$$c = 2R \sin C$$

104. Hauteurs. En tenant compte de ces dernières, les formules (49) deviennent

$$h_a = b \sin C = 2R \sin B \sin C$$
$$h_b = 2R \sin A \sin C \qquad (54)$$
$$h_c = 2R \sin A \sin B$$

105. Surface. Les relations (53 et 54) permettent d'écrire

$$S = \frac{1}{2} a h_a = 2R^2 \sin A \sin B \sin C \qquad (55)$$

106. Bissectrices. En remplaçant chaque côté par sa valeur (53), les formules (51) deviennent

$$\alpha = \frac{2bc}{b+c} \cos \frac{A}{2} = \frac{8R^2 \sin B \sin C \cos \frac{A}{2}}{2R(\sin B + \sin C)}$$

Mais,

$$\sin B + \sin C = 2 \sin \frac{B+C}{2} \cos \frac{B-C}{2} = 2 \cos \frac{A}{2} \cos \frac{B-C}{2}$$

Donc

$$\alpha = 2R \frac{\sin B \sin C}{\cos \frac{B-C}{2}}$$

$$\beta = 2R \frac{\sin C \sin A}{\cos \frac{C-A}{2}} \qquad (56)$$

$$\gamma = 2R \frac{\sin A \sin B}{\cos \frac{A-B}{2}}$$

Les bissectrices extérieures s'expriment d'une manière analogue

$$\alpha' = 2R \frac{\sin B \sin C}{\sin \frac{C-B}{2}}, \text{ etc...} \qquad (57)$$

107. Demi-périmètre et différences $p-a$, $p-b$, $p-c$. Eu égard aux formules (53), on a

$$2p = a + b + c = 2R(\sin A + \sin B + \sin C)$$

d'où, en remplaçant la somme des sinus par un produit (p. 65)

$$p = 4R \cos \frac{A}{2} \cos \frac{B}{2} \cos \frac{C}{2} \qquad (58)$$

De même

$$2(p-a) = b + c - a = 2R(\sin B + \sin C - \sin A)$$

donc (page 65) $p - a = 4R \cos \frac{A}{2} \sin \frac{B}{2} \sin \frac{C}{2}$

$$p - b = 4R \sin \frac{A}{2} \cos \frac{B}{2} \sin \frac{C}{2} \qquad (59)$$

$$p - c = 4R \sin \frac{A}{2} \sin \frac{B}{2} \cos \frac{C}{2}$$

108. Rayons des cercles inscrits et ex-inscrits.

Si l'on tient compte des quatre formules qui précèdent, les relations (45) et (46) deviennent

$$r = (p-a)\operatorname{tg}\frac{A}{2} = 4R\cos\frac{A}{2}\sin\frac{B}{2}\sin\frac{C}{2}\cdot\operatorname{tg}\frac{A}{2}$$

ou

$$r = 4R\sin\frac{A}{2}\sin\frac{B}{2}\sin\frac{C}{2} \qquad (60)$$

$$r_a = p\operatorname{tg}\frac{A}{2} = 4R\cos\frac{A}{2}\cos\frac{B}{2}\cos\frac{C}{2}\cdot\operatorname{tg}\frac{A}{2}$$

d'où

$$r_a = 4R\sin\frac{A}{2}\cos\frac{B}{2}\cos\frac{C}{2}$$

$$r_b = 4R\cos\frac{A}{2}\sin\frac{B}{2}\cos\frac{C}{2} \qquad (61)$$

$$r_c = 4R\cos\frac{A}{2}\cos\frac{B}{2}\sin\frac{C}{2}$$

§ III. — Résolution de quelques triangles.

109. Trois méthodes pour la résolution d'un triangle.

Quand les données d'un triangle comprennent un ou plusieurs éléments secondaires, on exprime d'abord ces derniers en fonction des éléments principaux, connus ou inconnus ; il ne reste plus ensuite qu'à résoudre les équations obtenues par rapport aux éléments non donnés.

Le plus souvent on n'obtient avec facilité qu'une partie des angles ou des côtés cherchés ; mais on peut regarder le triangle comme résolu dès que l'on se trouve ramené à l'un des cas élémentaires.

Dans la recherche des éléments principaux, on peut suivre trois marches distinctes :

1° Solution trigonométrique : *On commence par calculer les angles.* Ce procédé repose sur des transformations trigonométriques très élégantes et conduit ordinairement à des résultats calculables par logarithmes.

2° Solution algébrique : *On calcule d'abord les côtés.* Ce procédé n'exige que des calculs et des discussions purement algébriques et assez uniformes ; mais on parvient à des formules qui, en général, ne sont pas logarithmiques

3° Solution géométrique : *On commence par construire le triangle géométriquement, puis on déduit les calculs de cette construction.*

Si l'on compare les résultats obtenus par ces trois méthodes, il est évident que l'on doit constater entre eux une parfaite identité.

Remarque. Quelquefois, au lieu de chercher directement les éléments principaux du triangle, on calcule, à l'aide des données, d'autres éléments secondaires dont la connaissance réduise la question à quelque autre problème antérieurement résolu.

110. Problème I. *Résoudre un triangle, connaissant un angle* A, *le côté opposé* a *et la somme* $b + c = l$ *des deux autres côtés.*

Solution trigonométrique. On fait apparaître la somme donnée $b + c = l$, en additionnant terme à terme deux rapports de la relation des sinus ; on a l'équation

$$\frac{a}{\sin A} = \frac{b + c}{\sin B + \sin C}$$

d'où l'on tire
$$\sin B + \sin C = \frac{l \sin A}{a}$$

D'ailleurs,
$$B + C = 180^\circ - A$$

On peut donc calculer les angles B et C, connaissant leur somme et la somme de leurs sinus (page 98).

Pour qu'une solution soit acceptable, il faut que chacun des angles B et C soit compris entre 0° et 180°.

Connaissant les angles et un côté du triangle à résoudre, on est ramené au premier cas élémentaire.

Solution algébrique. Les côtés sont déterminés par les deux équations
$$b + c = l$$
$$a^2 = b^2 + c^2 - 2bc \cos A$$

En retranchant membre à membre la seconde du carré de la première, on obtient

$$l^2 - a^2 = 2bc(1 + \cos A) = 4bc \cos^2 \frac{A}{2}$$

d'où
$$bc = \frac{l^2 - a^2}{4 \cos^2 \frac{A}{2}}$$

La question revient à trouver deux nombres, connaissant leur somme et leur produit.

Connaissant les côtés et un angle du triangle proposé, on obtiendra les deux autres angles par la relation des sinus.

Solution géométrique. Soit ABC un triangle répondant à la question. Si l'on prolonge CA d'une longueur AM égale à AB, le triangle BAM étant isocèle, chacun des angles ABM, AMB est égal à $\frac{A}{2}$.

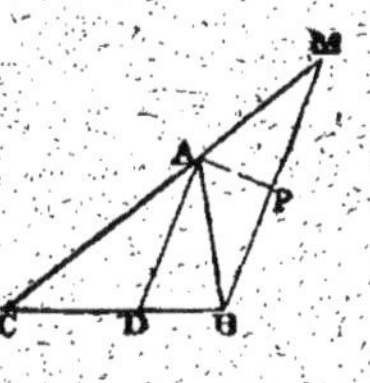

Fig. 63.

On peut donc construire le triangle BCM connaissant deux côtés et l'angle opposé à l'un d'eux (nº 84), puis en déduire le triangle ABC en élevant la perpendiculaire PA au milieu de BM.

Cela posé, le triangle CBM donne la relation des sinus

$$\frac{a}{\sin \frac{A}{2}} = \frac{l}{\sin\left(B + \frac{A}{2}\right)}$$

d'où l'on tire $\sin\left(B + \frac{A}{2}\right) = \frac{l}{a} \sin \frac{A}{2}$

Cette équation permet de calculer l'angle $B + \frac{A}{2}$, et par suite l'angle B.

Connaissant a, A et B, on est ramené au premier cas élémentaire.

111. Problème II. *Résoudre un triangle, connaissant deux côtés* b, c, *et la bissectrice* α *de l'angle compris.*

Solution trigonométrique. La bissectrice a pour expression (nº 101)

$$\alpha = \frac{2bc}{b+c} \cos \frac{A}{2}$$

Cette équation donne

$$\cos \frac{A}{2} = \frac{\alpha(b+c)}{2bc}$$

et l'on est ramené à résoudre un triangle, connaissant deux côtés et l'angle compris.

Solution algébrique. Soient x et y les segments déterminés par la bissectrice sur le côté a. On a (*Géom.*, nºs 215 et 268)

$$\frac{x}{b} = \frac{y}{c}$$

$$x + y = a$$

et

$$bc = \alpha^2 + xy$$

La première équation peut s'écrire

$$\frac{x+y}{b+c}=\sqrt{\frac{xy}{bc}}$$

ou, en tenant compte des deux autres

$$\frac{a}{b+c}=\sqrt{\frac{bc-\alpha^2}{bc}}$$

on en tire $$a=(b+c)\sqrt{\frac{bc-\alpha^2}{bc}}$$

Tout revient à résoudre un triangle, connaissant les trois côtés.

Solution géométrique. Soit ABC le triangle déterminé par les côtés $AB=c$, $AC=b$ et la bissectrice $AD=\alpha$ (fig. 63).

Menons à DA la parallèle BM qui rencontre en M le prolongement de CA.

L'angle M est égal à $\frac{A}{2}$, et le segment AM est égal à c.

Les triangles semblables CBM, CDA donnent

$$\frac{BM}{\alpha}=\frac{CM}{CA} \quad \text{d'où} \quad BM=\frac{\alpha(b+c)}{b}$$

Dans le triangle CMB on connaît deux côtés MC, MB et l'angle compris.

On peut donc construire ce triangle et en déduire le triangle ABC en élevant la perpendiculaire PA au milieu de BM.

Cela posé, le triangle isocèle BAM donne

$$BM=2PM=2c\cos\frac{A}{2}$$

En égalant deux expressions de BM on obtient,

$$2c\cos\frac{A}{2}=\frac{\alpha(b+c)}{b}$$

d'où $$\cos\frac{A}{2}=\frac{\alpha(b+c)}{2bc}$$

formule déjà trouvée.

112. Problème III. *Résoudre un triangle, connaissant la hauteur* h, *la base* a *et la différence* $B-C=\delta$ *des angles adjacents.*

La hauteur donnée a pour expression (nº 98)

$$h=\frac{a\sin B\sin C}{\sin A}$$

En tenant compte des identités

$$2 \sin B \sin C = \cos (B - C) - \cos (B + C)$$

et $$\sin A = \sin (B + C)$$

cette équation peut s'écrire

$$h = \frac{a}{2} \frac{\cos \delta - \cos (B + C)}{\sin (B + C)},$$

ou $$2h \sin (B + C) + a \cos (B + C) = a \cos \delta$$

équation de forme connue, qui donne la somme B + C.

Connaissant les angles B et C, on est ramené au premier cas élémentaire.

113. Problème IV. *Résoudre un triangle, connaissant un angle* A, *un côté adjacent* b *et la différence* c — a = l *des deux autres côtés.*

Procédé trigonométrique. Cherchons les angles B et C.

On a $$B = 180^\circ - (A + C)$$

La relation des sinus peut s'écrire

$$\frac{a}{\sin A} = \frac{b}{\sin (A + C)} = \frac{c}{\sin C}$$

ou $$\frac{b}{c - a} = \frac{\sin (C + A)}{\sin C - \sin A} = \frac{\sin \frac{C + A}{2}}{\sin \frac{C - A}{2}}$$

ou encore

$$\frac{b + l}{b - l} = \frac{\sin \frac{C + A}{2} + \sin \frac{C - A}{2}}{\sin \frac{C + A}{2} - \sin \frac{C - A}{2}} = \frac{\operatorname{tg} \frac{C}{2}}{\operatorname{tg} \frac{A}{2}}$$

d'où enfin $$\operatorname{tg} \frac{C}{2} = \frac{b + l}{b - l} \operatorname{tg} \frac{A}{2}$$

Connaissant A, C et b, on est ramené au premier cas élémentaire.

Autrement. La relation des sinus aurait pu s'écrire

$$\frac{b + c - a}{b - c + a} = \frac{\sin B + \sin C - \sin A}{\sin B - \sin C + \sin A}$$

ou $$\frac{b + l}{b - l} = \frac{4 \cos \frac{A}{2} \sin \frac{B}{2} \sin \frac{C}{2}}{4 \sin \frac{A}{2} \sin \frac{B}{2} \cos \frac{C}{2}} = \frac{\operatorname{tg} \frac{C}{2}}{\operatorname{tg} \frac{A}{2}}$$

Autrement. Les formules de résolution du troisième cas élémentaire conduisent plus rapidement au même résultat. En divisant membre à membre les deux relations

$$\operatorname{tg}\frac{C}{2}=\sqrt{\frac{(p-a)(p-b)}{p(p-c)}}$$

$$\operatorname{tg}\frac{A}{2}=\sqrt{\frac{(p-b)(p-c)}{p(p-a)}}$$

il vient $$\frac{\operatorname{tg}\frac{C}{2}}{\operatorname{tg}\frac{A}{2}}=\frac{p-a}{p-c}=\frac{2(b+c-a)}{2(b-c+a)}=\frac{b+l}{b-l}$$

Procédé algébrique. On obtient les côtés c et a au moyen des deux équations

$$\begin{cases} c-a=l \\ a^2=b^2+c^2-2bc\cos A \end{cases}$$

La première peut s'écrire

$$a=c-l$$

et la seconde devient

$$(c-l)^2=b^2+c^2-2bc\cos A$$

d'où $$c=\frac{b^2-l^2}{2(b\cos A-l)}$$

Pour que les côtés a et c soient tous deux positifs, il faut et il suffit que l'expression de c soit comprise entre 0 et l.

114. Problème V. *Résoudre un triangle, connaissant les trois hauteurs* h_a, h_b, h_c.

Les relations $2S=ah_a=bh_b=ch_c$

peuvent s'écrire $$\frac{a}{\frac{1}{h_a}}=\frac{b}{\frac{1}{h_b}}=\frac{c}{\frac{1}{h_c}}$$

Ces relations montrent que *tout triangle est semblable au triangle qui aurait pour côtés les inverses des trois hauteurs.* Les angles du triangle proposé sont donc égaux à ceux du triangle ayant pour côtés $\frac{1}{h_a}$, $\frac{1}{h_b}$, $\frac{1}{h_c}$; on peut donc les obtenir à l'aide des formules de résolution du 3e cas élémentaire.

Après quoi les côtés sont donnés par les relations

$$2S=ab\sin C=bh_b$$

d'où l'on tire $$a = \frac{h_b}{\sin C}$$

de même $$b = \frac{h_c}{\sin A} \quad \text{et} \quad c = \frac{h_a}{\sin B}$$

115. Problème VI. *Résoudre un triangle, connaissant les angles* A, B, C *et le rayon* R *du cercle circonscrit.*

Les formules (53) et (55) donnent immédiatement les côtés
$$a = 2R \sin A, \quad b = 2R \sin B, \quad c = 2R \sin C$$
et la surface
$$S = \frac{abc}{4R} = 2R^2 \sin A \sin B \sin C$$

Remarque. On ramène à ce problème si simple la résolution de tout triangle donné par les angles et un élément secondaire quelconque.

Pour cela, il suffit de calculer R en fonction des angles et de l'élément secondaire connu. On exprime d'abord celui-ci en fonction de A, B, C et de R, ce qui est toujours possible (nos 103 et suivants); puis on résout la relation obtenue par rapport à R, et il ne reste plus qu'à remplacer R par sa valeur dans les formules de résolution du problème VI (no 115).

116. Problème VII. *Résoudre un triangle, connaissant les angles* A, B, C *et la surface* S.

Suivons la marche qui vient d'être indiquée.

La formule (55) donne
$$S = 2R^2 \sin A \sin B \sin C$$
d'où $$2R = \sqrt{\frac{2S}{\sin A \sin B \sin C}}$$

Les formules de résolution du problème VI deviennent
$$a = \sqrt{\frac{2S \sin A}{\sin B \sin C}}, \quad b = \sqrt{\frac{2S \sin B}{\sin A \sin C}}, \quad c = \sqrt{\frac{2S \sin C}{\sin A \sin B}}$$

On obtient aussi ces résultats à l'aide des formules (35, no 74), qui expriment la surface en fonction des angles et d'un seul côté.

Remarque. On procéderait de la même manière si, avec les angles A, B, C, on donnait la hauteur h_a, ou la bissectrice α, ou le périmètre $2p$, ou le rayon r, etc...

Ainsi, les formules (54), (56), (58), (60) ... donnent respectivement

$$2R = \frac{h_a}{\sin B \sin C}, \quad 2R = \frac{a \cos \frac{B-C}{2}}{\sin B \sin C}$$

$$2R = \frac{p}{2 \cos \frac{A}{2} \cos \frac{B}{2} \cos \frac{C}{2}}, \quad 2R = \frac{r}{2 \sin \frac{A}{2} \sin \frac{B}{2} \sin \frac{C}{2}}$$

et tout revient à substituer l'une ou l'autre de ces expressions à la place de 2R, dans les formules qui résolvent le cas simple dont il s'agit (n° 115).

On voit combien il est utile de savoir retrouver promptement les formules des n°s 103 et suivants.

Exercices.

Triangles rectangles.

1° *Résoudre un triangle rectangle, connaissant l'hypoténuse* a *et le rapport* $\frac{b}{c} = m$ *des côtés de l'angle droit.*

Solution trigonométrique. On a

$$m = \frac{b}{c} = \frac{a \sin B}{a \cos B} = \operatorname{tg} B$$

L'angle B une fois connu, on est ramené au 1er cas.

Solution algébrique. Les côtés sont déterminés par les deux

équations $$\frac{b}{c} = m$$

et $$b^2 + c^2 = a^2$$

2° *Résoudre un triangle rectangle, connaissant l'hypoténuse* a *et la hauteur correspondante* h.

Solution trigonométrique. En égalant deux expressions de la surface du triangle, on obtient

$$ah = bc$$

Or $$b = a \sin B \quad \text{et} \quad c = a \cos B$$

donc $$ah = a^2 \sin B \cos B$$

d'où $$\sin 2B = \frac{2h}{a}$$

On connaît maintenant l'hypoténuse et un angle aigu.

SOLUTION ALGÉBRIQUE. Les côtés sont donnés par les équations

$$bc = ah$$

et

$$b^2 + c^2 = a^2$$

3° *Résoudre un triangle rectangle, connaissant l'hypoténuse* a *et la différence* b — c = d *des deux autres côtés.*

SOLUTION TRIGONOMÉTRIQUE. Si l'on remplace b et c en fonction des angles, l'équation donnée devient

$$d = a\,(\sin B - \sin C) = 2a \sin \frac{B-C}{2} \cos 45°$$

On en tire : $\sin \dfrac{B-C}{2} = \dfrac{d}{2a \cos 45°} = \dfrac{d}{a\sqrt{2}}$

Connaissant la somme et la différence des deux angles, on obtient aisément les angles, puis les côtés.

SOLUTION ALGÉBRIQUE. Les côtés sont déterminés par les deux équations

$$b - c = d$$

$$b^2 + c^2 = a^2$$

4° *Résoudre un triangle rectangle, connaissant l'hypoténuse* a *et le rayon* r *du cercle inscrit.*

On voit immédiatement, sur une figure, que l'on a, dans un triangle rectangle, $b + c = a + 2r$

On a donc à résoudre un triangle rectangle, connaissant l'hypoténuse et la somme des côtés de l'angle droit; question tout à fait semblable à la précédente.

Ainsi, l'équation précédente peut s'écrire :

$$a + 2r = a\,(\sin B + \sin C) = 2a \sin 45° \cos \frac{B-C}{2}$$

d'où $\cos \dfrac{B-C}{2} = \dfrac{a+2r}{a\sqrt{2}}$, etc...

5° *Résoudre un triangle isocèle, connaissant la hauteur principale* h *et le rayon* r *du cercle inscrit.*

Soit A l'angle au sommet. La hauteur partage le triangle considéré en deux triangles rectangles égaux qu'il est facile de résoudre. En effet, les angles B et C sont complémentaires de $\dfrac{A}{2}$, et si l'on joint le centre du cercle inscrit à l'un de ses points de contact avec les côtés égaux, on a (Th. 1er) :

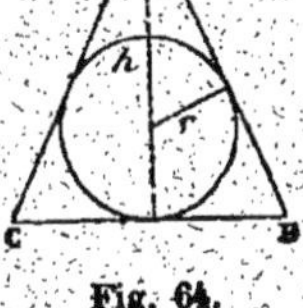

Fig. 64.

$$r = (h - r) \sin \frac{A}{2}, \quad \text{d'où} \quad \sin \frac{A}{2} = \frac{r}{h-r}$$

les trois angles sont donc déterminés.

Les côtés s'obtiennent par les relations :

$$\frac{a}{2} = h \operatorname{tg} \frac{A}{2} \quad \text{ou} \quad a = 2h \operatorname{tg} \frac{A}{2}$$

et

$$c = b = \frac{h}{\sin B} = \frac{h}{\cos \frac{A}{2}}$$

Triangles quelconques.

6° *Résoudre un triangle, connaissant un angle* A, *le côté opposé* a *et le rapport* $\frac{b}{c} = \frac{m}{n}$ *des deux autres côtés.*

Solution trigonométrique. On calcule les angles B et C, connaissant leur somme $B + C = 180° - A$
et le rapport de leurs sinus

$$\frac{\sin B}{\sin C} = \frac{b}{c} = \frac{m}{n}$$

Cette question a été résolue (page 100).

Solution algébrique. Les côtés b et c sont donnés par le système d'équations

$$\frac{b}{c} = \frac{m}{n}$$

et

$$a^2 = b^2 + c^2 - 2bc \cos A$$

qui ne renferme aucune autre inconnue.

7° *Résoudre un triangle, connaissant un côté* b, *la hauteur correspondante* h *et le rayon* R *du cercle circonscrit.*

On a (n° 103) $b = 2R \sin B$

et (n° 104) $h = 2R \sin A \sin C$

La première équation donne

$$\sin(A + C) = \sin B = \frac{b}{2R}$$

et la seconde

$$\sin A \sin C = \frac{h}{2R}$$

La question revient à calculer deux angles A, C, dont on connaît la somme et le produit des sinus (page 99).

8° *Résoudre un triangle, connaissant un côté* a, *la somme* b + c *des deux autres et le rayon* r *du cercle inscrit.*

La formule (45) $r = (p - a) \operatorname{tg} \frac{A}{2}$

donne

$$\operatorname{tg} \frac{A}{2} = \frac{r}{2(b + c - a)}$$

Connaissant a, A et $b + c$, on est ramené à un problème déjà résolu (n° 110).

9° *Résoudre un triangle, connaissant un côté* a *et les rayons* R, r *des cercles inscrit et circonscrit.*

Les formules (53) $a = 2R \sin A$

et (45) $r = (p - a) \operatorname{tg} \frac{A}{2}$

donnent respectivement

$$\sin A = \frac{a}{2R} \quad \text{puis} \quad b + c = \frac{r}{2 \operatorname{tg} \frac{A}{2}} + a$$

On connaît alors A, a et $b + c$, ce qui ramène la question à un problème résolu (nº 110).

10º *Résoudre un triangle, connaissant un angle* C, *la surface* S *et la somme* $a + b - c = 2m$

On a (nº 105) $S = 2R^2 \sin A \sin B \sin C$

et (nº 107) $m = 4R \sin \frac{A}{2} \sin \frac{B}{2} \cos \frac{C}{2}$

Pour éliminer R entre ces deux équations, divisons-les membre à membre, après avoir élevé la seconde au carré.

Il vient : $$\frac{m^2}{S} = 8 . \frac{\sin \frac{A}{2}}{2 \cos \frac{A}{2}} . \frac{\sin \frac{B}{2}}{2 \cos \frac{B}{2}} . \frac{\cos \frac{C}{2}}{2 \sin \frac{C}{2}}$$

d'où ; $$\operatorname{tg} \frac{A}{2} . \operatorname{tg} \frac{B}{2} = \frac{m^2}{S} \operatorname{tg} \frac{C}{2}$$

d'ailleurs $$\frac{A}{2} + \frac{B}{2} = 90 - \frac{C}{2}$$

Donc, on peut calculer les angles $\frac{A}{2}$ et $\frac{B}{2}$, connaissant leur somme et le produit de leurs tangentes (page 102).

11º *Résoudre un triangle, connaissant l'angle* A *et les bissectrices intérieure et extérieure de cet angle,* α *et* α'.

Les bissectrices données ont pour expression (nºs 101 et 102) :

$$\alpha = \frac{2bc}{b + c} \cos \frac{A}{2}$$

et $$\alpha' = \frac{2bc}{b - c} \sin \frac{A}{2}$$

Ces deux équations permettent de calculer les côtés b et c, puisqu'elles ne contiennent pas d'autre inconnue.

On en peut aussi déduire les angles B et C. En effet, si on les divise membre à membre, il vient

$$\frac{\alpha}{\alpha'} = \frac{b - c}{b + c} \operatorname{cotg} \frac{A}{2}$$

d'où $$\frac{\alpha}{\alpha'} \operatorname{tg} \frac{A}{2} = \frac{b - c}{b + c} = \frac{\sin B - \sin C}{\sin B + \sin C}$$

c'est-à-dire $$\frac{\alpha}{\alpha'} \operatorname{tg} \frac{A}{2} = \operatorname{tg} \frac{B - C}{2} \operatorname{cotg} \frac{B + C}{2}$$

Mais on a $$\frac{B+C}{2}=90^\circ-\frac{A}{2}$$

et par suite $$\operatorname{cotg}\frac{B+C}{2}=\operatorname{tg}\frac{A}{2}$$

En supprimant ce facteur commun, l'équation précédente se réduit à

$$\operatorname{tg}\frac{B-C}{2}=\frac{\alpha}{\alpha'}$$

Dès lors on connaît la somme et la différence des angles inconnus.

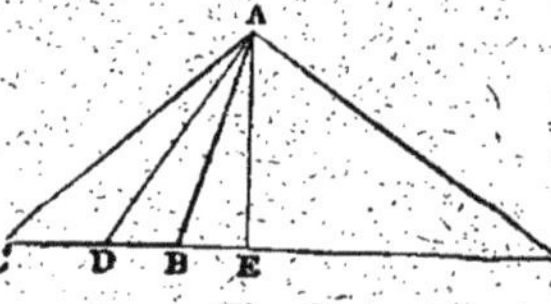

Fig. 65.

Solution géométrique. Sur les bissectrices d'un angle égal à A, portons les longueurs données

$$AD=\alpha,\quad AD'=\alpha'.$$

La droite DD' détermine le triangle ABC, qui répond à la question.

Le triangle rectangle DAD' donne

$$\alpha=\alpha'\operatorname{tg}D'$$

Or $$D'=\frac{B+C}{2}-C=\frac{B-C}{2}$$

Donc $$\operatorname{tg}\frac{B-C}{2}=\frac{\alpha}{\alpha'}$$

formule établie ci-dessus par le calcul.

12° *On donne un triangle* ABC, *dont les bissectrices intérieures rencontrent le cercle circonscrit en* A', B', C'; *on joint deux à deux ses points de rencontre. Résoudre le triangle* A', B', C'.

Même question, les points A', B', C' *étant les intersections du cercle circonscrit avec les hauteurs du triangle* ABC.

1° Les points B', C', étant les milieux des arcs AC et AB, on a, quant au nombre de degrés

$$A'=\frac{1}{2}\operatorname{arc}(AB'+AC')=\frac{C}{2}+\frac{B}{2}=90^\circ-\frac{A}{2}$$

De même $$B'=90^\circ-\frac{B}{2}\quad\text{et}\quad C'=90^\circ-\frac{C}{2}$$

Connaissant les angles du triangle A', B', C' et le rayon du cercle circonscrit, on est ramené à un problème connu.

2° On a, quant au nombre de degrés,

$$A'=\frac{1}{2}\operatorname{arc}(AB'+AC')=\frac{ABB'}{2}+\frac{ACC'}{2}=2\left(\frac{\pi}{2}-A\right)$$

Ainsi $$A'=\pi-2A,\quad B'=\pi-2B,\quad C'=\pi-2C$$

et l'on est encore ramené à la résolution d'un triangle dont on connaît les angles et le diamètre du cercle circonscrit.

CHAPITRE VIII

APPLICATIONS DIVERSES

§ I. — Quadrilatère inscriptible.

117. Résoudre un quadrilatère inscriptible, connaissant les quatre côtés a, b, c, d.

Calcul des angles. Soit ABCD un quadrilatère inscriptible ayant pour côtés

$$AB = a, \quad BC = b, \quad CD = c, \quad DA = d$$

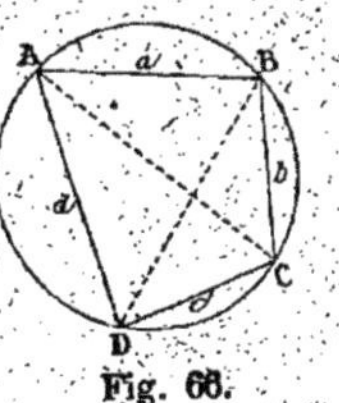

Fig. 66.

La diagonale BD détermine deux triangles BDA, BDC, qui donnent

$$\overline{BD}^2 = a^2 + d^2 - 2ad \cos A$$

$$\overline{BD}^2 = b^2 + c^2 - 2bc \cos C$$

Si l'on égale entre elles ces deux expressions, en observant que l'on a

$$A + C = 180° \quad \text{d'où} \quad \cos C = -\cos A$$

on obtient l'équation

$$a^2 + d^2 - 2ad \cos A = b^2 + c^2 + 2bc \cos A$$

d'où l'on tire $\cos A = \dfrac{a^2 + d^2 - b^2 - c^2}{2(ad + bc)}$ (1)

Cette formule n'est pas logarithmique, mais on en déduit

$$1 - \cos A = \frac{2ad + 2bc - a^2 - d^2 + b^2 + c^2}{2(ad + bc)} = \frac{(b+c)^2 - (a-d)^2}{2(ad + bc)}$$

c'est-à-dire

$$2 \sin^2 \frac{A}{2} = \frac{(b + c - a + d)(b + c + a - d)}{2(ad + bc)}$$

Si l'on pose $$a+b+c+d=2p$$
d'où
$$-a+b+c+d=2(p-a)$$
$$a+b+c-d=2(p-d) \quad \text{etc...}$$

La formule précédente devient

$$2\sin^2\frac{A}{2}=\frac{4(p-a)(p-d)}{2(ad+bc)}$$

d'où
$$\sin\frac{A}{2}=\sqrt{\frac{(p-a)(p-d)}{ad+bc}} \qquad (62)$$

De la même formule (1), on peut aussi déduire

$$1+\cos A=\frac{2ad+2bc+a^2+d^2-b^2-c^2}{2(ad+bc)}=\frac{(a+d)^2-(b-c)^2}{2(ad+bc)}$$

ou

$$2\cos^2\frac{A}{2}=\frac{(a+d+b-c)(a+d-b+c)}{2(ad+bc)}=\frac{4(p-b)(p-c)}{2(ad+bc)}$$

d'où
$$\cos\frac{A}{2}=\sqrt{\frac{(p-b)(p-c)}{ad+bc}} \qquad (63)$$

Enfin, si l'on divise membre à membre les formules (62) et (63), on obtient

$$\operatorname{tg}\frac{A}{2}=\sqrt{\frac{(p-a)(p-d)}{(p-b)(p-c)}} \qquad (64)$$

Un calcul tout semblable donnerait les expressions analogues de $\sin\frac{B}{2}$, $\cos\frac{B}{2}$ et $\operatorname{tg}\frac{B}{2}$.

Connaissant les angles A et B, on peut en déduire les suppléments C et D.

118. *Surface du quadrilatère inscriptible.* L'aire S du quadrilatère ABCD est la somme des aires des triangles BDA et BDC, c'est-à-dire

$$S=\frac{1}{2}ad\sin A+\frac{1}{2}bc\sin C$$

ou, en remplaçant sin C par son égal sin A ou $2\sin\frac{A}{2}\cos\frac{A}{2}$

$$S=(ad+bc)\sin\frac{A}{2}\cos\frac{A}{2}$$

Eu égard aux formules (62) et (63), cette expression devient

$$S=(ad+bc)\sqrt{\frac{(p-a)(p-b)(p-c)(p-d)}{(ad+bc)^2}}$$

ou simplement

$$S = \sqrt{(p-a)(p-b)(p-c)(p-d)} \qquad (65)$$

Remarque. Si le quadrilatère est à la fois inscrit et circonscrit, cette dernière propriété entraîne l'égalité des deux sommes de côtés opposés.

On a
$$a + c = b + d = p$$
et l'expression de la surface devient
$$S = \sqrt{abcd}$$

119. *Diagonales du quadrilatère inscriptible.* L'élimination de cos A entre les deux relations

$$\overline{BD}^2 = a^2 + d^2 - 2ad \cos A$$
$$\overline{BD}^2 = b^2 + c^2 + 2bc \cos A$$

donne
$$\frac{\overline{BD}^2 - b^2 - c^2}{bc} = \frac{a^2 + d^2 - \overline{BD}^2}{ad}$$

équation d'où l'on tire

$$BD = \sqrt{\frac{(ab + cd)(ac + bd)}{ad + bc}} \qquad (66)$$

On obtient de même

$$AC = \sqrt{\frac{(ad + bc)(ac + bd)}{ab + cd}} \qquad (67)$$

Théorèmes de Ptolémée. Dans tout quadrilatère inscriptible :

1° *Le produit des diagonales est égal à la somme des produits des côtés opposés.*

2° *Les diagonales sont proportionnelles aux sommes des produits des côtés qui concourent avec elles.*

En effet, si l'on multiplie les formules (66) et (67) et qu'on les divise ensuite membre à membre, on obtient respectivement

$$AC \times BD = ac + bd$$

et
$$\frac{AC}{BD} = \frac{ad + bc}{ab + cd}$$

120. *Rayon du cercle circonscrit au quadrilatère.* Le rayon R du cercle circonscrit au quadrilatère ABCD, et par suite au triangle ABC, est donné par

$$2R = \frac{BD}{\sin A} = \frac{BD}{2 \sin \frac{A}{2} \cos \frac{A}{2}}$$

d'où, en remplaçant BD, sin $\frac{A}{2}$ et cos $\frac{A}{2}$ par leurs valeurs en fonction des côtés,

$$R=\frac{\sqrt{(ab+cd)(ac+bd)(ad+bc)}}{4\sqrt{(p-a)(p-b)(p-c)(p-d)}} \qquad (68)$$

§ II. — Exercices de Géométrie plane.

1° Surface d'un parallélogramme. *La surface d'un parallélogramme est égale au produit de deux côtés consécutifs par le sinus de l'angle qu'ils comprennent.*

En effet, le parallélogramme ABCD est partagé par la diagonale BD en deux triangles équivalents.

Si l'on pose $AB=m$ et $AD=n$, on a donc

$$ABCD=2.BAD=mn\sin A$$

2° Surface d'un quadrilatère quelconque. *La surface d'un quadrilatère est égale à la moitié du produit de ses diagonales multiplié par le sinus de l'angle qu'elles forment.*

Soient S la surface d'un quadrilatère ABCD, dont on connaît les diagonales $AC=m$, $BD=n$ et l'angle O qu'elles font entre elles.

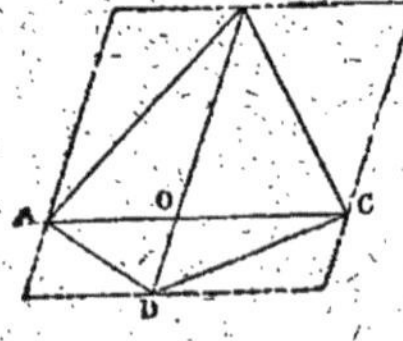

Fig. 67.

La surface S est la somme des quatre triangles OAB, OBC, OCD, ODA; mais on l'obtient plus simplement comme il suit.

Les parallèles menées aux diagonales par les sommets opposés déterminent un parallélogramme dont la surface est double de la surface du quadrilatère. Or les côtés de ce parallélogramme sont égaux aux diagonales m, n, et l'un de ses angles est égal à l'angle aigu O.

Donc on a
$$2S=mn\sin O$$
d'où
$$S=\frac{1}{2}mn\sin O$$

3° Surface d'un polygone régulier. *Calculer la surface d'un polygone régulier de* n *côtés, en fonction : 1° du rayon* R *du cercle circonscrit ; 2° du côté* c *; 3° de l'apothème* a.

La surface S du polygone régulier ABCD..., de centre O, est la somme de n triangles égaux à OAB :

$$S=n.OAB$$

L'angle au centre, AOB, est égal à $\frac{2\pi}{n}$.

1° On a $$OAB = \frac{1}{2} OA . OB \sin AOB$$
$$= \frac{R^2}{2} \sin \frac{2\pi}{n}$$

Donc $$S = \frac{n}{2} R^2 \sin \frac{2\pi}{n}$$

2° Traçons l'apothème OM.

On a $$OM = AM \operatorname{cotg} AOM = \frac{c}{2} \operatorname{cotg} \frac{\pi}{n}$$

Ainsi, $$AOB = \frac{1}{2} AB . OM = \frac{c^2}{4} \operatorname{cotg} \frac{\pi}{n}$$

Donc $$S = \frac{n}{4} c^2 \operatorname{cotg} \frac{\pi}{n}$$

3° On a $$AB = 2AM = 2OM \operatorname{tg} AOM = 2a \operatorname{tg} \frac{\pi}{n}$$

Donc $$AOB = \frac{1}{2} AB . OM = a^2 \operatorname{tg} \frac{\pi}{n}$$

et enfin $$S = na^2 \operatorname{tg} \frac{\pi}{n}$$

4° *Si par un point quelconque pris dans le plan d'un triangle on mène des parallèles aux trois côtés, on forme trois parallélogrammes et trois triangles. Démontrer que le produit des parallélogrammes égale 8 fois celui des triangles.*

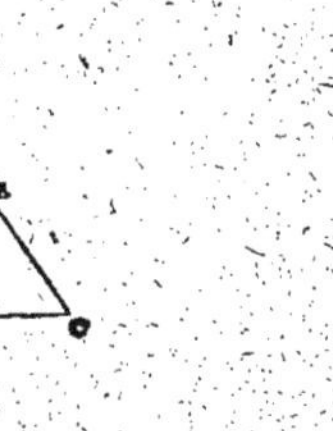

Fig. 68.

Soit le triangle ABC.

Appelons α, β, γ les angles des triangles autour du point I ; les angles des parallélogrammes leur sont respectivement égaux comme opposés par le sommet.

En appelant a et a' les segments de DE, b et b' les segments de FG et c, c' ceux de HK, les surfaces des triangles sont :

$$\frac{1}{2} ab \sin \alpha, \quad \frac{1}{2} a'c \sin \beta \quad \text{et} \quad \frac{1}{2} b'c' \sin \gamma$$

leur produit égale donc $\frac{1}{8} aa'bb'cc' \sin \alpha \sin \beta \sin \gamma$.

Les surfaces des parallélogrammes sont :

$$ab \sin \alpha, \quad a'c \sin \beta \quad \text{et} \quad b'c' \sin \gamma$$

leur produit est donc $aa'\, bb'\, cc' \sin \alpha \sin \beta \sin \gamma$. C'est 8 fois le produit précédent.

5° *Calculer les diagonales d'un parallélogramme, connaissant leur angle* α *et les côtés* a *et* b *du parallélogramme* (a > b).

Soient x et y les demi-diagonales.

On a : $x^2+y^2-2xy\cos\alpha=b^2$ et $x^2+y^2+2xy\cos\alpha=a^2$;

d'où, soustrayant et ajoutant : $\left\{\begin{aligned} xy &= \frac{a^2-b^2}{4\cos\alpha}; \\ x^2+y^2 &= \frac{a^2+b^2}{2} \end{aligned}\right.$

on a donc à résoudre un système connu.

On en tire :

$$(x+y)^2=\frac{(a^2+b^2)\cos\alpha+a^2-b^2}{2\cos\alpha}=\frac{a^2(1+\cos\alpha)-b^2(1-\cos\alpha)}{2\cos\alpha}$$

ou
$$(x+y)^2=\frac{2a^2\cos^2\frac{\alpha}{2}-2b^2\sin^2\frac{\alpha}{2}}{2\cos\alpha};$$

d'où
$$x+y=\sqrt{\frac{a^2\cos^2\frac{\alpha}{2}-b^2\sin^2\frac{\alpha}{2}}{\cos\alpha}}$$

De même
$$x-y=\sqrt{\frac{b^2\cos^2\frac{\alpha}{2}-a^2\sin^2\frac{\alpha}{2}}{\cos\alpha}}$$

L'une des diagonales a pour valeur la somme des seconds membres, et l'autre leur différence.

Discussion. Pour que les valeurs de x et de y soient réelles, il faut que l'on ait :

$$b^2\cos^2\frac{\alpha}{2}-a^2\sin^2\frac{\alpha}{2}\geqq 0;\quad \text{d'où}\quad \frac{\sin^2\frac{\alpha}{2}}{\cos^2\frac{\alpha}{2}}\leqq\frac{b^2}{a^2},$$

ou
$$\operatorname{tg}\frac{\alpha}{2}\leqq\frac{b}{a}.$$

Si $\operatorname{tg}\frac{\alpha}{2}=\frac{b}{a}$, le second radical est nul, et $x=y$;

d'ailleurs $\sin\frac{\alpha}{2}=\frac{\operatorname{tg}\frac{\alpha}{2}}{\sqrt{1+\operatorname{tg}^2\frac{\alpha}{2}}}=\frac{b}{\sqrt{a^2+b^2}}$

et $\cos\frac{\alpha}{2}=\frac{1}{\sqrt{1+\operatorname{tg}^2\frac{\alpha}{2}}}=\frac{a}{\sqrt{a^2+b^2}}$; $2x=2y=\sqrt{a^2+b^2}$,

le parallélogramme est un rectangle.

Si, dans la valeur précédente, $a=b$, on a $2x=2y=a\sqrt{2}$, le rectangle devient un carré.

Si l'on fait en même temps $\operatorname{tg}\frac{\alpha}{2}=\frac{b}{a}$ et $b=a$, $2x$ et $2y$ se présentent sous la forme indéterminée $\frac{0}{0}$. Cette indétermination est réelle, car α est droit, et les quatre côtés sont égaux ; la figure est un *losange*, les diagonales peuvent donc croître sans cesser d'être perpendiculaires et sans que les côtés varient.

6° *Calculer la distance du milieu d'un côté d'un triangle à la droite qui joint les pieds des hauteurs issues de ses extrémités.*

Soit le triangle ABC. Les pieds des hauteurs issues des points B et C sont sur la circonférence qui a pour diamètre $BC = a$.

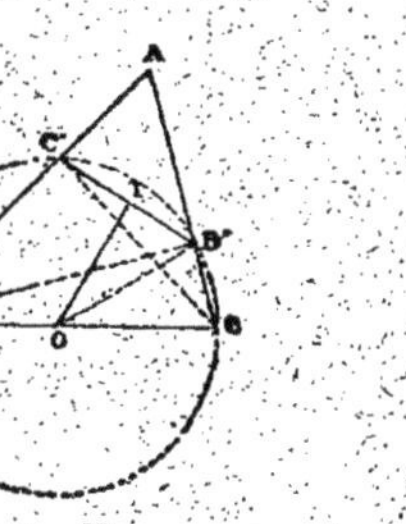

Fig. 69.

La distance cherchée $OI = \sqrt{\overline{OB'}^2 - \overline{B'I}^2}$

Or, à cause du triangle isocèle OB'C et du quadrilatère inscriptible BC'B'C, l'angle OB'C égale C et l'angle AB'C' égale B ; donc OB'I égale A, et le triangle rectangle OB'I donne

$$IB' = OB' \cos OB'I = \frac{a}{2} \cos A$$

Donc $$OI = \sqrt{\frac{a^2}{4} - \frac{a^2}{4} \cos^2 A} = \frac{a}{2} \sin A$$

7° *Calculer la distance de l'un des sommets d'un triangle au point de concours des hauteurs.*

Soit H le point de concours des hauteurs AA' et BB'.

Les triangles semblables AHB' et BCB' donnent la proportion

$$\frac{AH}{BC} = \frac{AB'}{BB'}$$

Mais, dans le triangle rectangle ABB', on a

$$AB' = BB' \operatorname{cotg} A$$

Ainsi $$\frac{AH}{a} = \operatorname{cotg} A$$

Donc $$AH = a \operatorname{cotg} A = 2R \cos A$$

8° *Soit* ABC *un triangle dont on connaît les divers éléments, côtés et angles. Sur* AC *comme diamètre on construit une circonférence qui rencontre en* D *le côté* AB *et en* E *le côté* BC. *On tire* DE ; *cette droite rencontre en un point* M *le côté* AC. *Déterminer la position du point* M *sur ce côté* AC, *en fonction des éléments du triangle donné.* (Bordeaux, novembre 1892.)

Le point M est déterminé numériquement par sa distance à l'une des extrémités de AC, ou par sa distance au milieu O de ce côté.

Posons $MA = x$, $MC = y$, $MO = z$

d'où $$y - x = b$$
$$x + y = 2z$$

Les angles MDA, MCE ayant même mesure, le triangle ADM donne la relation des sinus

$$\frac{\mathrm{AM}}{\sin \mathrm{C}} = \frac{\mathrm{AD} \text{ ou } b \cos \mathrm{A}}{\sin(\mathrm{A}-\mathrm{C})}$$

d'où

$$x = \frac{b \sin \mathrm{C} \cos \mathrm{A}}{\sin(\mathrm{A}-\mathrm{C})}$$

On trouve de même, à l'aide du triangle MCE,

$$y = \frac{b \sin \mathrm{A} \cos \mathrm{C}}{\sin(\mathrm{A}-\mathrm{C})}$$

et, par suite,

$$z = \frac{x+y}{2} = \frac{b}{2} \cdot \frac{\sin(\mathrm{A}+\mathrm{C})}{\sin(\mathrm{A}-\mathrm{C})}$$

9° *Étant donné un cercle de rayon* R, *on mène un diamètre* AB *et deux cordes* AC, AD *faisant avec* AB *un angle* α. *Montrer que le quadrilatère* ACBD *peut être considéré comme circonscrit à un cercle. Calculer, en fonction de* R *et de* α, *le rayon* r *de ce cercle et la distance* d *de son centre au centre du cercle donné. Établir entre* R, r, d, *une relation indépendante de l'angle* α. (Caen, avril 1892.)

Les angles ACB, ADB étant symétriques par rapport au diamètre AB, leurs bissectrices se coupent sur cet axe de symétrie. Le point de concours I, équidistant des quatre côtés du quadrilatère, est le centre d'un cercle inscrit.

En abaissant sur CA, CB les perpendiculaires

$$\mathrm{IE} = \mathrm{IF} = r$$

on forme deux triangles rectangles AIE, BIF, qui donnent

$$r = (\mathrm{R}+d)\sin\alpha = (\mathrm{R}-d)\cos\alpha \qquad (1)$$

Résolvons ce système par rapport à d et r ; on trouve

$$d = \mathrm{R} \cdot \frac{1-\operatorname{tg}\alpha}{1+\operatorname{tg}\alpha}$$

et

$$r = \frac{2\mathrm{R}\sin\alpha}{1+\operatorname{tg}\alpha}$$

Pour obtenir entre R, r, d, une relation indépendante de α, il suffit d'éliminer α entre les équations (1). En appliquant l'identité

$$\sin^2\alpha + \cos^2\alpha = 1$$

il vient :

$$\frac{r^2}{(\mathrm{R}+d)^2} + \frac{r^2}{(\mathrm{R}-d)^2} = 1$$

10° *Connaissant l'angle* α *des diagonales d'un quadrilatère inscriptible et les deux segments* a, b, *de l'une de ces diagonales, déterminer les segments de l'autre, de manière que les produits des côtés opposés du quadrilatère soient égaux entre eux.*

Les diagonales AB, CD se coupent en un point O.

Posons

$$\widehat{AOC} = \alpha, \quad OA = a, \quad OB = b, \quad OC = x, \quad OD = y$$

Les propriétés imposées au quadrilatère se traduisent par les deux équations

$$xy = ab$$

$$AC \cdot BD = AD \cdot BC$$

Dans cette dernière élevée au carré, substituons

$$\overline{AC}^2 = x^2 + a^2 - 2ax \cos \alpha$$

$$\overline{BD}^2 = y^2 + b^2 - 2by \cos \alpha$$

$$\overline{AD}^2 = x^2 + b^2 + 2bx \cos \alpha$$

$$\overline{BC}^2 = y^2 + a^2 + 2ay \cos \alpha$$

L'équation obtenue, débarrassée des facteurs $(a+b)(x+y)$, se réduit à

$$x - y = \frac{4ab \cos \alpha}{a - b}$$

Les segments x et $-y$ sont donc les racines de l'équation

$$X^2 - \frac{4ab \cos \alpha}{a - b} \cdot X - ab = 0$$

En général, ils sont réels et distincts. Pour $\alpha = 90°$ et $a \pm b$, ils deviennent égaux en valeur absolue. Dans l'hypothèse $a = b$ et $\alpha \neq 90°$, le problème est *impossible*. Dans l'hypothèse $a = b$ et $\alpha = 90°$, il est *indéterminé*.

11° *Dans un quadrilatère convexe* ABCD *on donne deux côtés opposés* $AB = a$, $CD = b$, *les angles* B *et* D *droits tous les deux, et l'angle* A *que l'on suppose aigu. On demande de calculer les côtés* AD *et* BC *et la surface. Que faut-il pour que le quadrilatère soit possible avec les données ?* (Chambéry, 1886.)

1re SOLUTION. Prolongeons les côtés inconnus $BC = x$, $DA = y$, jusqu'à leur point de concours O; nous formons ainsi deux triangles rectangles ABO, CDO, qui donnent

$$x = OB - OC = a \operatorname{tg} A - \frac{b}{\cos A} = \frac{a \sin A - b}{\cos A}$$

et

$$y = OA - OD = \frac{a}{\cos A} - b \operatorname{tg} A = \frac{a - b \sin A}{\cos A}$$

Pour que ces valeurs conviennent, il suffit qu'elles soient positives, ce qui exige :

$$a > b \sin A \quad \text{et} \quad b < a \sin A$$

c'est-à-dire

$$\frac{b}{a} < \sin A < \frac{a}{b}$$

La surface du quadrilatère est la différence de deux triangles

$$S = OAB - OCD = \frac{a^2 - b^2}{2} \operatorname{tg} A$$

2e SOLUTION. Si l'on projette le contour ADCB sur sa résultante AB, on obtient l'équation

$$a = y \cos A + b \sin A \quad \text{d'où} \quad y = \frac{a - b \sin A}{\cos A},$$

De même, en projetant CBAD sur CD, on a

$$b = x \cos(\pi - A) + a \sin A \quad \text{d'où} \quad x = \frac{a \sin A - b}{\cos A}$$

La surface S est la somme de deux triangles,

$$S = ABD + BCD = \frac{ay + bx}{2} \sin A = \frac{a^2 - b^2}{2} \operatorname{tg} A$$

12° *On donne un cercle de rayon* R *et un point* A *dont la distance au centre* O *du cercle est* OA = a.

Aux points B *et* C, *où une sécante issue du point* A *rencontre le cercle, on mène les tangentes, qui se rencontrent en* D, *et l'on joint le point* D *au point* O *par une droite qui rencontre la sécante en* E.

Déterminer l'angle EAO = α *de façon que le rapport* $\frac{DE}{AE}$ *ait une valeur donnée* k.

On prendra comme inconnue la tangente de l'angle α, *et l'on examinera successivement l'hypothèse où le point donné* A *est à l'extérieur, puis à l'intérieur du cercle.* (Besançon, juillet 1892.)

Les triangles rectangles AOE, ODB, OBE donnent

$$\frac{AE}{\cos \alpha} = \frac{OE}{\sin \alpha} = a$$

et
$$\overline{ED} \cdot \overline{EO} = \overline{EB}^2 = R^2 - \overline{OE}^2$$

d'où
$$EB = \frac{R^2 - a^2 \sin^2 \alpha}{a \sin \alpha}$$

En tenant compte de ces valeurs et remplaçant sin α et cos α en fonction de tangente α, l'équation

$$\frac{DE}{AE} = k$$

devient
$$\frac{R^2 - a^2 \sin^2 \alpha}{a^2 \sin \alpha \cos \alpha} = k$$

puis
$$\frac{R^2 (1 + \operatorname{tg}^2 \alpha) - a^2 \operatorname{tg}^2 \alpha}{a^2 \operatorname{tg} \alpha} = k$$

et enfin
$$(R^2 - a^2) \operatorname{tg}^2 \alpha - k a^2 \operatorname{tg} \alpha + R^2 = 0$$

1° Si l'on a $a > R$, les racines, ayant un produit négatif, sont toujours réelles et de signes contraires.

Mais alors l'angle α est assujetti à une condition de grandeur. Les tangentes issues du point A font avec AO des angles λ et − λ, tels que

$$\operatorname{tg} \lambda = \frac{R}{\pm \sqrt{a^2 - R^2}}$$

Il faut donc que l'on ait

$$-\lambda < \alpha < \lambda$$

c'est-à-dire
$$\frac{-R}{\sqrt{a^2-R^2}} < \operatorname{tg} \alpha < \frac{R}{\sqrt{a^2-R^2}}$$

Or, f désignant le premier membre de l'équation, on trouve

$$f(\operatorname{tg} \lambda) = \frac{ka^2 R}{\sqrt{a^2-R^2}} \quad \text{et} \quad f(\operatorname{tg} - \lambda) = \frac{-ka^2 R}{\sqrt{a^2-R^2}}$$

résultats de signes contraires. Donc on a

$$\operatorname{tg} \alpha' < \operatorname{tg}(-\lambda) < 0 < \operatorname{tg} \alpha'' < \operatorname{tg} \lambda$$

Quand le point A est extérieur au cercle, le problème admet une solution et une seule, pour toute valeur de k.

2° Si l'on a $a < R$, toute racine réelle donne une solution. La condition de réalité

$$k^2 a^4 - 4R^2(R^2 - a^2) \geqq 0$$

exige que k soit extérieur à l'intervalle de

$$-\frac{2R}{a^2}\sqrt{R^2-a^2} \quad \text{à} \quad +\sqrt{R^2-a^2}$$

Quand le point A est intérieur au cercle, le nombre de solutions, suivant la valeur de k, peut égaler 2, 1 ou 0.

13° *Étant données trois droites parallèles* A, B, O, *et une perpendiculaire fixe* CD *comprises entre les deux premières, étudier les variations de l'angle* COD *quand le point* O *se déplace sur la troisième droite.* (Paris, juillet 1893.)

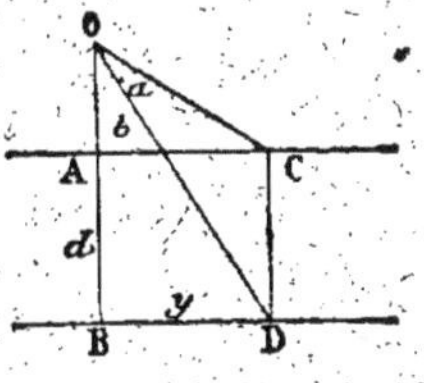

Fig. 70.

Du point mobile abaissons la perpendiculaire OAB sur les droites fixes. Posons

$$OA = h, \quad AB = CD = d, \quad BD = AC = y,$$
$$AOC = a, \quad BOD = b \quad \text{et} \quad COD = x$$

On a
$$\operatorname{tg} a = \frac{y}{h}, \quad \operatorname{tg} b = \frac{y}{h+d}$$

et, par suite,

$$\operatorname{tg} x = \operatorname{tg}(a-b) = \frac{\operatorname{tg} a - \operatorname{tg} b}{1 + \operatorname{tg} a \operatorname{tg} b} = \frac{dy}{h(h+d)+y^2}$$

Cette fonction s'annule pour $y = 0$ et tend vers zéro pour $y = \infty$. Cherchons ses valeurs maxima et minima.

En résolvant l'équation par rapport à y on obtient

$$y = \frac{d \pm \sqrt{d^2 - 4h(d+h)\operatorname{tg}^2 x}}{2 \operatorname{tg} x}$$

Mais cette variable y étant toujours réelle, on a

$$d^2 - 4h(d+h)\,\mathrm{tg}^2 x \geqq 0$$

Ainsi, tg x est intérieure à l'intervalle

$$\frac{-d}{2\sqrt{h(d+h)}} \qquad \frac{+d}{2\sqrt{h(d+h)}}$$

La première de ces limites est un minimum qui a lieu pour

$$y = -\sqrt{h(d+h)}$$

la seconde est un maximum qui correspond à $y = \sqrt{h(d+h)}$.

L'angle x variant toujours dans le même sens que sa tangente, il est facile d'en suivre les variations :

Quand y croît de $-\infty$ à $-\sqrt{h(d+h)}$ puis jusqu'à zéro, l'angle x décroît à partir de zéro, jusqu'à un minimum négatif, puis croît depuis ce minimum jusqu'à zéro. Lorsque y croît de 0 à $\sqrt{h(d+h)}$, puis jusqu'à $+\infty$, l'angle x croît de zéro jusqu'à son maximum, puis décroît et tend vers zéro.

14° *Soit* TT′ *la tangente en* A *au cercle* O. *On mène le diamètre* BC *et on abaisse les perpendiculaires* BB′, CC′ *sur la tangente* TT′. *Déterminer la position du diamètre* BC *de manière que la surface totale du tronc de cône engendré par le trapèze* BCB′C′ *en tournant autour de la tangente soit dans un rapport donné* m *avec la surface du cercle* O. (Montpellier, avril 1892.)

Si l'on désigne par x l'angle AOC, les rayons des bases et la surface totale du tronc peuvent s'écrire

$$CC' = R - R\cos x$$

$$BB' = R + R\cos x$$

$$\pi R^2(1+\cos x)^2 + \pi R^2(1-\cos x)^2 + \pi . 2R . 2R$$

En égalant à m le rapport de cette surface à celle du cercle de rayon R, on obtient l'équation

$$(1+\cos x)^2 + (1-\cos x)^2 + 4 = m \qquad (1)$$

d'où l'on tire
$$\cos x = \pm\sqrt{\frac{m-6}{2}}$$

Pour que ce nombre soit acceptable, il faut et il suffit qu'il soit réel et compris entre -1 et $+1$, c'est-à-dire que l'on ait

$$0 \leqq \frac{m-6}{2} \leqq 1$$

ce qui revient à
$$6 \leqq m \leqq 8$$

Au minimum, $m = 6$; alors $x = 90°$, et le tronc de cône devient un cylindre de rayon R.

Au maximum, $m = 8$; alors $x = 0°$ ou $180°$, et la surface latérale du tronc dégénère en un cercle de rayon 2R, qui coïncide avec la grande base.

A chaque valeur de m comprise entre 6 et 8 correspondent quatre valeurs d'x comprises entre 0° et 360°.

15° *De tous les trapèzes de même hauteur* h *inscrits dans un cercle de rayon donné* R, *quel est celui qui a la plus grande surface ?*

Soient AB et CD les bases d'un trapèze de hauteur h, inscrit au cercle O. Menons le diamètre MN perpendiculaire à ces bases et désignons par x et y les angles formés par les rayons OB, OD qui aboutissent aux extrémités de l'un des côtés obliques avec les rayons opposés OM et ON. Les demi-bases sont

$$R \sin x \quad \text{et} \quad R \sin y$$

La surface a donc pour expression

$$S = Rh(\sin x + \sin y) \tag{1}$$

Les distances du centre aux bases AB et CD sont

$$R \cos x \quad \text{et} \quad R \cos y$$

de sorte que l'on a $\qquad h = R(\cos x + \cos y) \qquad (2)$

Additionnons les équations (1) et (2) membre à membre, après avoir élevé chacune d'elles au carré, il vient :

$$\frac{S^2}{R^2 h^2} + \frac{h^2}{R^2} = 2\left\{1 + \cos(x - y)\right\}$$

d'où $\qquad S^2 = R^2 h^2 \left\{2 - \frac{h^2}{R^2} + 2\cos(x - y)\right\}$

La surface S est maximum en même temps que son carré et, par suite, en même temps que $\cos(x - y)$, c'est-à-dire lorsqu'on a

$$\cos(x - y) = 1 \quad \text{d'où} \quad x = y$$

Le trapèze prend alors la forme d'un rectangle, et sa surface devient

$$S = 2h\sqrt{R^2 - \frac{h^2}{4}}$$

16° *Par les sommets d'un triangle* ABC *dont les côtés* a, b, c, *sont donnés, on trace trois rayons* AC'B', BA'C', CBA' *faisant avec les côtés* BC, CA, AB, *respectivement opposés aux sommets d'où ils partent, et dans le même sens, un même angle* x. *Trouver les côtés et la surface du triangle* A'B'C' *formé par ces trois rayons ; en déterminer, quand* x *varie, les maximums et les minimums.* (Rennes, avril 1890.)

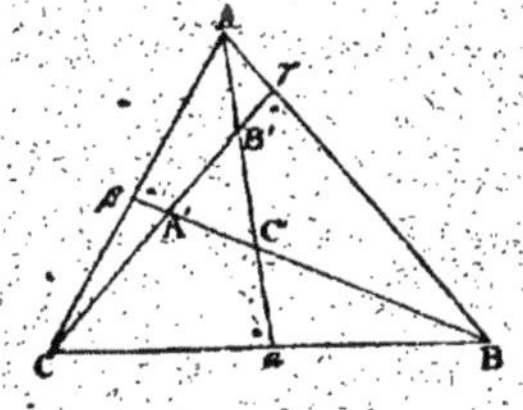

Fig. 71.

Soient A', B', C' ; a', b', c' ; S', les angles, les côtés et la surface du triangle formé par les trois rayons. Désignons par α, β, γ, les intersections respectives des côtés BC, CA, AB, avec les rayons B'C', C'A', A'B'. Chacun des quadrilatères

$$A\gamma A'\beta, \qquad B\alpha B'\gamma, \qquad C\beta C'\alpha$$

est inscriptible, comme ayant deux angles opposés supplémentaires, x et $180 - x$. Donc leurs angles extérieurs A', B', C', sont respectivement égaux aux angles intérieurs opposés :

$$A' = A, \quad B' = B, \quad C' = C$$

Les triangles ABC, A'B'C', étant équiangles, tout revient à calculer leur rapport de similitude.

Dans le cas de la figure on a

$$a' = AC' - AB'$$

Les triangles A'C'B, AB'C donnent

$$\frac{AC'}{\sin ABC'} = \frac{c}{\sin C'} \quad \text{et} \quad \frac{AB'}{\sin ACB'} = \frac{b}{\sin B'}$$

c'est-à-dire, en remplaçant les angles par leurs valeurs et remarquant que les deux seconds membres sont égaux à $\frac{a}{\sin A}$

$$\frac{AC'}{\sin(x + A)} = \frac{AB'}{\sin(x - A)} = \frac{a}{\sin A}$$

d'où, en retranchant les deux premières fractions terme à terme et rendant logarithmique la différence de deux sinus

$$\frac{a'}{2 \sin A \cos x} = \frac{a}{\sin A}$$

d'où enfin
$$\frac{a'}{a} = \frac{b'}{b} = \frac{c'}{c} = 2 \cos x$$

et, par suite,
$$\frac{S'}{S} = 4 \cos^2 x$$

Ainsi, les côtés du triangle A'B'C' varient comme $\cos x$, et sa surface comme $\cos^2 x$.

L'angle x croissant de 0° à 90°, puis à 180°, le côté a' décroît de $2a$ à 0, puis à $-2a$; la surface S' décroît d'abord de 4S à 0, puis elle croît de 0 à 4S.

Pour $x = 0°$, et pour $x = 180°$, les rayons mobiles deviennent parallèles aux côtés AB, BC, CA, et le triangle A'B'C' se compose de quatre triangles égaux à ABC.

Pour $x = 90°$, les rayons coïncident avec les hauteurs du triangle ABC, et le triangle A'B'C' se réduit à un point. Lorsque x traverse la valeur 90°, chacun des côtés a', b', c', s'annule en changeant de signe.

17° **Théorème.** *Dans un triangle isocèle, la somme des distances de la base aux deux autres côtés est constante.*

Soient la base a et les angles adjacents $B = C$; si un point M divise la base en deux segments x et $a - x$, ses distances aux côtés égaux ont pour somme

$$x \sin B + (a - x) \sin B = a \sin B$$

Donc cette somme est constante et égale à la hauteur issue de l'une des extrémités de la base.

18° Théorème. *Toute corde du cercle circonscrit à un triangle rectangle, issue du sommet de l'angle droit, est égale à la somme algébrique des projections des côtés de l'angle droit sur sa direction.*

Soient un triangle rectangle ABC; désignons par x l'angle formé par une corde AM avec le côté AB. Il faut démontrer que l'on a

$$AM = AB \cos x + AC \sin x \qquad (1)$$

On a $\quad \text{Arc } BM = 2x, \quad \text{arc } AB = 2C, \quad \text{arc } AC = 2B$

d'où $\quad \text{Arc } AM = 2C + 2x.$

Par suite (n° 31),

$$AM = 2R \sin(C + x), \quad AB = 2R \sin C, \quad AC = 2R \sin B = 2R \cos C$$

La relation (1) devient

$$2R \sin(C + x) = 2R \sin C \cos x + 2R \cos C \sin x$$

c'est une identité.

19° Théorème de Ménélaüs. *Toute transversale située dans le plan d'un triangle détermine sur les côtés six segments, tels que le produit de trois d'entre eux n'ayant pas d'extrémité commune est égal au produit des trois autres.*

Soient le triangle ABC et la transversale A'B'C'.

Désignons par α, β, γ les angles formés par cette transversale avec les côtés a, b, c, qu'elle coupe respectivement en A', B', C'.

Les triangles AB'C', BC'A', CA'B' donnent les relations des sinus

$$\frac{AB'}{AC'} = \frac{\sin \gamma}{\sin \beta}; \quad \frac{BC'}{BA'} = \frac{\sin \alpha}{\sin \gamma}; \quad \frac{CA'}{CB'} = \frac{\sin \beta}{\sin \alpha}$$

En multipliant ces trois relations membre à membre, on obtient

$$\frac{AB' \cdot BC' \cdot CA'}{AC' \cdot BA' \cdot CB'} = \frac{\sin \alpha \sin \beta \sin \gamma}{\sin \alpha \sin \beta \sin \gamma} = 1$$

d'où $\quad AB' \cdot BC' \cdot CA' = AC' \cdot BA' \cdot CB' \qquad$ C. Q. F. D.

20° Théorème. *Pour tout point pris sur la circonférence circonscrite à un triangle équilatéral, la distance de ce point au sommet le plus éloigné est égale à la somme de ses distances aux deux autres sommets.*

Soient un triangle équilatéral inscrit ABC et un point M pris sur l'arc AB. Il faut établir la relation

$$MC = MA + MB$$

Posons

$$\text{arc } AM = x, \quad \text{d'où} \quad \text{arc } MB = 120° - x \quad \text{et} \quad \text{arc } MC = 120° + x$$

La relation précédente peut s'écrire :

$$\text{corde } (120° + x) = \text{corde } x + \text{corde } (120° - x)$$

ou encore (n° 31) :

$$2R \sin\left(60^\circ + \frac{x}{2}\right) = 2R \sin\frac{x}{2} + 2R \sin\left(60^\circ - \frac{x}{2}\right)$$

ou enfin $\sin\left(60^\circ + \frac{x}{2}\right) = \sin\frac{x}{2} + \sin\left(60^\circ - \frac{x}{2}\right)$

Or le second membre peut être remplacé par le produit

$$2 \sin 30^\circ \cos\left(30^\circ - \frac{x}{2}\right)$$

$\sin 30^\circ = \frac{1}{2}$ et le cosinus de $\left(30^\circ - \frac{x}{2}\right)$ égale le sinus du complément $\left(60^\circ + \frac{x}{2}\right)$.

Donc la relation considérée est une identité.

21° **Propriété d'un faisceau de quatre droites.** *Si quatre droites fixes, issues d'un point* O, *sont coupées par une transversale en des points* A, B, M, N, *le rapport*

$$\frac{MA}{MB} : \frac{NA}{NB}$$

a une valeur constante, quelle que soit la transversale considérée.

Les triangles OMA, OMB donnent les relations

$$\frac{MA}{MO} = \frac{\sin MOA}{\sin A}; \quad \frac{MO}{MB} = \frac{\sin B}{\sin MOB}$$

d'où, en multipliant membre à membre

$$\frac{MA}{MB} = \frac{\sin MOA \cdot \sin B}{\sin MOB \cdot \sin A}$$

On trouve de même, à l'aide des triangles ONA, ONB,

$$\frac{NA}{NB} = \frac{\sin NOA \cdot \sin B}{\sin NOB \cdot \sin A}$$

En divisant membre à membre ces deux dernières relations, on obtient $\frac{MA}{MB} : \frac{NA}{NB} = \frac{\sin MOA}{\sin MOB} : \frac{\sin NOA}{\sin NOB}$

rapport indépendant de la transversale considérée.

Ce rapport constant est dit le *rapport anharmonique* des quatre droites concourantes OA, OB, OM, ON, ou des quatre points en ligne droite A, B, M, N.

§ III. — Exercices de Géométrie dans l'espace.

1° *Trouver le rapport des volumes engendrés par un parallélogramme tournant successivement autour de ses côtés* a *et* b.

Soit α l'angle des côtés du parallélogramme. Quand l'axe de rotation est le côté a, le volume engendré est

$$V_a = \pi a b^2 \sin^2 \alpha\,;$$

quand l'axe de rotation est le côté b, le volume engendré est

$$V_b = \pi a^2 b \sin^2 \alpha\,;$$

donc

$$\frac{V_a}{V_b} = \frac{b}{a}.$$

Les volumes sont en raison inverse des axes de rotation.

2° *Calculer la surface et le volume engendrés par un demi-polygone régulier inscrit d'un nombre pair de côtés tournant autour du diamètre du cercle circonscrit.*

Soit $2n$ le nombre des côtés.

1° La surface cherchée égale la circonférence inscrite multipliée par la projection du contour sur l'axe. Donc

$$S = 2\pi r \,.\, 2R, \text{ et comme } r = R\cos\frac{\pi}{n},\ S = 4\pi R^2 \cos\frac{\pi}{n}.$$

2° Le volume égale la surface décrite multipliée par le tiers du rayon de la circonférence inscrite. Donc

$$V = \frac{4}{3}\pi R^3 \cos^2\frac{\pi}{n}.$$

Si n tend vers l'infini, $\frac{\pi}{n}$ tend vers zéro et son cos tend vers l'unité, donc à la limite :

$$\left.\begin{aligned} S &= 4\pi R^2 \\ V &= \frac{4}{3}\pi R^3 \end{aligned}\right\}\ \text{formules relatives à la sphère.}$$

3° *Dans une sphère du rayon* R *mener un plan sécant* AB *tel que* 1° *la surface de la calotte égale la surface latérale du cône* AOB, 2° *le volume du segment égale celui du cône.*

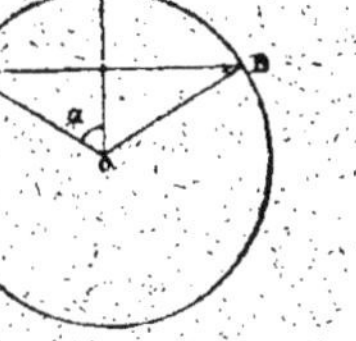

Fig. 72.

Soit α le demi-angle au sommet du cône.

1° La surface latérale du cône est $\pi R^2 \sin\alpha$, celle de la calotte est

$$2\pi R^2 (1 - \cos\alpha)$$

d'où $$\sin\alpha = 2(1 - \cos\alpha)$$

ou $$1 - \cos^2\alpha = 4(1 - \cos\alpha)^2$$

ou $$(1 + \cos\alpha)(1 - \cos\alpha) = 4(1 - \cos\alpha)$$

En supprimant le facteur commun $1 - \cos\alpha$, correspondant à la solution $\alpha = 0$, il reste

$$\cos\alpha = \frac{3}{5}$$

2° Le volume du cône est $\frac{1}{3}\pi R^3 \sin^2\alpha \cos\alpha$

celui du segment est $\pi R^3 (1 - \cos\alpha)^2 (2 + \cos\alpha)$

d'où $$\sin^2\alpha \cos\alpha = (1 - \cos\alpha)^2 (2 + \cos\alpha)$$

ou $$(1 - \cos\alpha)(1 + \cos\alpha)\cos\alpha = (1 - \cos\alpha)^2 (2 + \cos\alpha)$$

ou $$(1 + \cos\alpha)\cos\alpha = (1 - \cos\alpha)(2 + \cos\alpha)$$

ou enfin $$2\cos^2\alpha + 2\cos\alpha - 2 = 0$$

$$\cos\alpha = \frac{1}{2}(-1 \pm \sqrt{5})$$

La racine négative étant à rejeter, la valeur de $\cos\alpha$ égale la plus grande partie du rayon divisé en moyenne et extrême raison.

4° *Circonscrire à une demi-sphère de rayon* R *un cône droi ayant sa base sur le plan diamétral et dont la surface latérale soit minimum.*

En appelant α le demi-angle au sommet, on voit sans difficulté que le rayon du cône $R' = \frac{R}{\cos\alpha}$ et que sa génératrice est $\frac{R'}{\sin\alpha} = \frac{R}{\sin\alpha\cos\alpha}$; donc la surface latérale est $\frac{\pi R^2}{\sin\alpha\cos^2\alpha}$.

Le minimum de cette expression correspond au maximum de $\sin\alpha\cos^2\alpha$ ou de son carré, qu'on peut écrire $\sin^2\alpha(1 - \sin^2\alpha)^2$. C'est un produit de deux facteurs dont la somme est constante ; le minimum cherché correspond à $3\sin^2\alpha = 1$, d'où $\sin\alpha = \frac{\sqrt{3}}{3}$.

5° *Circonscrire à un demi-cercle de rayon* R *un trapèze isocèle* ABCD *tel que le volume qu'il engendre en tournant autour de* AD *soit au volume de la sphère engendrée par le demi-cercle dans un rapport donné* m.

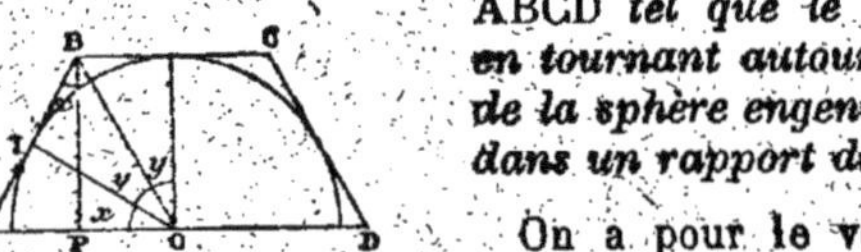

Fig. 73.

On a pour le volume engendré par le trapèze $V = \frac{2}{3}\pi R^2 (3OP + AP)$

Or $OP = R\,\mathrm{tg}\,y$ et à cause de $2y + x = 90°$

$$OP = R\,\mathrm{tg}\left(45° - \frac{x}{2}\right) = R\frac{1 - \mathrm{tg}\frac{x}{2}}{1 + \mathrm{tg}\frac{x}{2}}$$

$$AP = R\,\mathrm{tg}\,x = \frac{2R\,\mathrm{tg}\frac{x}{2}}{1-\mathrm{tg}^2\frac{x}{2}}$$

donc
$$V = \frac{2}{3}\pi R^3\left(3\,\frac{1-\mathrm{tg}\frac{x}{2}}{1+\mathrm{tg}\frac{x}{2}} + \frac{2\,\mathrm{tg}\frac{x}{2}}{1-\mathrm{tg}^2\frac{x}{2}}\right)$$

$$= \frac{2}{3}\pi R^3\,\frac{3\,\mathrm{tg}^2\frac{x}{2} - 4\,\mathrm{tg}\frac{x}{2} + 3}{1-\mathrm{tg}^2\frac{x}{2}}$$

Le volume de la sphère étant $\frac{4}{3}\pi R^3$, l'équation du problème est

$$3\,\mathrm{tg}^2\frac{x}{2} - 4\,\mathrm{tg}\frac{x}{2} + 3 = 2m\left(1-\mathrm{tg}^2\frac{x}{2}\right)$$

ou
$$(3+2m)\,\mathrm{tg}^2\frac{x}{2} - 4\,\mathrm{tg}\frac{x}{2} + 3 - 2m = 0$$

$$\mathrm{tg}\frac{x}{2} = \frac{2 \pm \sqrt{4m^2-5}}{2m+3}$$

Discussion. La condition de réalité des racines est $4m^2 \geq 5$ ou $m \geq \frac{\sqrt{5}}{2}$. 1° Si l'on a $m > \frac{\sqrt{5}}{2}$, les racines sont réelles et inégales. Dans ce cas, si $3-2m<0$, ou $m>\frac{3}{2}$, les racines sont de signes contraires, une seule convient; si $3-2m>0$ ou $m<\frac{3}{2}$, les racines sont positives, il y a deux solutions.

2° Si l'on a : $m = \frac{\sqrt{5}}{2}$, les racines sont réelles et égales, m atteint sa valeur minimum.

3° Si l'on a : $m < \frac{\sqrt{5}}{2}$, les racines sont imaginaires, le problème est alors impossible.

6° **Théorème.** *L'aire de la projection d'un triangle sur un plan est égale à la surface du triangle multipliée par le cosinus de l'angle que son plan forme avec le plan de projection.*

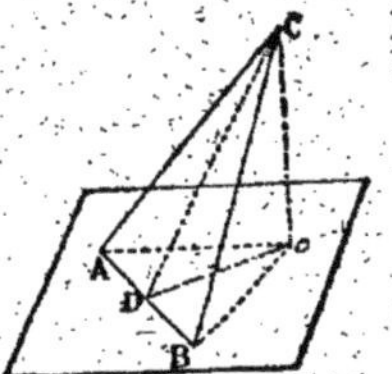

Fig. 74.

En effet, supposons en premier lieu qu'un triangle ABC a l'un de ses côtés AB parallèle au plan de projection; on peut alors supposer que le plan de projection passe par AB. Du sommet C abaissons sur le plan une perpendiculaire Cc, et de son pied une perpendiculaire cD sur AB; si l'on joint CD, cette droite sera la hauteur du triangle ABC, et l'angle $CDc = \alpha$ sera l'angle des deux plans.

Or $$cD = CD \cos \alpha$$

donc $$\frac{AB \times cD}{2} = \frac{AB \times CD}{2} \cos \alpha$$

c'est-à-dire $$\text{surf. } ABc = \text{surf. } ABC \times \cos \alpha$$

Supposons en second lieu que le triangle n'ait aucun côté parallèle au plan de projection; on peut alors supposer que le plan passe par le sommet A le plus bas. Prolongeons CB jusqu'à sa rencontre en I avec le plan de projection. Les triangles AIc et AIb sont les projections des triangles AIC et AIB, et l'on a, d'après le cas précédent,

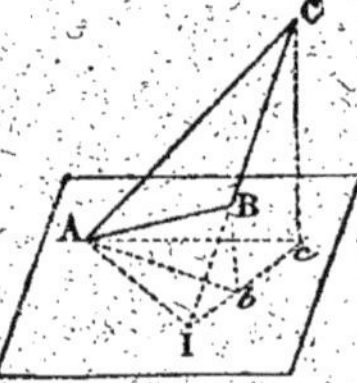

Fig. 75.

$$\text{AI}c = \text{AIC} \times \cos \alpha$$

et $$\text{AI}b = \text{AIB} \times \cos \alpha$$

donc, en soustrayant, $$\text{A}bc = \text{ABC} \times \cos \alpha$$

Le théorème, étant démontré pour un triangle, s'étend à un polygone quelconque, que l'on peut toujours décomposer en triangles; il s'applique enfin à une surface plane terminée par une courbe quelconque.

Donc, en général : *L'aire de la projection d'une surface quelconque sur un plan égale cette surface multipliée par le cosinus de l'angle que son plan forme avec le plan de projection.*

7° **Théorème.** *La somme des carrés des projections d'une aire plane sur trois plans rectangulaires est égale au carré de cette aire.*

En effet, soient S la surface considérée et α, β, γ les angles formés par son plan avec les plans que déterminent deux à deux trois axes rectangulaires OX, OY, OZ.

La somme des carrés des projections de l'aire S sur ces trois plans est $$S^2 \cos^2 \alpha + S^2 \cos^2 \beta + S^2 \cos^2 \gamma$$

ou $$S^2 (\cos^2 \alpha + \cos^2 \beta + \cos^2 \gamma)$$

Or l'angle de deux plans étant égal à celui de deux droites respectivement perpendiculaires à ces plans, si l'on mène une droite OD perpendiculaire au plan de la surface S, les trois angles α, β, γ sont respectivement égaux à ceux que forme cette droite OD avec les trois axes OX, OY, OZ.

Tout revient donc à démontrer que *la somme des carrés des cosinus des angles qu'une droite fait avec trois axes rectangulaires est égale à l'unité.*

Prenons sur cette droite un segment quelconque $OD = d$; les projections de ce segment sur les trois axes

$$a = d \cos \alpha, \qquad b = d \cos \beta, \qquad c = d \cos \gamma$$

sont les arêtes d'un parallélépipède rectangle ayant pour diagonale d; on a donc $$a^2 + b^2 + c^2 = d^2$$

c'est-à-dire $$d^2 \cos^2 \alpha + d^2 \cos^2 \beta + d^2 \cos \gamma = d^2$$

d'où $$\cos^2 \alpha + \cos^2 \beta + \cos^2 \gamma = 1$$

Donc la somme des carrés des projections de l'aire S peut s'écrire

$$S^2 \cos^2 \alpha + S^2 \cos^2 \beta + S^2 \cos^2 \gamma = S^2$$

En particulier, dans un tétraèdre OABC ayant un trièdre O tri rectangle, chacune des faces étant la projection de l'aire ABC sur son plan, on a

$$(OAB)^2 + (OBC)^2 + (OCA)^2 = (ABC)^2$$

8° **Théorème.** *Si l'on désigne par* $OA = a$, $OB = b$, $OC = c$ *les trois arêtes d'un parallélépipède, et par* (ab), (bc), (ca) *les angles qu'elles font deux à deux, la diagonale* $OR = r$ *de ce parallélépipède est donnée par la formule*

$$r^2 = a^2 + b^2 + c^2 + 2ab \cos (ab) + 2bc \cos (bc) + 2ca \cos (ca)$$

Construisons le contour polygonal OADR, dont la diagonale OR est la résultante.

Écrivons que chacun des côtés du contour OADRO est égal à la projection, sur sa direction, du contour formé par tous les autres

$$\begin{array}{r|l} l & l = a \cos (la) + b \cos (lb) + c \cos (lc) \\ -a & a = -b \cos (ab) - c \cos (ac) + l \cos (al) \\ -b & b = -c \cos (bc) + l \cos (bl) - a \cos (ba) \\ -c & c = l \cos (cl) - a \cos (ca) - b \cos (cb) \end{array}$$

Pour éliminer les angles (la), (lb), (lc), multiplions ces égalités par les facteurs placés respectivement devant chacune d'elles, puis additionnons membre à membre tous les résultats.

Il vient, en réduisant les termes semblables,

$$l^2 - a^2 - b^2 - c^2 = 2ab \cos (ab) + 2bc \cos (bc) + 2ca \cos (ca)$$

d'où

$$l^2 = a^2 + b^2 + c^2 + 2ab \cos (ab) + 2bc \cos (bc) + 2ca \cos (ca)$$

Résultat que l'on peut écrire symboliquement

$$l^2 = \Sigma (a^2) + \Sigma \left\{ 2ab \cos (ab) \right\}$$

9° **Théorème.** *Le volume d'un tétraèdre est égal au* $\frac{1}{6}$ *du produit de deux arêtes opposées par leur plus courte distance et par le sinus de l'angle qu'elles font entre elles.*

Soient $AB = a$, $CD = b$ deux arêtes opposées d'un tétraèdre, d leur plus courte distance et α leur angle.

On obtient cet angle en menant BD′ parallèle à CD ou CA′ parallèle à BA ; on a

$$ABD' = ACA' = \alpha$$

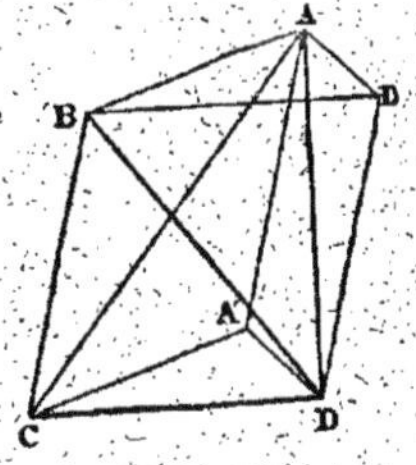

Fig. 76.

De plus, la distance des plans parallèles ABD′ et DCA′ est précisément la distance d.

Cela posé, prenons $BD' = CD = b$ et $CA' = BA = a$; nous obtenons un prisme triangulaire CD′, qui est le triple du tétraèdre considéré.

Ainsi,
$$3V = (CDA')d = \frac{1}{2}ab \sin\alpha . d$$

Donc
$$V = \frac{1}{6}abd \sin\alpha$$

10° Théorème. *Si l'on désigne par* a, b, c *les trois arêtes d'un tétraèdre qui aboutissent à un même sommet, et par* α, β, γ *les angles que ces arêtes font entre elles, le volume* V *du tétraèdre est donné par la formule*

$$V = \frac{1}{6}abc\sqrt{1 - \cos^2\alpha - \cos^2\beta - \cos^2\gamma + 2\cos\alpha\cos\beta\cos\gamma}$$

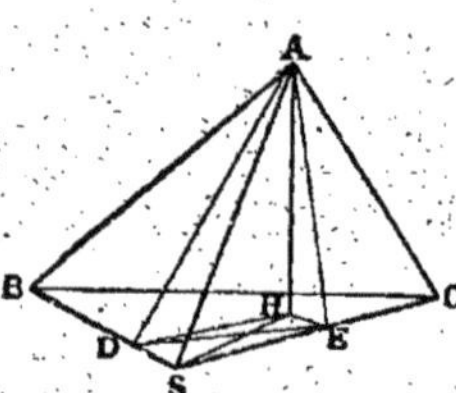

Fig. 77.

Soit le tétraèdre SABC. Abaissons la hauteur AH.

On a
$$V = \frac{1}{3}(SBC)AH = \frac{1}{6}bc \sin\alpha . AH \quad (1)$$

Or
$$\overline{AH}^2 = \overline{SA}^2 - \overline{SH}^2 = a^2 - \overline{SH}^2 \quad (2)$$

Abaissons HD perpendiculaire à SB et HE perpendiculaire à SC. Le quadrilatère SDHE est inscriptible. Ainsi, SH est le diamètre du cercle circonscrit au triangle SDE, ce qui permet d'écrire

$$SH = \frac{DE}{\sin DSE} \quad \text{ou} \quad \overline{SH}^2 = \frac{\overline{DE}^2}{\sin^2\alpha}$$

Mais
$$\overline{DE}^2 = \overline{SD}^2 + \overline{SE}^2 - 2\overline{SD}.\overline{SE}\cos\alpha$$
$$= a^2\cos^2\beta + a^2\cos^2\gamma - 2a^2\cos\alpha\cos\beta\cos\gamma$$

Par suite,
$$\overline{SH}^2 = \frac{a^2}{\sin^2\alpha}(\cos^2\beta + \cos^2\gamma - 2\cos\alpha\cos\beta\cos\gamma)$$

L'expression (2) devient
$$\overline{AH}^2 = \frac{a^2}{\sin^2\alpha}(1 - \cos^2\alpha - \cos^2\beta - \cos^2\gamma + 2\cos\alpha\cos\beta\cos\gamma)$$

et la formule (1) peut s'écrire
$$V = \frac{1}{6}abc\sqrt{1 - \cos^2\alpha - \cos^2\beta - \cos^2\gamma + 2\cos\alpha\cos\beta\cos\gamma}$$

EXERCICES ET PROBLÈMES

PREMIÈRE SÉRIE

Exercices des Chapitres I et II.

1. Ramener au premier quadrant les arcs suivants :

$$1^{o} \quad \sin 105^{o}\ 45'\ 4''$$
$$2^{o} \quad \sin 124^{o}\ 3'\ 12''$$
$$3^{o} \quad \sin 223^{o}\ 32'\ 21'$$
$$4^{o} \quad \sin 1\,413^{o}\ 18'\ 43''$$

2. Étant donné $\sin a = \frac{4}{5}$, trouver les autres lignes trigonométriques de l'arc a.

3. Même question, sachant que coséc $a = \sqrt{3}$.

4. Trouver le sinus et le cosinus d'un arc dont la tangente égale $\frac{3}{4}$.

5. Trouver les lignes trigonométriques des arcs de 120° et de 105°.

6. Trouver tous les angles compris entre 0 et 900° pour lesquels on a : $\operatorname{tg} a = 1$.

7. Quelle est la valeur de l'expression :

$$x = \frac{\sin 60^{o} - \sin 30^{o}}{\sin 60^{o} + \sin 30^{o}}$$

8. Étant donnés $\sin(A - B) = \frac{1}{2}$ et $\cos(A + B) = \frac{1}{2}$, trouver A et B.

9. Calculer $\operatorname{tg}(a + b)$, sachant que $\operatorname{tg} a = 1$ et $\operatorname{tg} b = \frac{1}{\sqrt{3}}$.

10. $\sin a = \frac{1}{4}$, $\cos b = \frac{3}{5}$; calculer $\sin(a \pm b)$ et $\cos(a \pm b)$.

11. Étant donné $\sin a = \frac{4}{5}$, trouver $\sin 2a$, $\cos 2a$ et $\operatorname{tg} 2a$.

12. Calculer $\sin 3a$ en fonction de $\sin a$ et $\cos 3a$ en fonction de $\cos a$. Vérifier pour $a = 60^{o}$. (Saint-Cyr, examens oraux, 1877.)

13. Sachant que $\cos 30° = \frac{\sqrt{3}}{2}$, calculer $\sin 15°$, $\cos 15°$ et $\operatorname{tg} 15°$.

14. Trouver $\sin 9°$ et $\cos 9°$.

15. Sachant que $\operatorname{tg} 30° = \frac{1}{\sqrt{3}}$, trouver $\operatorname{tg} 15°$, puis $\operatorname{tg} 7° 30'$.

16. Étant donnée $\operatorname{tg} a = -\frac{24}{7}$, calculer $\operatorname{tg} \frac{a}{2}$ et en déduire $\sin \frac{a}{2}$ et $\cos \frac{a}{2}$.

17. $\cos a = 0{,}7$; calculer $\operatorname{tg} \frac{1}{2} a$

Rendre calculables par logarithmes les expressions

18. $\sin 34° 24' 12'' + \sin 12° 14' 28''$
19. $\sin 25° 36' 14'' + \sin 16° 3' 46''$
20. $\sin 32° 8' 17'' - \sin 9° 10' 25''$
21. $\cos 45° 17' 41'' + \cos 27° 56' 4''$
22. $\cos 6° 12' 5'' - \cos 62° 40' 32''$
23. $\cos 20° 0' 58'' - \sin 35° 53' 8''$
24. $\operatorname{tg} 18° 24' 9'' + \operatorname{tg} 10° 0' 42''$
25. $\operatorname{cotg} 37° 38' 49'' - \operatorname{cotg} 76° 1' 59''$
26. $\dfrac{\sin 63° 34' 12'' + \sin 38° 7' 45''}{\sin 63° 34' 12'' - \sin 38° 7' 45''}$
27. $\dfrac{\sin 98° 6' 35'' - \sin 25° 32' 8''}{\sin 98° 6' 35'' + \sin 25° 32' 8''}$

Rendre calculables par logarithmes les expressions :

28. $1 + \sin 20° 32' 44''$
29. $1 - \sin 30° 45' 17''$
30. $1 + \cos 18° 4' 50''$
31. $1 - \cos 64° 56' 48''$
32. $1 + \operatorname{tg} 43° 9' 6''$
33. $1 - \operatorname{tg} 7° 5' 8''$
34. $1 - \operatorname{cotg} 76° 31' 26''$
35. $1 + \operatorname{cotg} 52° 15' 24''$
36. $\dfrac{1 - \operatorname{tg} 15° 24' 35''}{1 + \operatorname{tg} 15° 24' 35''}$
37. $\dfrac{1 + \operatorname{tg} 27° 8' 15''}{1 - \operatorname{tg} 27° 8' 15''}$

Exercices du Chapitre III.

Trouver les logarithmes de :

38. $\sin 7° 24' 20''$
39. $\cos 24° 15' 40''$
40. $\sin 15° 32' 30''$
41. $\cos 59° 24' 50''$
42. $\sin 28° 45' 23''$
43. $\cos 41° 33' 59''$

44. sin 36° 52′ 32″
45. cos 57° 42′ 2″
46. sin 48° 0′ 41″
47. cos 68° 51′ 12″
48. sin 52° 12′ 54″,2
49. cos 2° 17′ 35″,7
50. sin 64° 25′ 9″,8
51. cos 18° 26′ 42″,9
52. sin 75° 38′ 12″,6
53. cos 72° 0′ 2″,3
54. sin 88° 48′ 25″,4
55. cos 87° 8′ 23″,5
56. sin 0° 12′ 7″,3
57. cos 89° 0′ 45″,8

Trouver les logarithmes de :

58. tg 10° 22′ 10″
59. cotg 25° 12′ 30″
60. tg 21° 45′ 20″
61. cotg 36° 21′ 40″
62. tg 32° 16′ 35″
63. cotg 47° 39′ 28″
64. tg 43° 0′ 46″
65. cotg 58° 42′ 17″
66. tg 54° 27′ 57″
67. cotg 69° 0′ 9″
68. tg 65° 33′ 8″,1
69. cotg 80° 53′ 13″,2
70. tg 76° 38′ 12″,3
71. cotg 6° 16′ 22″,4
72. tg 87° 45′ 25″,5
73. cotg 19° 25′ 33″,6
74. tg 2° 4′ 34″,7
75. cotg 21° 43′ 42″,8
76. tg 0° 15′ 48″,9
77. cotg 0° 0′ 56″,1

Trouver les logarithmes de :

78. sin 164° 27′ 30″
79. cos 120° 35′ 10″
80. sin 208° 45′ 23″
81. cos 221° 33′ 59″

Trouver les angles correspondants à :

82. $\log \sin x = \bar{1},408\,8894$
83. $\log \cos x = \bar{1},884\,9065$
84. $\log \sin x = \bar{1},775\,6935$
85. $\log \cos x = \bar{1},714\,9428$
86. $\log \sin x = \bar{2},765\,4321$
87. $\log \cos x = \bar{1},998\,8776$
88. $\log \sin x = \bar{2},912\,3456$
89. $\log \cos x = \bar{1},983\,4560$
90. $\log \sin x = \bar{1},357\,9468$
91. $\log \cos x = \bar{1},944\,3325$
92. $\log \sin x = \bar{1},567\,1248$
93. $\log \cos x = \bar{1},876\,5432$
94. $\log \sin x = \bar{1},753\,1864$
95. $\log \cos x = \bar{1},789\,1234$
96. $\log \sin x = \bar{1},942\,6715$
97. $\log \cos x = \bar{1},654\,3245$
98. $\log \sin x = \bar{1},976\,0044$
99. $\log \cos x = \bar{2},753\,1789$
100. $\log \sin x = \bar{1},999\,1357$
101. $\log \cos x = \bar{3},890\,0216$

Trouver les angles correspondants à :

102. $\log \operatorname{tg} x = \bar{1},882\,0134$
103. $\log \operatorname{cotg} x = 1,059\,2624$
104. $\log \operatorname{tg} x = 0,360\,3752$
105. $\log \operatorname{cotg} x = \bar{1},817\,0712$

106. $\log \operatorname{tg} x = \bar{1},321\,0789$
107. $\log \operatorname{cotg} x = 0,357\,9124$
108. $\log \operatorname{tg} x = \bar{1},654\,1245$
109. $\log \operatorname{cotg} x = 0,125\,2468$
110. $\log \operatorname{tg} x = \bar{1},864\,2013$
111. $\log \operatorname{cotg} x = 0,048\,1789$
112. $\log \operatorname{tg} x = \bar{1},995\,0045$
113. $\log \operatorname{cotg} x = \bar{1},975\,0072$

114. $\log \operatorname{tg} x = 0,123\,4568$
115. $\log \operatorname{cotg} x = \bar{1},678\,5401$
116. $\log \operatorname{tg} x = 0,345\,6789$
117. $\log \operatorname{cotg} x = \bar{1},234\,5625$
118. $\log \operatorname{tg} x = 1,789\,0012$
119. $\log \operatorname{cotg} x = 3,890\,0036$
120. $\log \operatorname{tg} x = \bar{3},850\,1854$
121. $\log \operatorname{cotg} x = 2,975\,3124$

Évaluer les plus petits arcs positifs qui satisfont aux équations :

122. $\sin x = \frac{3}{5}$
123. $\operatorname{tg} x = 3$
124. $\cos x = 0,7$
125. $\operatorname{cotg} x = \frac{2}{3}$

126. $\operatorname{séc} x = \frac{7}{3}$
127. $\operatorname{tg} x = -\frac{17}{9}$
128. $\operatorname{cotg} x = -\frac{5}{7}$
129. $\operatorname{coséc} x = -\frac{4}{3}$

Evaluer les plus petits arcs positifs qui satisfont aux équations :

130. $\operatorname{tg} x = \sin 12^\circ\,24'\,48'' + \cos 12^\circ\,24'\,48''$
131. $\operatorname{tg} x = \operatorname{tg} 63^\circ\,15'\,16'' + \operatorname{cotg} 63^\circ\,15'\,16''$

Évaluer les plus petits arcs positifs qui satisfont aux équations :

132. $\operatorname{tg} x = 5 \sin x$
133. $5 \sin x = 6 \cos^2 x$
134. $2 \operatorname{tg} x = 5 \operatorname{tg} x$

135. $2\operatorname{tg} x + 2 \operatorname{cotg} x = 5$
136. $8 \operatorname{cotg}^2 x - \operatorname{séc}^2 x = 1$
137. $\sin x + \cos x = \operatorname{séc} x$

Exercices du Chapitre IV.

Triangles rectangles.

Résoudre les triangles rectangles dont les données suivent :

1er Cas.

138. $\begin{cases} a = 230^{\text{m}} \\ B = 38^\circ \end{cases}$

139. $\begin{cases} a = 578^{\text{m}},25 \\ B = 38^\circ\,51'\,23'' \end{cases}$

2e Cas.

140. $\begin{cases} b = 102^{\text{m}},40 \\ B = 55^\circ \end{cases}$

141. $\begin{cases} b = 5734^{\text{m}},25 \\ B = 37^\circ\,29'\,12'' \end{cases}$

3ᵉ Cas.

142. $\begin{cases} a = 117^m,80 \\ b = 48^m \end{cases}$

143. $\begin{cases} a = 5\,678^m,76 \\ b = 3\,456^m,48 \end{cases}$

4ᵉ Cas.

144. $\begin{cases} b = 122^m,40 \\ c = 130^m \end{cases}$

145. $\begin{cases} b = 52^m,34 \\ c = 28^m,80 \end{cases}$

Résoudre les triangles rectangles dont les données suivent :

146. $\begin{cases} a = 6\,542^m,84 \\ \frac{B}{C} = \frac{7}{9} \end{cases}$

147. $\begin{cases} b = 48^m \\ B = 32^\circ\ 57' \end{cases}$

148. $\begin{cases} a = 163^m,20 \\ B = 40^\circ\ 22' \end{cases}$

149. $\begin{cases} a = 176^m \\ b = 160^m,50 \end{cases}$

150. $\begin{cases} b = 141^m \\ c = 181^m,20 \end{cases}$

151. $\begin{cases} b = 320^m \\ \frac{B}{C} = \frac{7}{5} \end{cases}$

152. $\begin{cases} b + c = 252^m,40 \\ b - c = 7^m,60 \end{cases}$

153. $\begin{cases} a = 225^m \\ \frac{c}{b} = 0^m,75 \end{cases}$

154. Résoudre un triangle rectangle, connaissant

$$c = 120^m \quad \text{et} \quad \frac{b}{a} = 0,6$$

155. Quelle est la hauteur d'une tour qui donne 96ᵐ d'ombre, lorsque le soleil est élevé de 52° 30′ au-dessus de l'horizon ?

156. Quelle est la longueur de l'ombre projetée par un arbre de 15ᵐ de haut, lorsque le soleil est élevé de 37° 30′ au-dessus de l'horizon ?

157. Déterminer la hauteur du soleil lorsque l'ombre d'un style vertical exposé au soleil égale 2 fois $\frac{1}{2}$ la hauteur du style.

158. Quelle est la hauteur du soleil lorsque l'ombre d'un objet vertical égale une fois $\frac{1}{2}$ sa hauteur ?

159. Trouver la longueur d'une droite faisant un angle de 22° 40′ avec sa projection, dont la longueur est de 16ᵐ,64.

160. Un rectangle a 120ᵐ,40 de base et 70ᵐ,18 de hauteur ; quels sont les angles formés par la diagonale avec les côtés ?

161. La diagonale d'un rectangle a 68ᵐ,42, l'angle qu'elle forme avec la base a 24° 18′. On demande la surface du rectangle.

162. Une corde sous-tendant un arc de 82° est à 20ᵐ du centre ; quelle est la longueur de cette corde ?

163. Dans un cercle de 8ᵐ,35 de rayon, quelle est la longueur de la corde d'un arc de 17° 8′ ?

164. Dans un cercle de 72^m de rayon, quel est : 1° le polygone régulier inscrit dont le côté égale 25^m ; 2° quel est le périmètre de ce polygone ; 3° quel serait le rayon du cercle inscrit ?

165. On trouve, après avoir parcouru 80 kilomètres, qu'on a fait $43^k,25$ de plus vers le sud que vers l'est. Quelle direction a-t-on suivie ?

166. L'hypoténuse d'un triangle rectangle a $4\,689^m,76$ et la hauteur $1\,830^m,24$. Résoudre ce triangle.

167. La perpendiculaire abaissée de l'angle droit d'un triangle rectangle détermine sur l'hypoténuse deux segments $b' = 3\,596^m,32$ et $c' = 2\,465^m,15$. Quels sont les éléments de ce triangle ?

168. Résoudre un triangle rectangle, connaissant $a = 1\,346^m,24$ et la différence des côtés de l'angle droit $d = 824^m,76$.

169. L'hypoténuse d'un triangle rectangle égale $4\,320^m,42$, et le rayon du cercle inscrit $r = 789^m,36$. Résoudre ce triangle.

170. La somme des côtés de l'angle droit d'un triangle rectangle est de $6\,642^m,777$; on demande de résoudre ce triangle, sachant que l'hypoténuse a $4\,765^m,35$.

Triangles quelconques.

Résoudre les triangles dont les données suivent :

1er Cas.

171. $A = 32^\circ\, 57'$, $B = 123^\circ$, $a = 117^m,80$

172. $A = 138^\circ\, 31'$, $B = 33^\circ\, 17'$, $c = 14^m,76$

173. $A = 72^\circ\, 17'$, $B = 48^\circ\, 12'$, $c = 560^m,40$

174. $A = 57^\circ\, 32'\, 7'',6$, $B = 73^\circ\, 42'\, 50''$, $a = 25\,432^m,46$

175. $A = 74^\circ\, 53'\, 33'',8$, $B = 47^\circ\, 17'\, 3'',2$, $c = 56\,894^m,60$ (Saint-Cyr, 1852.)

176. $B = 79^\circ\, 50'\, 39''$, $C = 64^\circ\, 25'\, 48''$, $a = 439^m,258$ (Saint-Cyr, 1849.)

2e Cas.

177. $a = 167^m$, $b = 145^m$, $C = 54^\circ$

178. $a = 203^m,20$, $b = 215^m,40$, $C = 72^\circ\, 10$

179. $b = 61\,686^m,54$, $c = 51\,956^m,90$, $A = 24^\circ\, 26'\, 56''$

180. $b = 1\,109^m,75$, $c = 1\,489^m,62$, $A = 47^\circ\, 9'\, 50''$ (École navale.)

3e Cas.

181. $a = 75^m$, $b = 92^m$, $c = 107^m$

182. $a = 543^m,90$, $b = 597^m,60$, $c = 625^m,90$

183. $a = 456^m,40$, $b = 518^m,50$, $c = 592^m,30$

184. $a = 567^m,37$, $b = 419^m,85$, $c = 354^m,63$

4e Cas.

185. $a = 105^m$, $b = 110^m$, $A = 58^\circ$

186. $a = 85^m,40$, $c = 38^m,85$, $C = 15^\circ\ 25'$

187. $b = 53^m,60$, $c = 35^m,20$, $B = 71^\circ\ 15$

188. $a = 65\,792^m,60$, $b = 98\,045^m,60$, $A = 28^\circ\ 51'\ 48''\ 6$

(École navale, 1853.)

Chercher les éléments inconnus des triangles dont les données suivent :

189. $A = 123^\circ$, $a = 181^m,60$, $b - c = 29^m,54$

190. $A = 58^\circ$, $a = 105^m$, $b + c = 216^m,50$

Exercices du Chapitre V.

191. L'angle d'élévation du sommet d'une tour verticale est de 43° 15′ à 72m de la tour; l'œil de l'observateur étant à 1m,10 au-dessus du sol. Quelle est la hauteur de cette tour?

192. L'angle d'élévation du sommet d'une tour verticale dont le pied est inaccessible est de 24° 36′ ; on s'avance de 32m vers la tour, l'angle d'élévation du sommet est alors égal à 40° 12′. Quelle est la hauteur de la tour ? La base d'opération est horizontale, et l'œil de l'observateur est élevé de 1m,50.

193. Mesurer la distance d'un lieu A à un autre C inaccessible. On a pris une base AB perpendiculaire à AC, et longue de 80m. L'angle formé au point B par les rayons visuels menés en A et en C égale 48° 25′.

194. Deux observateurs, distants de 1 750m, mesurent au même instant les hauteurs d'un point remarquable d'un nuage. Ce point est dans le plan vertical de la base d'observation, et les angles d'élévation sont 72° et 84°. Quelle est la hauteur du nuage, en admettant que les deux observateurs ont le même horizon?

195. Calculer la distance de deux points inaccessibles A et B, connaissant une base CD = 150^m, l'angle BCD = 40°, l'angle ACD = 69°, l'angle ADC = 38° 30′, et l'angle BDC = 70° 30′.

196. Trouver la hauteur d'une montagne. La base d'opération AB que l'on a choisie a 225^m, les angles formés par cette base et les rayons visuels menés au sommet de la montagne sont A = 52° 27′ 18″ et B = 41° 19′ 25″; de plus, l'un de ces rayons visuels AC fait avec la verticale de la station A un angle de 43° 19′ 12″.

197. Trois points A, B, C, étant donnés sur la carte d'un pays, on demande de déterminer la position d'un quatrième point M, d'où les distances AC = 200^m et BC = 170^m ont été vues sous des angles connus α = 46° 17′ 13″,2 et β = 30° 9′. On sait de plus que les quatre points sont sur le même plan, et que l'angle ACB = 114° 40′ 8″,4. (On calculera MC.)

198. Un observateur, placé à une hauteur de 120^m au-dessus du niveau de la mer, a trouvé que le rayon visuel aboutissant à l'horizon sensible faisait avec la verticale un angle de 89° 39′. On demande quel serait, d'après ce calcul, le rayon terrestre. (Sorbonne, 1862.)

199. Un arc AC = 28° 35′ tourne autour d'un diamètre BB′ perpendiculaire à sa corde; quelle est la surface de la zone décrite, le rayon du cercle étant 5^m,43 ?

200. Calculer le rayon d'une tour inaccessible. On a pris une base AB = 17^m,5; les angles formés avec cette base par les couples de tangentes menées des extrémités sont, au point A : α = 60°, α' = 20°, et au point B : β = 75°, β' = 25°.

DEUXIÈME SÉRIE

EXERCICES ET PROBLÈMES SUR LES FONCTIONS TRIGONOMÉTRIQUES PROPOSÉS POUR LA PLUPART AU BACCALAURÉAT

---

§ I. — Calcul des lignes trigonométriques.

201. Quel est l'angle du premier quadrant dont le sinus est égal à $\frac{\sqrt{2}}{\sqrt{3}}$? (Sorbonne, 1862.)

202. Calculer à 0″,1 l'arc du 1er quadrant dont la tangente est $\sqrt{\frac{2}{3}}$. (Sorbonne, 1860.)

203. Calculer la tangente d'un arc égal au quart du quadrant, sans recourir à l'emploi des tables trigonométriques. (Sorbonne, 1880.)

204. On sait que le sinus d'un arc compris entre 90° et 180° a pour valeur 0,75 825, on demande de calculer le cosinus, la tangente, la cotangente, la sécante et la cosécante du même arc, en affectant chacune de ces quantités du signe convenable. (Sorbonne, 1859.)

205. Quels sont les angles compris entre 0 et 1 000° qui ont pour cosinus $+0,548$? (Sorbonne, 1864.)

206. Trouver le nombre des degrés de l'arc dont la longueur égale le sinus de 30°.

207. Calculer, au moyen de la Trigonométrie, l'expression

$$\sqrt{2}+\sqrt{3}.$$

208. Trouver les lignes trigonométriques de l'arc de 15°. (Sorbonne, 1885.)

209. Calculer $\sin a$, connaissant $\operatorname{tg}\frac{a}{2}$. Expliquer *à priori* pourquoi la formule ne donne qu'une valeur pour $\sin a$. (Dijon, 1879.)

210. Étant donné $\operatorname{tg} a=\frac{4}{3}$, trouver $\sin a$, $\cos a$, $\sin 2a$, $\cos 2a$ et $\operatorname{tg} 2a$. (Sorbonne, 1884.)

211. On donne $\operatorname{tg} a=\frac{1}{2}$ et $\operatorname{tg} b=\frac{1}{3}$; calculer : 1° $\operatorname{tg}(a+b)$, et 2° $\operatorname{tg}\frac{1}{2}(a+b)$. (Sorbonne, 1879.)

212. On donne $\sin a=\frac{1}{3}$ et $\sin b=\frac{1}{2}$, a et b étant plus petits que 90°. Trouver $\sin 2(a+b)$.

213. On donne $\operatorname{tg}\frac{a}{2}=b$; trouver $\sin a$. Application : $b=2-\sqrt{3}$. (Sorbonne, 1880.)

214. Dans les formules de $\sin\frac{a}{2}$ et $\cos\frac{a}{2}$ en fonction de $\sin a$, quels signes faudra-t-il donner aux radicaux quand on aura $a=2473°$? (Sorbonne, 1881.)

215. Étant donné $\sin a=b$, trouver $\operatorname{tg}\frac{a}{2}$. Application : $b=\frac{\sqrt{3}}{2}$. (Sorbonne, 1880, 1882, 1883.)

216. Étant donné l'angle x par la relation $\sin x=\frac{a-b}{a+b}$, déterminer $\operatorname{tg}\left(45°-\frac{x}{2}\right)$. (Saint-Cyr, examen oral.)

217. On donne $\cos 2a=\frac{1}{2}$, trouver $\operatorname{tg}\frac{a}{2}$. (Sorbonne, 1883.)

218. L'angle a étant donné par la relation $\operatorname{tg} 2a=\sqrt{3}$, calculer la valeur de $\operatorname{tg} 3a$. (Sorbonne, 1882.)

219. La cotangente d'un angle est $1+\sqrt{2}$. Calculer la sécante du double de cet angle. (Nancy, 1884.)

220. Calculer les valeurs des expressions :

1° $\cos^2 18° \sin^2 36° - \cos 36° \sin 18°$;

2° $\sin^2 24° - \sin^2 6°$.

221. Calculer cosée $2a$, sachant que $\cot g\, a = \frac{4}{3}$. (Sorbonne, 1875.)

222. Étant donné un arc $a = 17° 35' 44'' 2$, calculer un autre arc x tel qu'on ait $\sin x = 2 \sin a$. (Sorbonne, 1859.)

223. Le cosinus d'un angle compris entre 90° et 180° étant égal à $-0,358$, on demande de calculer à 0,001 près, et sans faire usage des logarithmes, le cosinus de la moitié de cet angle. (Sorbonne, 1863.)

224. Étant donné $\cos a = 0,85742$, on demande de calculer $\sin \frac{1}{2} a$ et $\cos \frac{1}{2} a$. (Sorbonne, 1859.)

225. Le sinus d'un angle étant $\frac{1}{4}$, on demande les valeurs du sinus et du cosinus de la moitié de cet angle. (Sorbonne, 1863.)

226. Calculer $\sin \frac{a}{2}$ et $\cos \frac{a}{2}$ sachant que $\sin a = -\frac{24}{25}$ et que l'arc a se termine dans le quatrième quadrant. (Caen, 1885.)

227. Calculer les angles x compris entre 0° et 180° donnés par la formule :

$$\operatorname{tg} 2x = \frac{a \sin \beta - b \sin \alpha}{a \sin \beta + b \sin \alpha}$$

quand on fait : $a = 4\,627,55$, $\alpha = 51° 57' 44''$

$b = 3\,944,68$, $\beta = 63° 18' 27''$

(Saint-Cyr, 1879.)

228. On donne deux angles : $P = 23° 57' 19''$ et $Q = 21° 16' 46''$; calculer un troisième angle x, tel que $\sin x = \sin P + \sin Q$. (Sorbonne, 1865.)

229. Calculer $\sin \frac{a}{2}$ sachant que $\operatorname{tg} a = \frac{3}{4}$. Combien obtient-on de valeurs et quelle est la somme de leurs carrés? (Marseille, 1885.)

230. Exprimer $\sin 2a$, $\cos 2a$, et $\operatorname{tg} 2a$ en fonction de $\operatorname{tg} a$. (Sorbonne, 1875, 1876, 1877, 1878, 1883.)

231. Étant donné $\operatorname{tg} \frac{a}{2} = \sqrt{2} - 1$, trouver $\sin a$, $\cos a$ et $\operatorname{tg} a$. (Sorbonne, 1868, 1869, 1871, 1880.)

232. On donne $\sin a = \frac{3}{5}$, $\sin b = \frac{12}{13}$, $\sin c = \frac{7}{25}$; calculer $\sin (a + b + c)$.

233. Exprimer en fonction de $\sin a$, $\sin 4a$ et $\sin 5a$; expliquer pour chacune des expressions obtenues l'absence ou la présence du double signe. (Dijon, 1878.

234. Étant donné $\cos 4a = \frac{\sqrt{5}-1}{4}$, calculer $\cos 2a$ et $\cos a$. (Sorbonne, 1876.)

235. Calculer $\cos 4a$ en fonction de $\cos a$; en déduire $\cos \frac{a}{4}$. Application au cas où l'arc donné a égale 240°. (Saint-Cyr, ex. oraux, 1877.)

236. On donne l'expression $\operatorname{tg} \alpha = (2+\sqrt{3}) \operatorname{tg} \frac{\alpha}{3}$; calculer $\operatorname{tg} \alpha$.

237. Sachant que $\operatorname{tg} \alpha$ et $\operatorname{tg} \beta$ sont les racines de l'équation $x^2 + px + q = 0$, calculer en fonction de p et de q la valeur de l'expression : $\sin^2(\alpha+\beta) + p \sin(\alpha+\beta)\cos(\alpha+\beta) + q\cos^2(\alpha+\beta)$. (Alger, 1876.)

Expressions trigonométriques à simplifier ou à rendre calculables par logarithmes.

238. Simplifier l'expression :

$$\cos^2(a+b) + \cos^2(a-b) - \cos 2a \cos 2b.$$

239. Simplifier le produit :

$$4 \sin \frac{a}{3} \cdot \sin \frac{\pi + a}{3} \cdot \sin \frac{\pi - a}{3}.$$

240. Simplifier l'expression :

$$\frac{\sin b \cos a (\operatorname{tg} a + \operatorname{tg} b)}{1 - \cos(a+b)} + \frac{\sin \frac{1}{2}(a-b)}{\cos b \sin \frac{1}{2}(a+b)}.$$

241. Rendre logarithmique l'expression :

$$a \cos A + b \cos B + c \cos C$$

écrite pour les éléments d'un triangle.

242. Rendre calculable par logarithmes la somme :

$$\sin a + \sin b + \sin(a+b).$$

(Sorbonne, 1882.)

243. Rendre calculable par logarithmes la somme :

$$\sin a + \sin b + \sin c + \sin d$$

sachant que $a + b + c + d = 2\pi$.

(Sorbonne, 1879.)

244. Rendre logarithmiques les expressions :

1° $1 + \sin a + \cos a$.

2° $1 + \cos a + \cos 2a$.

245. Rendre calculable par logarithmes l'expression :

$$1 - \cos^2 a - \cos^2 b - \cos^2 c + 2 \cos a \cos b \cos c.$$

246. Rendre calculables par logarithmes les deux expressions :

$$\cos(a+b+c)+\cos(a+b-c)+\cos(a+c-b)+\cos(b+c-a)$$

$$\sin(b+c-a)+\sin(a+c-b)+\sin(a+b-c)-\sin(a+b+c)$$

(Concours général, 1864.)

247. Rendre logarithmique l'expression :

$$a^2+b^2-2ab\cos\alpha.$$

Expressions trigonométriques à construire.

Construire les expressions suivantes :

248. $\sin x=\frac{b}{a}$, $\cos x=\frac{b}{a}$, $\operatorname{tg} x=\frac{b}{c}$, $\operatorname{cotg} x=\frac{b}{c}$.

249. $x=a\sin\alpha$, $x=a\cos\alpha$, $x=\frac{b}{\sin\alpha}$, $x=\frac{b}{\cos\alpha}$,

$x=b\operatorname{tg}\alpha$, $x=b\operatorname{cotg}\alpha$.

250. $x=a\sin^2\alpha$, $x=a\sin^3\alpha,\ldots\ x=a\sin^m\alpha$.

251. $x=b\operatorname{tg}^2\alpha$, $x=b\operatorname{tg}^3\alpha,\ldots\ x=b\operatorname{tg}^m\alpha$.

252. $$\operatorname{tg} x=\frac{a-b}{a+b}.$$

253. $$\operatorname{tg} x=\frac{ad+bc}{bd-ac}$$

254. $$\operatorname{tg} x=\sqrt{\frac{mn-ab}{mn+ab}}$$

255. $$\sin x=\sqrt{\frac{a-b}{a+b}}$$

256. $$2m\sin x=\sqrt{m^2+mn}-\sqrt{m^2-mn}$$

257. $$\operatorname{tg} x=\frac{p+q}{p-q}$$

258. $$\operatorname{tg} x=\frac{2ab}{b^2-a^2}$$

259. $$\operatorname{tg} x=\frac{m(3n^2-m^2)}{n^2(n-3m)}$$

260. $$\cos x=\frac{a^2-b^2}{a^2+b^2}$$

261. $$\sin x=\frac{a}{\sqrt{a^2+b^2}}$$

262. $$\cos x=\frac{2m^2-n^2}{n^2}$$

Séries trigonométriques.

263. Calculer la somme des n termes des séries :

$$\sin a + \sin(a+h) + \sin(a+2h) + \dots + \sin[a+(n-1)h]$$

$$\cos a + \cos(a+h) + \cos(a+2h) + \dots + \cos[a+(n-1)h]$$

264. Calculer la somme des n termes des séries :

$$\sin a + \sin 2a + \sin 3a + \dots \sin na$$

$$\cos a + \cos 2a + \cos 3a + \dots \cos na$$

265. Calculer la somme des n termes des séries :

$$\sin a + \sin 3a + \sin 5a + \dots + \sin(2n-1)a$$

$$\cos a + \cos 3a + \cos 5a + \dots + \cos(2n-1)a$$

266. Calculer la somme des n termes des séries :

$$\sin a - \sin 2a + \sin 3a - \dots \pm \sin na$$

$$\cos a - \cos 2a + \sin 3a - \dots \pm \cos na$$

267. Calculer la somme des n termes de la série :

$$\sin^2 a + \sin^2 2a + \sin^2 3a + \dots + \sin^2 na$$

268. Calculer la somme des n termes des séries :

$$\sin^3 a + \sin^3 2a + \sin^3 3a + \dots + \sin^3 na$$

$$\cos^3 a + \cos^3 2a + \cos^3 3a + \dots + \cos^3 na$$

269. Calculer la somme des n termes de la série :

$$\sin a \sin 2a + \sin 2a \sin 3a + \sin 3a \sin 4a + \dots$$

270. Calculer la somme des n termes de la série :

$$\operatorname{tg} a + \frac{1}{2}\operatorname{tg}\frac{a}{2} + \frac{1}{4}\operatorname{tg}\frac{a}{4} + \dots + \frac{1}{2^n}\operatorname{tg}\frac{a}{2^n}$$

271. Calculer la somme des n termes de la série :

$$\operatorname{séc} a \operatorname{séc} 2a + \operatorname{séc} 2a \operatorname{séc} 3a + \operatorname{séc} 3a \operatorname{séc} 4a + \dots$$

272. Calculer la somme des n termes de la série :

$$\operatorname{coséc} a + \operatorname{coséc} 2a + \operatorname{coséc} 4a + \operatorname{coséc} 8a + \dots \operatorname{coséc} 2^{n-1} a$$

273. Trouver la limite du produit :

$$\cos a \,.\, \cos\frac{a}{2} \,.\, \cos\frac{a}{4} \dots \cos\frac{a}{2^n}$$

quand n tend vers l'infini. (École navale.)

274. Trouver la limite du produit :

$$\cos a \,.\, \cos 2a \,.\, \cos 4a \dots \cos 2^{n-1} a$$

275. Trouver la limite du produit :

$$(1 + \operatorname{séc} 2a)(1 + \operatorname{séc} 4a)(1 + \operatorname{séc} 8a) \dots$$

276. Trouver la limite du produit :

$$\left(\cos\frac{a}{2}+\cos\frac{b}{2}\right)\left(\cos\frac{a}{4}+\cos\frac{b}{4}\right)\left(\cos\frac{a}{8}+\cos\frac{b}{8}\right)\cdots$$

277. Trouver la limite du produit :

$$\left(1-\operatorname{tg}^2\frac{a}{2}\right)\left(1-\operatorname{tg}^2\frac{a}{4}\right)\left(1-\operatorname{tg}^2\frac{a}{8}\right)\cdots$$

278. Trouver la limite du produit :

$$\left(1+\operatorname{tg}^2\frac{a}{2}\right)\left(1+\operatorname{tg}^2\frac{a}{4}\right)\left(1+\operatorname{tg}^2\frac{a}{8}\right)\cdots$$

§ II. — Identités.

279. Démontrer géométriquement les formules :

1° $1-\cos a=2\sin^2\frac{a}{2}$

2° $1+\cos a=2\cos^2\frac{a}{2}$

3° $\operatorname{tg}\frac{a}{2}=\sqrt{\frac{1-\cos a}{1+\cos a}}$

280. Démontrer géométriquement les formules :

1° $\cos 2a=\cos^2 a-\sin^2 a$

2° $\sin 2a=2\sin a\cos a$

281. Vérifier la formule $\operatorname{tg}\frac{1}{2}a=\frac{-1\pm\sqrt{1+\operatorname{tg}^2 a}}{\operatorname{tg} a}$ pour $a=90°$ et pour $a=0°$.

282. Vérifier les formules qui donnent les lignes trigonométriques de l'arc a en fonction de $\operatorname{tg} a$, pour $a=90°$.

283. Vérifier les formules suivantes :

1° $\operatorname{tg}\frac{1}{2}a=\operatorname{coséc} a-\operatorname{cotg} a$

2° $\operatorname{cotg} a=\operatorname{coséc} 2a+\operatorname{cotg} 2a$

3° $\operatorname{cotg}\frac{1}{2}a-\operatorname{tg}\frac{1}{2}a=2\operatorname{cotg} a$

284. Vérifier la formule :

$$\operatorname{tg}^2 a-\operatorname{tg}^2 b=\frac{\sin(a+b)\sin(a-b)}{\cos^2 a\cos^2 b}$$

285. Vérifier la formule :

$$\operatorname{tg}(45°+a)-\operatorname{tg}(45°-a)=2\operatorname{tg} 2a$$

(Sorbonne, 1872.)

286. Vérifier la formule :

$$\operatorname{tg}\left(\frac{\pi}{4}-\frac{a}{2}\right)=\pm\sqrt{\frac{1-\sin a}{1+\sin a}}$$

287. Vérifier l'identité :

$$\frac{\sqrt{3}+\operatorname{tg} a}{1-\sqrt{3}\operatorname{tg} a}=\operatorname{tg}\left(\frac{\pi}{3}+a\right)$$

(Bordeaux.)

288. Vérifier les relations :

$$\operatorname{tg}\frac{a}{2}=\frac{\sin a}{1+\cos a}=\frac{1-\cos a}{\sin a}$$

289. Vérifier les relations :

$$\operatorname{tg}\left(45^\circ-\frac{a}{2}\right)=\frac{1-\sin a}{\cos a}=\frac{\cos a}{1+\sin a}$$

290. Vérifier les identités :

1° $$\operatorname{tg} a+\operatorname{cotg} a=\frac{2}{\sin 2a}$$

2° $$\operatorname{tg} a=\frac{\operatorname{tg} 2a}{1+\operatorname{séc} 2a}$$

291. Vérifier la formule :

$$\operatorname{séc} 2a=\frac{\operatorname{cotg}^2 a+1}{\operatorname{cotg}^2 a-1}$$

292. Vérifier les identités :

1° $$\operatorname{tg} 2a=\frac{\cos a-\cos 3a}{\sin 3a-\sin a}$$

2° $$\operatorname{tg} 3a=\frac{\cos 2a-\cos 4a}{\sin 4a-\sin 2a}$$

293. Vérifier les identités :

1° $$\frac{\sin a+\sin b}{\cos a-\cos b}=\operatorname{tg}\frac{1}{2}(a+b)$$

2° $$\frac{\sin a-\sin b}{\cos b-\cos a}=\operatorname{cotg}\frac{1}{2}(a+b)$$

294. Vérifier l'identité :

$$\sin 2a=\frac{1-\operatorname{tg}^2(45^\circ-a)}{1+\operatorname{tg}^2(45^\circ-a)}$$

295. Vérifier les identités :

1° $$\sin 3a=4\sin a\sin(60^\circ-a)\sin(60^\circ+a)$$

2° $$\cos 3a=4\cos a\cos(60^\circ+a)\cos(60^\circ-a)$$

3° $$\operatorname{tg} 3a=\operatorname{tg} a\operatorname{tg}(60^\circ+a)\operatorname{tg}(60^\circ-a)$$

296. Vérifier l'identité :

$$\operatorname{tg}\frac{a}{2}=\frac{\sin 2a}{1+\cos 2a}\cdot\frac{\cos a}{1+\cos a}$$

297. Vérifier les identités :

1° $\operatorname{tg} 2a + \operatorname{séc} 2a = \dfrac{\cos a + \sin a}{\cos a - \sin a}$

2° $\sin 3a \operatorname{cosec} a - \cos 3a \operatorname{séc} a = 2$

298. Vérifier les égalités suivantes :

1° $\sin(a+b)\sin(a-b) = \sin^2 a - \sin^2 b$

2° $\cos(a+b)\cos(a-b) = \cos^2 a - \sin^2 b$

(Sorbonne, 1865.)

299. Vérifier les identités :

1° $(\cos a + \cos b)^2 + (\sin a + \sin b)^2 = 4\cos^2 \frac{1}{2}(a-b)$

2° $(\cos a - \cos b)^2 + (\sin a - \sin b)^2 = 4\sin^2 \frac{1}{2}(a-b)$

300. Vérifier les formules :

1° $\sin 5a = 5\sin a - 20\sin^3 a + 16\sin^5 a$

2° $\cos 5a = 16\cos^5 a - 20\cos^3 a + 5\cos a$

3° $\sin 6a = 2\sin a\,(16\cos^5 a - 16\cos^3 a + 3\cos a)$

301. Vérifier l'identité :

$$\sin(a-b) + \sin(b-c) + \sin(c-a) + 4\sin\frac{a-b}{2}\sin\frac{b-c}{2}\sin\frac{c-a}{2} = 0$$

302. Vérifier les identités :

1° $\sin a + \sin b + \sin c - \sin(a+b+c) = 4\sin\frac{a+b}{2}\sin\frac{b+c}{2}\sin\frac{a+c}{2}$

2° $\cos a + \cos b + \cos c + \cos(a+b+c) = 4\cos\frac{a+b}{2}\cos\frac{b+c}{2}\cos\frac{a+c}{2}$

303. Vérifier les identités :

1° $\operatorname{tg} a + 2\operatorname{tg} 2a + 4\operatorname{tg} 4a + 8\operatorname{cotg} 8a = \operatorname{cotg} a$

2° $\cos a + \cos 2a + \cos 3a = \dfrac{\cos 2a \sin \frac{3}{2}a}{\sin \frac{a}{2}}$

3° $\operatorname{tg} 3a - \operatorname{tg} 2a - \operatorname{tg} a = \operatorname{tg} 3a \operatorname{tg} 2a \operatorname{tg} a$

304. Vérifier l'identité :

$$2(\sin^4 a + \cos^4 a + \sin^2 a\cos^2 a)^2 = \sin^8 a + \cos^8 a + 1$$

305. L'arc a étant égal à 60°, vérifier que l'on a :

1° $\sin\frac{a}{4}\sin\frac{5}{4}a = \frac{1}{4}$

2° $\operatorname{tg}\frac{a}{4} + \operatorname{tg} a = 2$

306. L'arc a étant égal à $\frac{\pi}{17}$, vérifier que l'on a :

$$\frac{\cos a \cos 13a}{\cos 3a + \cos 5a} = -\frac{1}{2}$$

307. La valeur de tg x étant $\frac{b}{a}$, vérifier que l'on a :

$$a \cos 2x + b \sin 2x = a.$$

(Sorbonne, 1884.)

308. Vérifier la relation :

$$\cos\frac{2\pi}{7} + \cos\frac{4\pi}{7} + \cos\frac{6\pi}{7} = -\frac{1}{2}$$

309. Vérifier la relation :

$$\cos^4\frac{\pi}{8} + \cos^4\frac{3\pi}{8} + \cos^4\frac{5\pi}{8} + \cos^4\frac{7\pi}{8} = \frac{3}{2}$$

310. Vérifier la relation :

$$\cos\frac{\pi}{15} \cdot \cos\frac{2\pi}{15} \cdot \cos\frac{3\pi}{15} \cdot \cos\frac{4\pi}{15} \cdot \cos\frac{5\pi}{15} \cdot \cos\frac{6\pi}{15} \cdot \cos\frac{7\pi}{15} = \frac{1}{2^7}$$

311. Vérifier la relation :

$$\sin 20^\circ \sin 40^\circ \sin 60^\circ \sin 80^\circ = \frac{3}{16}$$

312. Vérifier la relation :

$$\sin\frac{\pi}{n} \cdot \sin\frac{2\pi}{n} \cdot \sin\frac{3\pi}{n} \cdot \sin\frac{4\pi}{n} \ldots \sin\frac{(n-1)\pi}{n} = \frac{n}{2^{n-1}}$$

313. Vérifier le quotient :

$$\frac{\sin a + \sin 2a + \sin 3a + \ldots + \sin na}{\cos a + \cos 2a + \cos 3a + \ldots + \cos na} = \operatorname{tg}\frac{n+1}{2}a$$

314. Vérifier la loi du quotient :

$$\frac{1 - x\cos\alpha}{1 - 2x\cos\alpha + x^2} = 1 + x\cos\alpha + x^2\cos 2\alpha + x^3\cos 3\alpha + \ldots$$

(Agrégation de l'Enseignement spécial, 1884.)

315. Vérifier les identités :

1° $$\text{arc sin}\frac{3}{5} + \text{arc sin}\frac{4}{5} = \frac{\pi}{2}$$

2° $$\text{arc tg}\frac{1}{2} + \text{arc tg}\frac{1}{5} + \text{arc tg}\frac{1}{8} = \frac{\pi}{4}$$

316. Vérifier les identités :

1° $$\text{arc tg}\frac{1}{7} + 2\,\text{arc tg}\frac{1}{3} = \frac{\pi}{4}$$

2° $$\text{arc tg}\frac{1}{3} + \text{arc tg}\frac{1}{5} + \text{arc tg}\frac{1}{7} + \text{arc tg}\frac{1}{8} = \frac{\pi}{4}$$

Identités conditionnelles.

317. Lorsque trois arcs satisfont à la relation : $a + b + c = \pi$, vérifier qu'on a : $\operatorname{tg} a + \operatorname{tg} b + \operatorname{tg} c = \operatorname{tg} a \operatorname{tg} b \operatorname{tg} c$.

318. Inversement, quand on a :

$$\operatorname{tg} a + \operatorname{tg} b + \operatorname{tg} c = \operatorname{tg} a \operatorname{tg} b \operatorname{tg} c$$

quelle relation existe-t-il entre les arcs a, b et c?

319. Quand $a + b + c = \pi$, vérifier la relation des cosinus :

$$\cos^2 a + \cos^2 b + \cos^2 c + 2 \cos a \cos b \cos c = 1$$

(Dijon, 1884.)

320. Réciproquement, si l'on a la relation précédente, trouver celle qui existe entre les arcs.

321. Si l'on a : $a + b = c$, vérifier la relation :

$$\cos^2 a + \cos^2 b + \cos^2 c - 2 \cos a \cos b \cos c = 1.$$

(Saint-Cyr, Ex. oral, 1886.)

322. Réciproquement, quand on a la relation précédente, quelle est celle qui existe entre les arcs ?

323. Si $a + b + c = \pi$, vérifier les relations :

1° $$\operatorname{cotg} \frac{a}{2} + \operatorname{cotg} \frac{b}{2} + \operatorname{cotg} \frac{c}{2} = \operatorname{cotg} \frac{a}{2} \operatorname{cotg} \frac{b}{2} \operatorname{cotg} \frac{c}{2}$$

2° $$\operatorname{tg} \frac{a}{2} \operatorname{tg} \frac{b}{2} + \operatorname{tg} \frac{b}{2} \operatorname{tg} \frac{c}{2} + \operatorname{tg} \frac{a}{2} \operatorname{tg} \frac{c}{2} = 1$$

324. Si $a + b + c = \pi$, vérifier les relations :

1° $$\sin a + \sin b + \sin c = 4 \cos \frac{a}{2} \cos \frac{b}{2} \cos \frac{c}{2}$$

2° $$\cos a + \cos b + \cos c - 1 = 4 \sin \frac{a}{2} \sin \frac{b}{2} \sin \frac{c}{2}$$

325. Si $a + b + c = \pi$, vérifier la relation :

$$\sin a - \sin b + \sin c = 4 \sin \frac{a}{2} \cos \frac{b}{2} \sin \frac{c}{2}$$

326. Si $a + b + c = \pi$, vérifier les relations :

1° $$\cos \frac{a}{2} + \cos \frac{b}{2} + \cos \frac{c}{2} = 4 \cos \frac{\pi - a}{4} \cos \frac{\pi - b}{4} \cos \frac{\pi - c}{4}$$

2° $$\sin \frac{a}{2} + \sin \frac{b}{2} + \sin \frac{c}{2} - 1 = 4 \sin \frac{\pi - a}{4} \sin \frac{\pi - b}{4} \sin \frac{\pi - c}{4}$$

327. Vérifier les relations :

1° $$\cos^2(a-b) + \cos^2(b-c) + \cos^2(c-a) - 2\cos(a-b)\cos(b-c)\cos(c-a) = 1$$

2° $$\operatorname{tg}(a-b) + \operatorname{tg}(b-c) + \operatorname{tg}(c-a) = \operatorname{tg}(a-b) \operatorname{tg}(b-c) \operatorname{tg}(c-a)$$

328. Démontrer que la relation :

$$\sin(a-b)=\sin^2 a-\sin^2 b$$

entraîne soit $a-b=k\pi$ ou $a+b=2k\pi+\frac{\pi}{2}$

(Dijon, 1884.)

329. Si l'on a : $2\operatorname{tg} a=3\operatorname{tg} b$, vérifier que

$$\operatorname{tg}(a-b)=\frac{\operatorname{tg} b}{2+3\operatorname{tg}^2 b}=\frac{\sin 2b}{5-\cos 2b}$$

330. Si l'on a : $\sin(a+b+c+d)=0$, vérifier que

$$\sin(a+c)\sin(a+d)=\sin(b+c)\sin(b+d)$$

331. Vérifier la relation :

$$\sin na+\sin nb+\sin nc=4\sin\frac{n\pi}{2}\cos\frac{na}{2}\cos\frac{nb}{2}\cos\frac{nc}{2}$$

si $a+b+c=\pi$ et que n soit un nombre entier impair.

332. Si $a+b+c+d=2\pi$, vérifier les relations :

1° $\cos a+\cos b+\cos c+\cos d=4\cos\frac{a+b}{2}\cos\frac{b+c}{2}\cos\frac{a+c}{2}$

2° $\sin a+\sin b+\sin c+\sin d=4\sin\frac{a+b}{2}\sin\frac{b+c}{2}\sin\frac{a+c}{2}$

3° $\sin a-\sin b+\sin c-\sin d=4\cos\frac{a+b}{2}\cos\frac{b+c}{2}\sin\frac{a+c}{2}$

4° $\cos a-\cos b+\cos c-\cos d=4\sin\frac{a+b}{2}\sin\frac{b+c}{2}\cos\frac{a+c}{2}$

Identités dans les triangles.

333. Vérifier que dans un triangle rectangle on a les relations :

1° $\sin 2B=\frac{2bc}{a^2}$

2° $\sin B\operatorname{tg} B=\frac{b^2}{ac}$

3° $\sin B+\cos B=\sin C+\cos C$

4° $\frac{\sin B+\cos C}{\cos B+\sin C}=\operatorname{tg} B$

5° $\operatorname{coséc} B+\operatorname{cotg} B=\frac{a+c}{b}=\frac{b}{a-c}$

6° $\operatorname{séc} 2B-\operatorname{tg} 2C=\frac{c+b}{c-b}$

334. Vérifier que dans tout triangle on a :

$$\sin\frac{1}{2}(B-C)=\frac{b-c}{a}\cos\frac{1}{2}A$$

$$\cos\frac{1}{2}(B-C)=\frac{b+c}{a}\sin\frac{1}{2}A$$

(Clermont, 1875.)

335. Vérifier que dans tout triangle on a :

$$b\cos C - c\cos B = \frac{b^2 - c^2}{a}$$

$$b\cos B + c\cos C = a\cos(B - C)$$

336. Vérifier les relations suivantes entre les angles d'un triangle :

1° $\cos 2A + \cos 2B + \cos 2C + 4\cos A\cos B\cos C + 1 = 0$

2° $\cos 4A + \cos 4B + \cos 4C + 1 = 4\cos 2A\cos 2B\cos 2C$

3° $\sin^2 A + \sin^2 B + \sin^2 C - 2\cos A\cos B\cos C = 2$

4° $\sin^2 2A + \sin^2 2B + \sin^2 2C + 2\cos 2A\cos 2B\cos 2C = 2$

5° $$\frac{\operatorname{tg} A + \operatorname{tg} B + \operatorname{tg} C}{(\sin A + \sin B + \sin C)^2} = \frac{\operatorname{tg}\frac{1}{2}A\operatorname{tg}\frac{1}{2}B\operatorname{tg}\frac{1}{2}C}{2\cos A\cos B\cos C}$$

337. Démontrer que dans un triangle on a les relations suivantes :

1° $$\sin\frac{1}{2}A\sin\frac{1}{2}B\sin\frac{1}{2}C = \frac{S^2}{p\,.\,abc} = \frac{r}{4R}$$

2° $$\cos\frac{1}{2}A\cos\frac{1}{2}B\cos\frac{1}{2}C = \frac{pS}{abc} = \frac{p}{4R}$$

3° $$\operatorname{tg}\frac{1}{2}A\operatorname{tg}\frac{1}{2}B\operatorname{tg}\frac{1}{2}C = \frac{S}{p^2}$$

4° $$S = 2R^2\sin A\sin B\sin C$$

5° $$\operatorname{tg} A + \operatorname{tg} B + \operatorname{tg} C = \operatorname{tg} A\operatorname{tg} B\operatorname{tg} C$$

(Sorbonne, 1879.)

6° $$\sin A + \sin B + \sin C = 4\cos\frac{1}{2}A\cos\frac{1}{2}B\cos\frac{1}{2}C = \frac{p}{R}$$

(Sorbonne, 1869.)

7° $$\sin 2A + \sin 2B + \sin 2C = 4\sin A\sin B\sin C$$

8° $$\cos A + \cos B + \cos C = 1 + 4\sin\frac{1}{2}A\sin\frac{1}{2}B\sin\frac{1}{2}C$$

(Sorbonne, 1866.)

9° $$\cos^2 A + \cos^2 B + \cos^2 C + 2\cos A\cos B\cos C = 1$$

10° $$\operatorname{cotg} A\operatorname{cotg} B + \operatorname{cotg} A\operatorname{cotg} C + \operatorname{cotg} B\operatorname{cotg} C = 1$$

338. Vérifier que dans tout triangle on a :

1° $$1 - \operatorname{tg}\frac{1}{2}A\operatorname{tg}\frac{1}{2}B = \frac{c}{p}$$

2° $$S = \frac{abc}{p}\cos\frac{1}{2}A\cos\frac{1}{2}B\cos\frac{1}{2}C$$

3° $$\operatorname{tg}\frac{1}{2}A\operatorname{tg}\frac{1}{2}B + \operatorname{tg}\frac{1}{2}B\operatorname{tg}\frac{1}{2}C + \operatorname{tg}\frac{1}{2}A\operatorname{tg}\frac{1}{2}C = 1$$

339. Démontrer que dans un triangle on a les relations suivantes :

1° $$2S = \frac{a^2 - b^2}{\operatorname{cotg} B - \operatorname{cotg} A}$$

2° $$a^2 + b^2 + c^2 = 4S(\operatorname{cotg} A + \operatorname{cotg} B + \operatorname{cotg} C)$$

340. Vérifier que dans tout triangle on a :

1° $$\frac{\sin(A-B)}{\sin(A+B)}=\frac{a^2-b^2}{c^2}$$

2° $$a\sin(B-C)+b\sin(C-A)+c\sin(A-B)=0$$

3° $$\frac{a^2\sin(B-C)}{\sin A}+\frac{b^2\sin(C-A)}{\sin B}+\frac{c^2\sin(A-B)}{\sin C}=0$$

4° $$\frac{a\sin\frac{1}{2}(B-C)}{\sin\frac{1}{2}A}+\frac{b\sin\frac{1}{2}(C-A)}{\sin\frac{1}{2}B}+\frac{c\sin\frac{1}{2}(A-B)}{\sin\frac{1}{2}C}=0$$

5° $$\frac{a\sin\frac{1}{2}(B-C)}{\cos\frac{1}{2}A}+\frac{b\sin\frac{1}{2}(C-A)}{\cos\frac{1}{2}B}+\frac{c\sin\frac{1}{2}(A-B)}{\cos\frac{1}{2}C}=0$$

6° $$\frac{a^2\sin(B-C)}{\sin B+\sin C}+\frac{b^2\sin(C-A)}{\sin C+\sin A}+\frac{c^2\sin(A-B)}{\sin A+\sin B}=0$$

7° $$\left(\frac{\sin A+\sin B+\sin C}{a+b+c}\right)^2=\frac{a\cos A+b\cos B+c\cos C}{2abc}$$

8° $$\frac{1}{a}\cos^2\frac{1}{2}A+\frac{1}{b}\cos^2\frac{1}{2}C+\frac{1}{c}\cos^2\frac{1}{2}C=\frac{p^2}{abc}$$

9° $$\frac{1}{a}\sin^2\frac{1}{2}A+\frac{1}{b}\sin^2\frac{1}{2}B+\frac{1}{c}\sin^2\frac{1}{2}C$$
$$=\frac{2ab+2bc+2ac-a^2-b^2-c^2}{4abc}$$

10° $$\cos^2\frac{1}{2}A+\cos^2\frac{1}{2}B+\cos^2\frac{1}{2}C=2+\frac{r}{2R}$$

11° $$a\cos^2\frac{1}{2}A+b\cos^2\frac{1}{2}B+c\cos^2\frac{1}{2}C=p+\frac{S}{R}$$

12° $$\operatorname{cotg}\frac{1}{2}A+\operatorname{cotg}\frac{1}{2}B+\operatorname{cotg}\frac{1}{2}C=\frac{p}{p-a}\operatorname{cotg}\frac{1}{2}A$$

341. Démontrer que dans tout triangle on a la relation :

$$\frac{r}{R}=\frac{a\cos A+b\cos B+c\cos C}{a+b+c}$$

342. Si l, m, n représentent les distances du centre du cercle circonscrit aux côtés d'un triangle, vérifier la relation :

$$4\left(\frac{a}{l}+\frac{b}{m}+\frac{c}{n}\right)=\frac{abc}{lmn}$$

343. Démontrer que, si l'on représente par x, y, z les distances des sommets d'un triangle au point de concours des hauteurs, on a les relations :

1° $$S=\frac{1}{4}(ax+by+cz)$$

2° $$2abc=a^2x\operatorname{coséc}A+b^2y\operatorname{coséc}B+c^2z\operatorname{coséc}C$$

344. Dans un triangle, la médiane menée par l'un des sommets A divise cet angle en deux parties x et y; démontrer que l'on a la relation $\frac{\sin x}{\sin y} = \frac{b}{c}$ (b et y étant du même côté de la médiane).

345. Démontrer que la surface du cercle inscrit dans un triangle est à l'aire du triangle comme π est à $\operatorname{cotg}\frac{1}{2}A \operatorname{cotg}\frac{1}{2}B \operatorname{cotg}\frac{1}{2}C$.

346. Démontrer qu'un triangle est rectangle quand on a l'une des relations suivantes :

1° $$\operatorname{cotg}\frac{1}{2}B = \frac{a+c}{b}$$

2° $$S = p(p-a)$$

347. Démontrer qu'un triangle est isocèle quand on a l'une des relations suivantes :

1° $$a = 2b\cos C$$

2° $$\sin A = 2\sin B\cos C \quad \text{(S}^t\text{-Cyr, Ex. oral, 1886.)}$$

3° $$a = 2b\sin\frac{1}{2}A$$

4° $$(p-b)\operatorname{cotg}\frac{1}{2}C = p\operatorname{tg}\frac{1}{2}B$$

348. Démontrer qu'un triangle est isocèle quand on a :

$$a\operatorname{tg}A + b\operatorname{tg}B = (a+b)\operatorname{tg}\frac{1}{2}(A+B)$$

349. Démontrer qu'un triangle est rectangle isocèle quand on a les deux relations :

$$1 + \operatorname{cotg}(45° - B) = \frac{2}{1-\operatorname{cotg}C} \quad \text{et} \quad 4S = a^2;$$

il est équilatéral si l'on a les deux relations :

$$\frac{b^3+c^3-a^3}{b+c-a} = a^2 \quad \text{et} \quad \sin B\sin C = \frac{3}{4}$$

350. Vérifier que si l'on a dans un triangle

$\sin A + \sin C = 2\sin B$, on a aussi $\operatorname{tg}\frac{1}{2}A\operatorname{tg}\frac{1}{2}C = \frac{1}{3}$

351. Vérifier que si l'on a dans un triangle

$$\operatorname{cotg}\frac{1}{2}A + \operatorname{cotg}\frac{1}{2}C = 2\operatorname{cotg}\frac{1}{2}B$$

on a aussi $$\operatorname{cotg}\frac{1}{2}A\operatorname{cotg}\frac{1}{2}C = 3$$

352. Démontrer que si, dans un triangle, les sinus des angles sont en progression arithmétique, il en est de même des cotangentes des demi-angles.

353. Démontrer que si les cotangentes des angles d'un triangle

sont en progression arithmétique, il en est de même des carrés des côtés.

354. Démontrer que si les angles d'un triangle sont en progression arithmétique, ainsi que cosée 2A, cosée 2B et cosée 2C, le cosinus de la différence commune des angles est $\sqrt{\frac{3}{8}}$.

355. Si dans un triangle on a la relation :

$$\sin^2 A + \sin^2 B + \sin^2 C = 2$$

trouver la relation qui existe entre les côtés.

356. Démontrer que la somme des diamètres des cercles inscrit et circonscrit à tout triangle est égale à

$$a \operatorname{cotg} A + b \operatorname{cotg} B + c \operatorname{cotg} C$$

§ III. — Équations trigonométriques.

Équations à une inconnue.

357. Trouver le plus petit angle positif satisfaisant à l'équation : $\operatorname{tg} 2x = 3 \operatorname{tg} x$. (Sorbonne, 1869.)

358. Résoudre l'équation : $\operatorname{tg} x + 3 \operatorname{cotg} x = 4$.

359. Résoudre l'équation : $\operatorname{tg} x + ab \operatorname{cotg} x = a + b$.

360. Résoudre l'équation : $\operatorname{tg} x - \operatorname{cotg} x = 1$.

361. Résoudre l'équation : $\sin 5x = \sin 7x$. (Dijon, 1879.)

362. Résoudre l'équation : $\sin 4x + \sin x = 0$. (Sorbonne, 1883.)

363. Trouver les valeurs de x comprises entre 0 et $\frac{\pi}{2}$ satisfaisant à l'équation : $\sin 2x = \cos(x + h)$. (Sorbonne, 1881.)

364. Trouver les valeurs de x satisfaisant à l'équation : $\sin(x + a) = \cos(3x + b)$. (Sorbonne, 1883.)

365. Trouver les valeurs de x satisfaisant à l'équation : $\operatorname{tg} 2x + \operatorname{cotg} x = 8 \cos^2 x$. (Sorbonne, 1884.)

366. Résoudre l'équation : $\sin x + \sin 2x + \sin 3x = 0$. (Sorbonne, 1884.)

367. Trouver les valeurs de x comprises entre 0 et 2π, qui satisfont à l'équation : $\sin 2x = \cos 3x$. (Sorbonne, 1884.)

368. Résoudre l'équation : $2 \sin x = \sin (45^\circ - x.)$

(Sorbonne, 1870.)

369. Résoudre l'équation : $2 \sin x + 3 \cos x = 3.$

370. Résoudre l'équation : $\cos x = \frac{2 \operatorname{tg} x}{1 + \operatorname{tg}^2 x}$

(Sorbonne, 1885.)

371. Calculer l'angle x déterminé par la relation suivante :

$$\sin (x + 45^\circ) \sin (x + 75^\circ) = \sin 82^\circ.$$

(Sorbonne, 1862.)

372. Quel est l'arc dont le cosinus égale la corde ?

373. Déterminer un angle tel que la somme de ses six lignes trigonométriques soit égale à une quantité donnée m.

374. Résoudre les équations :

1° $\cos x + \sqrt{3} \sin x = 1.$ (Sorbonne, 1884.)

2° $\sqrt{3} \sin x + \cos x = 2.$ (Sorbonne, 1878.)

3° $\sin x + \sqrt{3} \cos x = \sqrt{2}.$ (Sorbonne, 1888.)

375. Résoudre : $\sin (x - a) = \sin x - \sin a.$

(Sorbonne, 1873.)

376. Résoudre : $\cos 2x = \cos x + 1.$

(Sorbonne, 1866.)

377. Résoudre l'équation :

$$\sin x \operatorname{tg} x + 2 \cos x = m.$$

On indiquera les conditions de possibilité du problème.

(Saint-Cyr, examens oraux, 1864.)

378. Résoudre : $\sin x \pm \cos x = a.$

(Sorbonne, 1872.)

379. Résoudre : $\operatorname{tg}^2 x + \operatorname{cotg}^2 x = m^2.$ (Saint-Cyr, 1864.)

380. Résoudre : $\frac{a}{\sin x} + \frac{a}{\cos x} = b.$ (Saint-Cyr, 1876.)

381. Trouver l'arc dont la cotangente est égale au cosinus.

(Poitiers.)

382. Résoudre : $\sin x + \sin (a - x) = m.$ (Saint-Cyr, 1864.)

383. Trouver le sinus et le cosinus de l'angle x qui satisfait à l'équation : $\operatorname{tg} 3x + \operatorname{tg} x = 0.$

384. Trouver l'arc x tel que le rapport de sa tangente à sa corde soit égal à un nombre donné m. (Saint-Cyr, 1872.)

385. Déterminer l'angle x d'après la relation :

$$\operatorname{cotg}^2 x - \operatorname{séc}^2 x = \frac{1}{4}$$

386. Trouver un arc positif satisfaisant à l'équation :

$$3\cos^2 x + 2\sin^2 x = 2{,}75$$

387. Trouver les plus petits arcs positifs qui satisfont à l'équation :

$$5\sin^2 x - 2\cos^2 x - 3\sin x\cos x = 0$$

388. Résoudre : $2\sin^2 3x + \sin^2 6x = 2.$

(Sorbonne, 1878.)

389. Résoudre : $\dfrac{\cos x}{\cos(a-x)} = m.$ (Saint-Cyr, 1873.)

390. Résoudre : $\sin 2x = m\sin^3 x$, m étant supposé positif.

(Saint-Cyr, 1872.)

391. Résoudre : $5\cos^2 x - 3\cos x - 1 = 0.$

(Saint-Cyr, 1873.)

392. Résoudre l'équation : $\sin x + \sin 2x + \sin 3x + \sin 4x = 0.$

393. Résoudre l'équation : $\sin 3x = 8\sin^3 x.$

394. Résoudre l'équation : $\sin 5x = 16\sin^5 x.$

395. Résoudre l'équation : $\operatorname{tg} 3x + \operatorname{tg} 2x + \operatorname{tg} x = 0.$

396. Résoudre l'équation : $a\operatorname{tg} x + b\operatorname{cotg} x = c$. Si a et b restent invariables, entre quelles limites doit tomber c pour que le problème soit possible ? (Dijon, 1872.)

397. Trouver les valeurs de $\operatorname{tg} x$ d'après l'équation :

$$\operatorname{tg}^2 x = m\operatorname{tg}(x+a)\operatorname{tg}(x-a)$$

discuter la solution et calculer sans tables la valeur de x quand $m = 1.$

(Sorbonne, 1885.)

398. Résoudre l'équation :

$$\operatorname{cotg} x - \operatorname{tg} x = \sin x + \cos x.$$

(École des mines de Saint-Étienne, 1882.)

399. Résoudre et discuter l'équation :

$$a\cos^2 x + (2a^2 - a + 1)\sin x - 3a + 1 = 0.$$

400. Résoudre et discuter l'équation :

$$\sin x\sin 3x = m.$$

401. Résoudre l'équation :

$$\sin x + \sin 2x + \sin 3x = 1 + \cos x + \cos 2x.$$

402. Résoudre : $\sin^4 x + \cos^4 x = \dfrac{2}{3}.$ (Saint-Cyr, 1874.)

403. Résoudre : $\cos 2x = \dfrac{1+\sqrt{3}}{2}(\cos x - \sin x).$

(Sorbonne, 1869.)

404. Résoudre l'équation : $\sin 3x = n\sin x$. Trouver les limites entre lesquelles n doit rester compris pour avoir d'autres solutions que celles qui proviennent de l'hypothèse $\sin x = 0$. (Sorbonne, 1876.)

405. Résoudre l'équation :

$$\cos nx + \cos(n-2)x - \cos x = 0$$

406. Résoudre l'équation :

$$m \sin(a-x) = n \sin(b-x)$$

407. Résoudre l'équation :

$$\operatorname{tg}(a+x)\operatorname{tg}(a-x) = \frac{1-2\cos 2a}{1+2\cos 2a}$$

408. Résoudre l'équation : $\sin^2 2x - \sin^2 x = \frac{1}{4}$.

409. Résoudre l'équation : $\operatorname{tg}^3 x - \operatorname{cotg}^3 x = m^3 - 3m$.

410. Résoudre l'équation : $\arcsin x + \arcsin x\sqrt{3} = \frac{\pi}{2}$.

Équations à plusieurs inconnues.

411. Résoudre le système des deux équations :

$$\sin x = \cos 2y$$
$$\sin 2x = \cos y$$

412. Trouver deux angles connaissant la somme a de leurs sinus et la somme b de leurs cosinus.

(Sorbonne, 1886.)

413. Résoudre les équations simultanées :

$$\operatorname{tg} x + \operatorname{cotg} y = a$$
$$\operatorname{cotg} x + \operatorname{tg} y = b$$

(Sorbonne, 1880.)

414. Trouver les valeurs de $\operatorname{tg} x$ et de $\operatorname{tg} y$ qui satisfont aux équations :

$$\operatorname{tg} x + \operatorname{tg} y = 1$$
$$\operatorname{tg}(x+y) = \frac{4}{3}$$

en déduire les valeurs correspondantes du sinus et du cosinus.

(Caen, 1883.)

415. Calculer deux angles x et y tels que l'on ait :

$$\operatorname{tg} x + \operatorname{tg} y = a$$
$$\operatorname{tg}(x+y) = b.$$

Discussion.

(Concours général de l'enseignement spécial, 1884.)

416. Résoudre le système des deux équations :

$$\sin x \sin y = a$$
$$\cos x \cos y = b$$

trouver, en particulier, toutes les valeurs de x et de y qui satisfont à ces équations lorsqu'on a : $a = \frac{1}{4}$, $b = \frac{3}{4}$. (Sorbonne, 1882.)

417. Résoudre les deux équations :

$$\sin x + \sin y = \sin \alpha$$
$$\cos x + \cos y = 1 + \cos \alpha$$

(Sorbonne, 1884.)

418. Résoudre le système des deux équations :

$$2(\sin 2x + \sin 2y) = 1 = 2 \sin(x + y)$$

419. Éliminer x et y entre les trois équations :

$$\sin x + \sin y = a$$
$$\cos x + \cos y = b$$
$$\cos(x - y) = c$$

420. Éliminer x et y entre les équations :

$$a^2 \cos^2 x - b^2 \cos^2 y = c^2$$
$$a \cos x + b \cos y = r$$
$$a \operatorname{tg} x = b \operatorname{tg} y$$

421. Déterminer x et y d'après les équations :

$$x(1 + \sin^2 \alpha - \cos \alpha) - y \sin \alpha (1 + \cos \alpha) = c(1 + \cos \alpha)$$
$$y(1 + \cos^2 \alpha) - x \sin \alpha \cos \alpha = c \sin \alpha$$

et éliminer α entre ces deux équations.

422. Éliminer x entre les équations :

$$\sin x + \cos x = m$$
$$\sin^3 x + \cos^3 x = n$$

423. Éliminer α entre les équations :

$$x \sin \alpha - y \cos \alpha = \sqrt{x^2 + y^2}$$
$$\frac{\cos^2 \alpha}{b^2} + \frac{\cos^2 \alpha}{a^2} = \frac{1}{x^2 + y^2}$$

424. Éliminer x et y entre les équations :

$$a \sin^2 x + a' \cos^2 x = b$$
$$a \sin^2 y + a' \cos^2 y = b'$$
$$a \operatorname{tg} x = a' \operatorname{cotg} y$$

et montrer que

$$\frac{1}{b} + \frac{1}{b'} = \frac{1}{a} + \frac{1}{a'}$$

425. Éliminer x et y entre les équations :

$$\sin x + \sin y = a$$
$$\cos x + \cos y = b$$
$$\operatorname{tg} \frac{x}{2} \operatorname{tg} \frac{y}{2} = \operatorname{tg}^2 \frac{a}{2}$$

426. Éliminer x entre les équations :

$$(a-b)\sin(x+\alpha)=(a+b)\sin(x-\alpha)$$

$$a\operatorname{tg}\frac{x}{2}-b\operatorname{tg}\frac{\alpha}{2}=c$$

427. Trouver toutes les valeurs de $\sin x$ et de $\sin y$ vérifiant les équations :

$$\sin y = k \sin x$$

$$2\cos x+\cos y=1$$

quelles valeurs faut-il donner à k pour que le problème soit possible? (Sorbonne, 1883.)

428. Calculer deux angles, connaissant leur somme ou leur différence, avec la somme, le produit ou le quotient de leurs sinus.

429. Calculer deux angles, connaissant leur somme ou leur différence, avec la somme, le produit ou le quotient de leurs tangentes.

430. Partager un angle a en deux parties telles que le rapport de leurs sinus, ou celui de leurs cosinus, ou celui de leurs tangentes soit égal à un nombre donné m.

431. Partager l'arc de 30° en deux parties telles que le sinus de la première soit le triple du sinus de la seconde. (Sorbonne, 1877.)

432. Partager l'angle de 45° en deux parties telles que leurs tangentes soient dans le rapport de 5 à 6. (Sorbonne, 1877.)

433. Calculer les valeurs de x et de y satisfaisant aux équations :

$$x+y=a$$

$$\sin^2 x-\sin^2 y=b$$

434. Calculer les valeurs de x et de y satisfaisant aux équations :

$$x+y=a$$

$$\sin^2 x+\sin^2 y=1-\cos a$$

(Sorbonne, 1885.)

Maximum, variations, vraie valeur des fonctions trigonométriques

435. Maximum de : $\sin x \cos x$.

436. Maximum ou minimum de : $\dfrac{1+\sin x}{\sin x(1-\sin x)}$.

437. Maximum de : $\sin x+\cos x$. (Sorbonne, 1866.)

438. Maximum du produit : $(5-\sin x)(2+\sin x)$.

439. Trouver pour quelle valeur de l'arc x comprise entre 0 et 90°, l'expression :

$$\operatorname{tg} x+3\operatorname{cotg} x$$

est minimum. (Sorbonne, 1874.)

440. Déterminer les valeurs de x qui rendent maximum ou minimum l'expression : $\cos x+\cos 2x$ (Dijon, 1879.)

441. Calculer les valeurs de x qui rendent maximum ou minimum l'expression : $3\sin x + 4\cos x$

(Sorbonne, 1882.)

442. Calculer les valeurs de x qui rendent maximum ou minimum l'expression : $2\sin x + 3\cos x$

(Dijon, 1878.)

443. Trouver le maximum et le minimum de

$$\operatorname{tg} a \operatorname{tg} x + \operatorname{cotg} a \operatorname{cotg} x$$

et les valeurs correspondantes de x (a est donné aigu, et x varie de 0 à 180°). (Dijon, 1875.)

444. Si $a + b + c = (2k+1)\frac{\pi}{2}$, quel est le maximum de

$$\operatorname{tg} a \operatorname{tg} b \operatorname{tg} c$$

445. Si $a + b + c = k\pi$, quel est le maximum de

$$\operatorname{cotg} a \operatorname{cotg} b \operatorname{cotg} c$$

446. Quel est le minimum de

$$\cos 2a + \operatorname{tg} a \operatorname{tg} 2a$$

447. Calculer le maximum et le minimum de

$$p\sin x + q\cos x$$

448. Trouver la valeur de x qui rend maximum

$$\sin x \cos^2 x (1 + \sin x)$$

449. Chercher le maximum et le minimum de la fonction :

$$\frac{\operatorname{tg} 3a}{\operatorname{tg}^3 a}$$

quand a varie de 0 à 90°. (Toulouse, 1883.)

450. Calculer le maximum et le minimum de la fonction :

$$y = \frac{(1 + \sin x)^2}{\sin x (1 - \sin x)}$$

et indiquer les variations de cette fonction pour x compris entre 0 et 2π. (École forestière, 1884.)

451. Calculer le maximum de : $\sin^m x \cos^n x$.

452. Lorsqu'on donne à un arc x un accroissement h, trouver la limite du rapport : $\frac{\sin(x+h) - \sin x}{h}$, quand h tend vers zéro.

453. Même question pour les rapports :

$$\frac{\cos(x+h) - \cos x}{h}$$

et

$$\frac{\operatorname{tg}(x+h) - \operatorname{tg} x}{h}$$

454. Étudier la variation de : $\operatorname{séc} x + \operatorname{tg} x$.

455. Étudier les variations des fonctions :

1° $y = \sin x + \cos x$

2° $y = \sin x - \cos x$

3° $y = x - \sin x$

4° $y = \dfrac{\sin x}{x}$

456. Trouver la limite de $\dfrac{1 - \cos x}{x^2}$ pour $x = 0$.

457. Quelle valeur prend le rapport $\dfrac{\sin 3a}{\sin 2a}$ quand $a = 0$?

(Saint-Cyr, 1877.)

458. Trouver la limite de $\dfrac{x \sin x}{1 - \cos x}$ pour $x = 0$.

459. Trouver la vraie valeur des expressions :

1° $\dfrac{\operatorname{tg} x}{1 - \cos x}$ pour $x = 0$

2° $\dfrac{\sin (a - 60°)}{4 \cos^2 a - 1}$ pour $a = 60°$. (Saint-Cyr, 1877.)

460. Trouver la limite vers laquelle tend l'expression :

$$\frac{1}{x} - \frac{1}{\operatorname{tg} x},$$ quand x tend vers zéro.

461. Quelle est la vraie valeur de l'expression :

$$\frac{1 - \operatorname{tg} x}{1 - \operatorname{cotg} x},$$ pour $x = 45°$? (Saint-Cyr, 1877.)

462. Trouver la vraie valeur de l'expression :

$$\frac{\cos 2a}{\cos a - \cos 45°}$$ pour $a = 45°$. (Saint-Cyr, 1877.)

463. Quelle est la vraie valeur de :

$$\frac{(1 - \sin x)^2}{\cos x},$$ pour $x = 90°$? (Saint-Cyr, 1876.)

464. Quelle est la vraie valeur de :

$$(1 - x) \operatorname{tg} \frac{\pi x}{2},$$ pour $x = 1$?

465. Trouver la valeur de :

$$\frac{\sin mx}{\sin nx},$$ pour $x = 0$.

466. Quelle est la vraie valeur de :

$$\frac{\sin \frac{x}{2} + \cos x}{1 + \sin^2 x + \cos x},$$ pour $x = 180°$?

§ IV. — Résolution des triangles.

467. Résoudre un triangle rectangle, connaissant le demi-périmètre p et le rayon R du cercle circonscrit. (Saint-Cyr, ex. oraux, 1877.)

468. Résoudre un triangle rectangle, connaissant le périmètre $2p$ et l'un des angles aigus B.

469. Résoudre un triangle rectangle, connaissant un angle aigu B et la différence $b - c = d$ des côtés de l'angle droit.

470. Résoudre un triangle rectangle, connaissant : 1° les rayons r et R des cercles inscrit et circonscrit ; 2° le rayon r et un angle B, ou le rapport $\frac{b}{c}$ des côtés de l'angle droit.

471. Résoudre un triangle rectangle, connaissant un côté b de l'angle droit et la différence $a - c = d$ entre l'hypoténuse et l'autre côté.

472. Résoudre un triangle rectangle, connaissant l'hypoténuse a et la somme $b + c = l$ des côtés de l'angle droit.

473. Résoudre un triangle rectangle, connaissant le périmètre $2p$ et la hauteur h correspondant à l'hypoténuse. (Marseille, 1883.)

474. Résoudre un triangle rectangle, connaissant l'hypoténuse et le rayon du cercle inscrit. Discussion. Construction géométrique. (Dijon, 1877.)

475. Résoudre un triangle, connaissant un côté a, l'angle opposé A, et la somme des deux autres côtés $b + c = l$. (Sorbonne, 1868.)

476. Résoudre un triangle, connaissant deux côtés b et c et la bissectrice α de l'angle compris.

477. Résoudre un triangle, connaissant un côté a, l'angle opposé A et la bissectrice α de cet angle.

478. Résoudre un triangle isocèle, connaissant les rayons r et r' du cercle inscrit et du cercle ex-inscrit tangent à sa base. (Dijon, 1880.)

479. Construire et résoudre un triangle, connaissant un côté a, la somme $b + c = l$ des deux autres, et l'angle α formé avec le côté a par la bissectrice de l'angle opposé A. (Dijon, 1881.)

480. Résoudre et construire un triangle dans lequel on connaît un côté a, la différence d des deux autres, et la différence β des angles opposés à ces derniers. (Dijon, 1882.)

481. Résoudre un triangle, connaissant l'un de ses angles A, le côté opposé $2a$ et la médiane m qui aboutit au milieu de ce côté. (Bacc., Dijon, 1881 ; Nancy, 1886.)

482. Résoudre un triangle, connaissant l'angle au sommet A, sa bissectrice AI et la hauteur AD.

483. Résoudre un triangle, connaissant deux côtés a et b, et sachant que l'angle A est double de l'angle B. (Saint-Cyr, 1870.)

484. Résoudre un triangle, connaissant deux côtés a et b, et la différence A — B des angles opposés.

485. Résoudre un triangle, connaissant le périmètre $2p$ et les angles A, B, C. (Sorbonne, 1873.)

486. Résoudre un triangle, connaissant sa surface S et les angles A, B, C. (Nancy, 1885.)

487. Résoudre un triangle, connaissant les trois angles et le rayon r du cercle inscrit.

488. Résoudre un triangle, connaissant les trois angles et le rayon R du cercle circonscrit.

489. Résoudre un triangle, connaissant le périmètre $2p$, un angle A et le rayon R du cercle circonscrit; ou connaissant R, a et B. (Lyon, 1879.)

490. Résoudre un triangle, connaissant un côté a, le rayon r du cercle inscrit, et la somme $b + c$ ou la différence $b - c$ des deux autres côtés. (Saint-Cyr, examens oraux, 1875.)

491. Résoudre un triangle, connaissant la surface S, le périmètre $2p$ et un angle A.

492. Résoudre un triangle, connaissant la base a, l'angle au sommet A et la hauteur h. (Sorbonne, 1879.)

493. Résoudre un triangle, connaissant :

1° a, B et $b + c$

2° a, $2p$ et S

3° a, h et r.

494. Calculer les angles B et C d'un triangle ABC, connaissant l'angle A et les deux segments m et n déterminés sur le côté BC par la perpendiculaire abaissée du sommet A sur ce côté. (Sorbonne, 1876.)

495. Résoudre un triangle, connaissant a et $a + b - c$, sachant que l'angle C est double de l'angle B. (Sorbonne, 1875.)

496. Résoudre un triangle, connaissant le côté moyen b, la surface m^2, et sachant que les trois angles sont en progression arithmétique. (Sorbonne, 1875.)

497. Calculer les côtés d'un triangle, connaissant ses angles et la surface du solide engendré par la rotation de ce triangle autour du côté a. (Sorbonne, 1877.)

498. Résoudre un triangle, connaissant les angles A, B, C, et la hauteur h.

499. Résoudre un triangle, connaissant le rayon R du cercle circonscrit, un angle A et la hauteur correspondante h.

500. Résoudre un triangle, connaissant un angle A, le périmètre $2p$ et le rayon r du cercle inscrit.

501. Résoudre un triangle, connaissant les rayons r, r', r'', r''' des cercles inscrit et ex-inscrits.

502. Résoudre et construire un triangle, connaissant un côté b et un angle adjacent A, sachant que les bissectrices intérieure et extérieure de cet angle sont égales ou sont dans un rapport donné m.

503. Résoudre un triangle, connaissant : 1° un angle A, la bissectrice α et la médiane m issues du sommet de cet angle, 2° la hauteur h, la bissectrice α et la médiane m issues du même sommet.

504. Résoudre un triangle, connaissant un angle A et les sommes $a+b=m$ et $a+c=n$. (Concours général, 1862.)

505. Résoudre un triangle, connaissant la base a, la hauteur h et le produit m des tangentes des demi-angles à la base. (Caen, concours académique, 1874.)

506. Résoudre un triangle dont les côtés sont tangents à une parabole donnée, connaissant les rayons vecteurs des points de contact.

Problèmes numériques.

507. La perpendiculaire abaissée du sommet de l'angle droit d'un triangle rectangle sur l'hypoténuse, la partage en deux segments dont les longueurs sont 3m,643 et 4m,928 ; calculer les angles du triangle. (Sorbonne, 1869.)

508. La bissectrice de l'angle droit d'un triangle rectangle partage l'hypoténuse en deux segments dont les longueurs sont 4m,319 et 5m,238 ; on demande de calculer les angles de ce triangle. (Sorbonne, 1865.)

509. Calculer les côtés d'un triangle dont la surface est de 10mq et dont les angles ont respectivement 178° 30′ 29″, 1° 0′ 4″ et 0° 29′ 27″. (Sorbonne, 1866.)

510. Un triangle rectangle a une surface de 81 678mq,3 640 ; l'un de ses angles a 38° 51′ 20″ ; on demande les autres éléments de ce triangle.

511. Un des angles d'un triangle a 35° 18′ 46″ ; les deux côtés qui le comprennent ont 87m et 72m ; on demande la surface en ares et centiares.

512. Calculer la surface d'un triangle isocèle de 176m,40 de hauteur, l'angle au sommet étant de 47° 24′ 18″.

513. Dans un triangle ABC, on a $a=60^{m}$, $b=40^{m}$, $c=42^{m}$; on demande la longueur de la médiane AD et les angles qu'elle forme avec BC.

514. Calculer le rayon du cercle circonscrit à un triangle dont un côté $a=354^{m},20$, et l'angle opposé à ce côté $A=55°\ 49'\ 22''$.

515. Calculer, à 0″,1 près, l'angle au sommet d'un triangle isocèle dont la base est égale à 3 452m,634, et la surface égale à 5 864 372mq. (Sorbonne, 1859.)

516. Calculer la surface d'un triangle, connaissant la hauteur $h = 4590^m,076$ et les angles α, β que forme cette hauteur avec les deux côtés adjacents; savoir : $\alpha = 8^\circ$ et $\beta = 15^\circ$.

517. L'un des côtés c de l'angle droit d'un triangle rectangle vaut $34828^m,43$ et l'angle aigu adjacent $B = 48^\circ\ 35'\ 27''$. De combien faut-il augmenter cet angle pour que l'autre côté de l'angle droit s'accroisse de 20^m? (Saint-Cyr, 1876.)

518. Dans un triangle on connaît un côté $a = 3428^m,58$ et les deux angles adjacents $B = 108^\circ\ 15'\ 27''$ et $C = 47^\circ\ 25'\ 47''$. Calculer la hauteur abaissée du sommet A. (Saint-Cyr, 1874.)

519. On donne un côté d'un triangle, $a = 8424^m,572$ et les deux angles adjacents $B = 64^\circ\ 45'\ 28'',6$ et $C = 42^\circ\ 25'\ 17''$, et l'on demande de calculer 1° la distance du centre du cercle inscrit au sommet B; 2° le rayon du cercle inscrit. (Saint-Cyr, 1868.)

520. Dans un triangle, on connaît l'angle $B = 51^\circ\ 14'\ 37'',8$, l'angle $C = 28^\circ\ 55'\ 35''$ et le côté $a = 4436^m,857$. Calculer l'angle que fait le côté c avec la médiane menée du sommet A. (Saint-Cyr, 1865.)

521. Résoudre un triangle, connaissant le périmètre $2p = 1254,345$ et deux angles, savoir : $A = 98^\circ\ 35'\ 28'',6$; $B = 42^\circ\ 39'\ 18'',8$. (École polytechnique, 1852.)

522. Calculer les côtés d'un triangle dont le périmètre $2p = 1^m,20$, et dont les angles A et B ont respectivement pour valeur $35^\circ\ 17'\ 15''$ et $62^\circ\ 43'\ 30''$. (Concours général, 1854.)

523. On a un angle $A = 44^\circ\ 20'\ 12''$; on mène par un point B pris sur l'un des côtés de l'angle, à une distance $AB = 107^m$, une droite BC, telle que la surface du triangle ABC soit de 6527^{mq}; on demande la longueur de la droite AC et la valeur de l'angle ABC. (Sorbonne, 1860.)

524. Trouver le rayon du cercle circonscrit à un triangle dont les trois côtés sont respectivement 249^m, 332^m et 415^m. (Sorbonne, 1860.)

525. Dans un triangle BAC, on donne le côté $AB = 23^m,215$, le côté $AC = 19^m,419$, l'angle $BAC = 46^\circ\ 29'\ 37''$; on demande de calculer la longueur de la bissectrice de l'angle A. (Sorbonne, 1859.)

526. On donne dans un triangle ABC l'angle $B = 68^\circ\ 26'\ 17''$, l'angle $C = 75^\circ\ 8'\ 23''$ et la hauteur $AH = 148^m,19$; on demande de calculer la longueur des trois côtés. (Sorbonne, 1859.)

527. Les trois côtés d'un triangle ABC étant respectivement $AB = 1551^m$, $AC = 2068^m$, $BC = 2585^m$, trouver la longueur de la droite AD qui joint le sommet A au milieu de BC. (Sorbonne, 1859.)

528. On donne dans un triangle ABC les trois côtés; savoir $BC = 6^m$, $AB = 5^m$, $AC = 2^m$. On mène la bissectrice AI de l'angle A, et l'on demande de calculer : 1° les surfaces des deux triangles ACI et ABI; 2° la longueur de la parallèle IM à AC, terminée au côté AB en M. (Sorbonne, 1859.)

529. Dans un triangle ABC on donne AC $=177^m,285$, BC $=89^m,214$, l'angle $C=69^\circ\ 10'\ 12''$. Il s'agit de déterminer sur le côté AC le point M par lequel il faut abaisser sur AB la perpendiculaire MP, pour diviser le triangle en deux parties équivalentes. (Sorbonne, 1862.)

530. Étant donnés les trois côtés d'un triangle : $a=1\,402,448$, $b=876,53$, $c=1\,227,142$; calculer : 1° les angles et la surface ; 2° l'aire comprise entre les cercles inscrit et circonscrit. (École centrale, 1866.)

531. Connaissant deux côtés d'un triangle : $a=4\,565,72$, $b=983,45$ et l'angle compris $C=75^\circ\ 23'\ 54''$; calculer les deux autres angles, le 3e côté, la surface et le rayon du cercle ex-inscrit compris dans l'angle C. (École centrale, 1866.)

Éléments particuliers des triangles.

(Ces questions ne réclament pas l'emploi des tables.)

532. L'un des côtés d'un triangle est double d'un autre et l'angle compris a 60°. Calculer les deux autres angles.

533. Vérifier que dans un triangle rectangle on a :

$$rr' = r'r'' = S. \quad \text{(Saint-Cyr, 1876.)}$$

534. Trouver la condition pour que le rayon du cercle circonscrit à un triangle soit égal au triple du rayon du cercle inscrit. (Saint-Cyr, examens oraux, 1876.)

535. Exprimer les trois hauteurs h, h', h'', d'un triangle en fonction des côtés et des angles.

536. Calculer les trois hauteurs d'un triangle en fonction des trois côtés.

537. Dans un triangle, on connaît un côté c et les angles adjacents A et B ; calculer la bissectrice de l'angle A et le segment de BC adjacent à AB.

538. Étant donnés les trois côtés d'un triangle, calculer la bissectrice de l'un des angles.

539. Les côtés d'un triangle ont respectivement pour mesures x^2+x+1, $2x+1$, x^2-1, la lettre x désignant un nombre plus grand que 1. Vérifier que l'angle opposé au premier côté est un angle de 120°. (Sorbonne, 1869.)

540. Les côtés de l'angle droit d'un triangle rectangle étant $2mn$ et m^2-n^2, calculer les tangentes des demi-angles aigus. (Clermont, 1873.)

541. Calculer les côtés b et c d'un triangle rectangle dont on connaît l'hypoténuse a, et dans lequel les angles B et C vérifient la relation : $\sin B = 2 \sin C$. (Sorbonne, 1881.)

542. Calculer les tangentes des trois angles d'un triangle dont les côtés ont pour valeurs 3, 4 et 5. (Sorbonne, 1879.)

543. Le rapport $\frac{b}{c}$ des côtés de l'angle droit d'un triangle rectangle est égal à $2+\sqrt{3}$. Calculer le cosinus de la différence $B-C$ des angles aigus. (Sorbonne, 1880.)

544. Déterminer les angles d'un triangle, sachant que les côtés sont proportionnels aux nombres : 2, $\sqrt{6}$ et $1+\sqrt{3}$.

545. Si l'on a, dans un triangle, $A=30°$, $b=100$, et $a=40$, combien aura-t-on de solutions ?

546. Dans le cas *douteux*, trouver la somme des aires des deux triangles qui répondent aux données.

547. Les trois côtés d'un triangle sont $a=\frac{\sqrt{3}}{2}$, $b=\frac{\sqrt{2}}{2}$ et $c=\frac{\sqrt{6}+\sqrt{2}}{4}$; calculer, sans tables, les angles de ce triangle, sa surface et le rayon du cercle circonscrit. (Sorbonne, 1880.)

548. Dans un triangle $A=45°$ et les côtés qui le comprennent $b=4$, $c=\sqrt{2}$; calculer, sans tables, le sinus et le cosinus de chacun des angles B et C. (Sorbonne, 1880.)

549. Dans un triangle, $b=\sqrt{2}$, $c=\sqrt{3}$ et l'angle $C=60°$; calculer sans tables de logarithmes : 1° le côté a ; 2° le sin et le cos des angles A et B. (Sorbonne, 1880.)

550. Dans un triangle, on donne $A=60°$ et le rapport $\frac{b}{c}=2+\sqrt{3}$; calculer la tangente de l'angle $\frac{1}{2}(B-C)$, puis les angles B et C. (Sorbonne, 1883.)

551. Les côtés d'un triangle sont 3, 5 et 6 ; quel est le rapport du rayon du cercle circonscrit à celui du cercle inscrit ?

552. Les côtés a, b, c d'un triangle satisfont aux relations : $a=\frac{7}{3}c$, $b=\frac{8}{3}c$. Calculer la tangente de l'angle $\frac{1}{2}A$ et en déduire la valeur de l'angle A. (Sorbonne, 1883.)

553. Calculer la base et les angles d'un triangle isocèle, sachant que le côté égale 2m et la surface 1mq. (Montpellier, 1880.)

554. Le côté AB d'un triangle rectangle en A est divisé au point I en deux segments. Exprimer, au moyen d'une formule logarithmique, le segment AI, connaissant l'autre segment $IB=l$ et les deux angles $BCI=\alpha$ et $ACI=\beta$. (Sorbonne, 1884.)

555. Calculer le rayon du cercle inscrit dans un triangle rectangle, en fonction de l'hypoténuse a et de l'un des angles aigus B. (Sorbonne, 1880.)

556. Trouver la surface d'un triangle isocèle dont on connaît la base a et les angles adjacents égaux B et C, ou les deux côtés égaux et l'angle compris.

557. Étant donnés les trois côtés d'un triangle : 1° trouver les rayons du cercle inscrit et des trois cercles ex-inscrits ; 2° démontrer que la surface du triangle égale la racine carrée du produit de ces quatre rayons. (Lille, 1879.)

558. Étant donnés les trois côtés d'un triangle, trouver les angles et les côtés du triangle ayant pour sommets les centres des trois cercles ex-inscrits.

559. Exprimer les angles d'un triangle en fonction des hauteurs.

560. Déterminer les angles B et C d'un triangle, connaissant l'angle A et le rapport $\frac{h'}{h''} = m$ des hauteurs issues des sommets B et C. On calculera $\operatorname{tg} \frac{1}{2}(B - C)$. (Sorbonne, 1885.)

561. Calculer les angles d'un triangle connaissant les rapports des segments déterminés sur les hauteurs par leur point de concours.

562. Même question pour les rapports des segments des bissectrices.

563. En appelant x la distance du point de concours des hauteurs d'un triangle au sommet A, on demande de démontrer la relation : $x = a \operatorname{cotg} A$. (Dijon, 1881.)

564. Calculer les trois côtés d'un triangle, sachant qu'ils sont exprimés par trois nombres entiers consécutifs et que le plus grand angle est double du plus petit.

565. Dans un triangle rectangle, exprimer le rapport des médianes issues des sommets B et C, en fonction de tg B. Maximum et minimum de ce rapport quand B est variable. (Sorbonne, 1885.)

566. Calculer l'angle aigu B d'un triangle rectangle dans lequel on connaît l'hypoténuse a et la longueur β de la bissectrice, soit intérieure soit extérieure, issue du sommet de cet angle B. (Dijon, 1883.)

567. On donne dans un triangle la base a, l'angle opposé A et la somme m^2 des carrés des deux autres côtés b et c. On demande de calculer b, c et $\sin \frac{1}{2}(B - C)$; déterminer entre quelles limites peut varier m^2 pour que le problème soit possible. (Sorbonne, 1884.)

568. Dans un triangle ABC on joint les pieds des hauteurs A′, B′, C′. Trouver le rapport de la surface du triangle obtenu à celle du triangle donné. (Caen, 1879.)

569. Dans un triangle ABC on joint les points de contact A′, B′, C′ du cercle inscrit. Trouver : 1° le rapport de la surface du triangle obtenu à celle du triangle donné ; 2° le rapport des rayons des cercles circonscrits à ces deux triangles.

570. Étant donné un triangle ABC, on forme un premier triangle en menant les bissectrices des angles extérieurs, puis un second en menant les bissectrices des angles extérieurs de celui-ci, et ainsi de suite indéfiniment. Calculer les angles du n^e triangle.

571. On donne le rayon r du cercle inscrit dans un triangle ABC; si l'on inscrit trois autres cercles entre les côtés du triangle et le cercle inscrit, et que l'on désigne leurs rayons par r_1, r_2, r_3, démontrer la relation.

$$\sqrt{r_1 r_2} + \sqrt{r_2 r_3} + \sqrt{r_1 r_3} = r. \qquad \text{(Saint-Cyr, oral, 1882.)}$$

572. On donne dans un triangle les trois angles A, B, C, et le rayon r du cercle inscrit. On demande de calculer, en fonction de ces données, 1° les côtés a, b, c; 2° la surface S; 3° le rayon R du cercle circonscrit. (Dijon, 1879.)

573. Dans un triangle rectangle, on connaît les deux segments m et n déterminés sur l'hypoténuse par la bissectrice de l'angle droit. Calculer 1° les trois côtés du triangle, 2° la hauteur correspondant à l'hypoténuse; 3° la bissectrice de l'angle droit, et 4° la tangente de l'angle que forment ces deux lignes. (Lille, 1882.)

574. Étant donnés les trois angles d'un triangle et la hauteur h issue de l'angle A, 1° calculer les trois côtés; 2° exprimer en formules logarithmiques le périmètre et les rayons des cercles inscrit et circonscrit. (Lille, 1881.)

575. Dans un triangle isocèle ABC, on connaît la base a, la bissectrice β de l'angle à la base; calculer $\frac{1}{2}$ B, discuter et rendre logarithmique la formule obtenue. (Saint-Cyr, 1884.)

§ V. — Des quadrilatères.

576. Dans un quadrilatère inscriptible, deux côtés adjacents ont pour longueur 3m et les deux autres côtés 4m. Calculer 1° la surface, 2° les rayons des cercles inscrit et circonscrit, 3° les diagonales, 4° les tangentes des angles que forment les diagonales avec les côtés.

577. Les diagonales d'un quadrilatère sont respectivement 295m,315 et 314m,159, l'angle qu'elles forment est de 89° 59′ 13″. On demande la surface du quadrilatère. (Sorbonne, 1866.)

578. L'un des angles d'un losange circonscrit à un cercle de 68m de rayon est de 43° 24′ 37″; calculer, à un décimètre carré près, la surface de ce losange. (Sorbonne, 1865.)

579. Calculer à $\frac{1}{10}$ de seconde près les angles d'un losange dont le périmètre égale 842m693, sachant que l'une des diagonales a 92m355. (Sorbonne, 1864.)

580. Résoudre un parallélogramme, connaissant une diagonale, la surface et le périmètre.

581. Étant donnés les côtés et les angles d'un parallélogramme, exprimer 1° la surface, 2° les diagonales, 3° la tangente de l'angle que forment les diagonales.

582. Étant données la base et la hauteur d'un rectangle, calculer le sin, le cos et la tg de l'angle des diagonales.

583. Calculer, en fonction des côtés et des angles d'un quadrilatère quelconque, la longueur de la droite qui joint les milieux des diagonales.

584. Exprimer les longueurs des droites qui joignent les points milieux des côtés opposés d'un quadrilatère quelconque.

585. Calculer la surface d'un quadrilatère quelconque au moyen des côtés et des diagonales.

586. La surface d'un rectangle est p, elle devient q quand l'angle des diagonales devient double sans que ces diagonales changent de longueur. Trouver la longueur des diagonales et l'angle qu'elles forment. (Caen, 1879.)

587. En suivant le périmètre d'un quadrilatère ABCD, on a divisé les quatre côtés dans un même rapport donné $\frac{m}{n}$, et l'on a joint les points de division consécutifs. Calculer la surface du quadrilatère obtenu, en fonction de la surface S du quadrilatère donné.

588. On donne les deux bases d'un trapèze m et n, la hauteur h et l'angle A que forment les prolongements des côtés non parallèles. Calculer la longueur de ces côtés. Application :

$$m=5,\ n=2,\ h=\sqrt{3} \text{ et } A=60^\circ.$$

(Sorbonne, 1879.)

589. Calculer la hauteur h d'un trapèze, connaissant les bases a et b et les diagonales α et β. (Sorbonne, 1881.)

590. Calculer les diagonales d'un trapèze, connaissant les bases a et b et les côtés non parallèles c et d. (Dijon, 1883.)

591. Un quadrilatère est inscrit dans un demi-cercle; les trois côtés a, b, c différents du diamètre x étant connus, former l'équation qui donne le diamètre.

592. Résoudre un trapèze inscrit dans un cercle de rayon donné R, connaissant un angle α et la surface m^2.

593. Résoudre un trapèze connaissant les angles et les diagonales.

594. Dans un parallélogramme, on donne la somme $2a$ des côtés et des diagonales, un angle β et l'angle α des diagonales, calculer les côtés et les diagonales.

595. Dans un quadrilatère, on connaît la surface m^2 et les quatre côtés a, b, c, d; calculer les angles.

596. Dans un quadrilatère, on connaît trois côtés et les deux angles

qu'ils comprennent : calculer le 4e côté. (Douai, Concours académique, 1876.)

597. Trouver une relation entre les côtés et les diagonales d'un quadrilatère.

598. Dans un quadrilatère inscriptible ABCD, on donne l'angle B, les deux côtés a et b de cet angle et la différence $d - c$ des deux autres côtés. Calculer le rayon R du cercle circonscrit, les côtés d et c, l'angle A et la surface.

599. Dans un quadrilatère, on connaît les quatre côtés a, b, c, d et la somme α des deux angles opposés. Calculer la surface.

600. Trouver les angles d'un quadrilatère convexe circonscrit à un cercle de rayon R, connaissant trois côtés consécutifs a, b, c. Dire entre quelles limites doit varier R pour que le problème soit possible. (Concours d'agrégation, 1884.)

TROISIÈME SÉRIE

APPLICATIONS DE LA TRIGONOMÉTRIE

---

§ I. — Questions de Géométrie plane.

Constructions de figures, détermination de droites, etc.

601. Diviser un angle en deux parties telles, que leurs sinus ou leurs cosinus soient dans un rapport donné $\frac{m}{n}$.

602. Par deux points A et B pris sur une circonférence de rayon R, mener à un autre point de cette circonférence deux cordes qui soient dans un rapport donné m.

603. Construire un triangle semblable à un triangle donné et dont les sommets soient respectivement sur trois parallèles données.

604. Déterminer le côté d'un triangle équilatéral ayant ses trois sommets sur trois circonférences concentriques de rayons donnés a, b, c. Construire le triangle.

605. Inscrire un cercle dans un secteur d'angle α et de rayon R. (Dijon, 1869.)

606. Mener un cercle tangent à une droite donnée MN et passant

par deux points donnés A et B, connaissant l'angle α de la droite AB avec MN et les distances a et b des points donnés au point O d'intersection de ces deux droites. (Dijon, 1872.)

607. On donne deux circonférences de rayons R et r et la distance d de leurs centres, et l'on demande de mener par leur centre de similitude directe une sécante telle que le segment compris entre les points homologues M et m ait une longueur donnée a. (Dijon, 1878.)

608. Mener par le sommet A d'un triangle équilatéral une droite telle qu'en projetant sur elle les deux autres sommets, la somme des carrés des projectantes égale une quantité donnée m^2. Quelles valeurs faut-il donner à m^2 pour que le problème soit possible?

609. Même question pour un triangle quelconque. (Sorbonne, 1884.)

610. Une droite OX fait des angles α et β avec deux droites fixes OA et OB; on prend $OB = d$, et l'on demande de déterminer sur OX une longueur $OM = x$ telle que le rapport $\frac{MB}{MP}$ des distances du point M au point B et à la droite OA égale un nombre donné m. Indiquer les conidtions de possibilité quand on fait varier la direction de OX. (Poitiers, 1884.)

611. Étant donné un angle droit xOy, mener à une distance R du sommet O une droite AB telle que la somme $OA + OB$ égale une longueur donnée m.

612. Par un point P pris sur le prolongement du diamètre AB, mener une sécante PM'M telle que la projection de la corde MM' sur le diamètre ait une longueur donnée a.

613. Par un point P pris sur le prolongement d'un diamètre d'un cercle de rayon donné R, mener une sécante PBC telle que si l'on mène les tangentes BA et CA aux points d'intersection, l'une des hauteurs du triangle ABC ait une longueur donnée.

614. Étant donné un cercle de rayon R et deux tangentes faisant entre elles un angle connu A, mener une troisième tangente formant avec les deux autres un triangle ABC tel que : 1° le côté a ait une longueur donnée, 2° la surface du triangle ait une valeur déterminée, 3° la somme, 4° la différence, 5° le produit, 6° le quotient des côtés b et c ait une valeur connue; 7° le rayon du cercle inscrit soit maximum.

615. Inscrire un carré dans un parallélogramme, ou, plus généralement, dans un quadrilatère donné.

616. *Problème d'Alhazen.* On donne un billard circulaire et une bille placée en un point P; dans quelle direction faut-il lancer la bille pour qu'elle repasse au point de départ après n réflexions? (Concours général des collèges de Paris, 1842.)

Théorèmes.

617. Dans tout triangle, la distance d'un sommet au point de concours des hauteurs est double de la distance du côté opposé au centre du cercle circonscrit.

618. Les trois produits formés en multipliant l'un par l'autre les deux segments d'une même hauteur d'un triangle sont égaux entre eux.

619. La bissectrice d'un angle d'un triangle divise le côté opposé en deux segments proportionnels aux autres côtés.

620. La corde d'un arc de 108° égale la somme des côtés de l'hexagone et du décagone réguliers inscrits.

621. Dans tout triangle, le point d'intersection des hauteurs, le centre de gravité et le centre du cercle circonscrit sont en ligne droite, et la distance des deux premiers points est double de celle des deux autres.

622. *Théorème d'Euler.* Dans tout triangle, la distance du centre du cercle circonscrit au centre du cercle inscrit est moyenne proportionnelle entre le rayon du premier cercle et l'excès de ce rayon sur le double de l'autre.

623. La surface d'un triangle rectangle égale le produit des segments déterminés par le cercle inscrit sur l'hypoténuse.

624. Lorsqu'on joint par des droites les trois sommets d'un triangle à un même point, le produit des sinus des trois angles que ces droites forment avec les côtés, dans un même sens de rotation, égale le produit des sinus des trois autres angles.

625. Si l'on prolonge les bissectrices des angles intérieurs d'un triangle jusqu'à la rencontre du cercle circonscrit, et qu'on joigne les points obtenus, le triangle ainsi formé a pour surface $\frac{1}{2}pR$.

626. Étant donné un triangle ABC inscrit dans un cercle, on mène un diamètre A'B' parallèle au côté AB, et, par ses extrémités, des cordes A'E et B'D parallèles aux deux autres côtés, puis on joint ED, le quadrilatère obtenu A'EDB' est équivalent au triangle donné.

627. Si par les trois sommets d'un triangle on mène des diamètres du cercle circonscrit et qu'on joigne les points de division marqués par leurs extrémités, le périmètre de l'hexagone obtenu égale deux fois la somme des diamètres des cercles inscrit et circonscrit au triangle.

628. Si, par un point fixe P de la bissectrice d'un angle donné O, on mène une transversale quelconque AB, la somme des inverses des segments OA et OB est une quantité constante.

629. *Théorèmes de Ptolémée.* Dans tout quadrilatère inscriptible : 1° le produit des diagonales égale la somme des produits des côtés

opposés; 2° les diagonales sont entre elles comme les sommes des produits des côtés qui aboutissent à leurs extrémités.

630. Les segments des diagonales d'un quadrilatère inscriptible sont entre eux comme les produits des côtés qui aboutissent aux extrémités de ces segments.

631. Dans tout trapèze, la différence des carrés des diagonales est à la différence des carrés des côtés non parallèles comme la somme des bases est à leur différence.

632. Dans un parallélogramme : 1° la différence des carrés des diagonales égale quatre fois le produit des côtés adjacents par le cosinus de l'angle compris; 2° la différence des carrés de deux côtés adjacents égale le produit des diagonales multiplié par le cosinus de l'angle qu'elles forment.

633. Si trois cercles sont tangents deux à deux extérieurement : 1° les tangentes communes intérieures concourent au même point; 2° le carré de la surface du triangle ayant pour sommets les trois centres est égal à la somme des rayons multipliée par leur produit; 3° le carré de la distance du point de concours des tangentes à l'un quelconque de leurs points de contact égale le produit des rayons divisé par leur somme.

634. Si les sinus des angles d'un triangle sont en proportion harmonique, il en est de même des différences 1 — cos A, 1 — cos B et 1 — cos C.

635. Si les côtés d'un triangle sont en progression arithmétique, la hauteur correspondant au côté moyen et le rayon du cercle ex-inscrit tangent à ce même côté égalent l'un et l'autre trois fois le rayon du cercle inscrit.

636. Si les trois côtés d'un triangle sont en progression géométrique, le triangle formé avec les trois hauteurs est un triangle semblable.

637. Étant donné un triangle et le cercle qui lui est inscrit, on mène à ce cercle des tangentes parallèles aux côtés, ce qui donne trois nouveaux triangles intérieurs au premier : 1° la somme des rayons des cercles inscrits aux triangles intérieurs égale le rayon du cercle inscrit au triangle donné; 2° le produit des aires des quatre triangles égale la huitième puissance de ce même rayon.

638. Si l'on joint les extrémités A et B du côté du pentagone régulier inscrit, au point P milieu de l'arc sous-tendu par l'un des côtés adjacents, 1° la différence des droites PA et PB égale le rayon du cercle; 2° leur produit égale le carré du rayon, et 3° la somme de leurs carrés égale trois fois le carré du rayon.

639. La surface d'un polygone régulier inscrit ayant un nombre pair de côtés est une moyenne proportionnelle entre les surfaces des polygones réguliers inscrit et circonscrit dont le nombre des côtés est moitié.

640. L'aire d'un polygone régulier circonscrit à un cercle est la

moyenne harmonique entre l'aire du polygone régulier inscrit semblable et celle du polygone régulier circonscrit d'un nombre de côtés moitié.

641. *Théorème de Viviani.* La somme des perpendiculaires abaissées d'un point intérieur d'un polygone régulier sur les côtés égale n fois son apothème (n étant le nombre de côtés).

642. Si d'un point de la circonférence circonscrite à un polygone régulier d'un nombre impair de côtés on mène des droites à tous les sommets comptés dans un même sens à partir du point donné, la somme des droites menées aux sommets de rang pair égale la somme des droites menées aux autres sommets.

643. Si d'un point de la circonférence circonscrite à un polygone régulier de n côtés on mène des droites à tous les sommets, la somme des carrés de ces droites égale $2n$ fois le carré du rayon.

644. Le produit de toutes les droites menées d'un sommet d'un polygone régulier de n côtés à tous les autres sommets égale n fois la $(n-1)^e$ puissance du rayon du cercle circonscrit.

645. Le produit des tangentes des angles sous lesquels on voit d'un point de la circonférence deux longueurs égales portées en sens opposés sur les prolongements d'un diamètre fixe est constant.

646. Par un point O donné sur le prolongement d'un diamètre AB, on mène un sécante OMM' et l'on joint au centre C les points d'intersection M et M'; le produit des tangentes des angles $\frac{1}{2}$ MCA et $\frac{1}{2}$ M'CA est constant pour toutes les sécantes menées par le point O à la circonférence.

647. Par un point P de la ligne des centres de deux cercles, on mène une sécante qui rencontre les deux circonférences en A, B, A' B'. En ces points, on mène des tangentes qui se coupent en C et C', et l'on joint CC'. Si l'on appelle α et β les angles que font avec la ligne des centres les droits APB' et CC', le produit $\operatorname{tg} \alpha \operatorname{tg} \beta$ est constant.

648. *Théorème de Pappus.* Le produit des perpendiculaires abaissées d'un point quelconque d'une circonférence sur deux côtés opposés d'un quadrilatère inscrit égale le produit des perpendiculaires abaissées du même point sur les deux autres côtés.

649. La perpendiculaire abaissée d'un point d'une circonférence sur une corde est moyenne proportionnelle entre les perpendiculaires abaissées du même point sur les tangentes aux extrémités de la corde.

650. Lorsqu'un carré est circonscrit à un cercle, la somme des carrés des tangentes des angles sous lesquels on voit, d'un point quelconque de la circonférence, les deux diagonales du carré est constante et égale à 8. (Concours général, 1864.)

651. Les diagonales $2a$ et $2b$ d'un losange étant vues sous des

angles α et β d'un point éloigné du centre d'une distance c, on a la relation :

$$b^2(a^2-c^2)^2\,\mathrm{tg}^2\alpha+a^2(b^2-c^2)^2\,\mathrm{tg}^2\beta=4a^2b^2c^2$$

652. Le produit des rayons vecteurs d'un point quelconque d'une ellipse multiplié par le carré du cosinus de l'angle que la normale en ce point fait avec l'un des rayons vecteurs égale le carré de la moitié du petit axe. (Sorbonne, 1881.)

653. Dans une ellipse : 1° le produit des tangentes des demi-angles des rayons vecteurs avec la droite qui joint les foyers; 2° le produit des distances des foyers à une tangente, et 3° la projection de la normale sur les rayons vecteurs sont des quantités constantes.

654. Dans une hyperbole : 1° le quotient des tangentes des demi-angles des rayons vecteurs avec l'axe transverse; 2° le produit des distances des foyers à une normale; 3° la projection de la normale sur les rayons vecteurs sont des quantités constantes.

Lieux géométriques.

655. Quel est le lieu géométrique des points M tels que si l'on mène de chacun d'eux la tangente MT à une circonférence ayant le point O pour centre, l'angle OMT soit égal à 30°? (Sorbonne, 1880.)

656. Quel est le lieu des milieux des cordes d'un cercle qui partent d'un même point de la circonférence?

657. Quel est le lieu du sommet A d'un triangle dont la base $BC=a$ est constante, et dont la surface égale celle du triangle équilatéral construit sur le côté variable $AC=b$?

658. Par un point fixe O on mène à un cercle des sécantes OPP′ et l'on prend, à partir de ce point, la moyenne arithmétique OM entre les distances OP et OP′. Quel est le lieu du point M?

659. On donne deux parallèles; par un point O de la première, on mène une sécante quelconque OB jusqu'à la rencontre de la deuxième parallèle; on élève ensuite BC perpendiculaire à OB. Au point C, où la perpendiculaire rencontre la première parallèle, on fait un angle OCM double de BOC, et du point fixe O on abaisse OM perpendiculaire sur CM. Trouver le lieu du point d'intersection M. (Concours général.)

660. Un triangle ABC de grandeur variable se meut autour d'un de ses sommets fixe A, de telle sorte qu'en demeurant toujours semblable à lui-même, le sommet B reste sur une droite donnée BL. Trouver le lieu décrit par le troisième sommet C.

661. Étant donné un losange ABCD formé de deux triangles équilatéraux, par un sommet D on mène une transversale mobile qui coupe les côtés de l'angle opposé A en E et en F, puis on tire les droites BE et CF. Chercher le lieu du point M de rencontre de ces droites. (Concours général, 1866.)

662. Trouver le lieu du sommet A d'un triangle dont la base BC est fixe et dans lequel le produit $\operatorname{tg} \frac{1}{2} B \operatorname{tg} \frac{1}{2} C$ est constant.

663. Quel est le lieu du sommet quand le quotient de $\operatorname{tg} \frac{1}{2} B$ par $\operatorname{tg} \frac{1}{2} C$ est constant ?

664. Trouver le lieu du sommet A d'un triangle dont la base BC est fixe et dans lequel on a : $\cos A = m \cos B \cos C$.

665. Quel est le lieu décrit par un point quelconque M d'une droite dont deux points fixes A et B glissent sur deux axes rectangulaires ?

666. Étendre cette question à la Géométrie dans l'espace, en supposant que trois points donnés A, B, C de la droite glissent sur trois plans rectangulaires ; quel est le lieu décrit par un point quelconque M de cette droite ?

667. Par deux points fixes A et B pris sur deux droites rectangulaires, on mène des perpendiculaires à une sécante mobile OC passant par le sommet de l'angle droit. Quel est le lieu du point M milieu de PQ, distance des pieds des perpendiculaires ? (École polytechnique, 1847.)

668. Même question, quel est le lieu du point M tel que l'on ait $\overline{OM}^2 = OP \cdot OQ$? (École polytechnique, 1849.)

Problèmes de Géométrie plane.

669. Dans un cercle de 3m,45 de rayon, on veut inscrire un polygone régulier de 9 côtés : quelle sera la longueur du côté ?

670. Dans un cercle de 196m,273 de rayon, quelle sera la graduation d'un arc sous-tendu par une corde de 238m,355 ?

671. Dans un cercle de 8m de rayon, on a mené une corde qui sous-tend un arc de 62° 21′ ; quelle est la surface du triangle compris entre cette corde et les rayons qui aboutissent à ses extrémités ?

672. Une tour a 50m de circonférence ; les tangentes menées d'un point extérieur font un angle de 18°. Quelle est la distance de ce point au centre ?

673. Dans le problème précédent, quel serait l'angle des tangentes, si le point extérieur était éloigné de 150m du centre ?

674. On donne deux circonférences sécantes dont les rayons sont R et r, et la distance des centres d. Calculer la corde commune. (Sorbonne, 1883.)

675. Deux cercles de rayon a et b se coupent sous un angle α. Calculer la longueur de leur corde commune.

676. Les tangentes communes intérieures à deux cercles de rayons R et r se coupent à angle droit ; calculer la surface du triangle formé par ces lignes et la tangente commune extérieure.

677. Les rayons des deux cercles sont 1 et 2, la distance de leurs

entres est $\sqrt{7}$; calculer, sans tables, le *cos* de l'angle formé par les tangentes à ces cercles en un de leurs points d'intersection; trouver ensuite le *sin*, le *cos* et la *tg* de la moitié de cet angle. (Sorbonne, 18·0.)

678. Deux circonférences de rayons a et b sont tangentes extérieurement; on demande de calculer l'angle que forment les tangentes communes extérieures autres que la tangente au point de contact. (Sorbonne, 1872.)

679. On donne deux cercles extérieurs dont les rayons sont R et r, et la distance d de leurs centres; on demande de calculer les cosinus des angles formés respectivement par les deux tangentes communes extérieures, par les deux tangentes communes intérieures, et par deux tangentes, l'une intérieure et l'autre extérieure. (Dijon, 1882.)

680. Étant donné un cercle de rayon R et un point extérieur A situé à une distance d du centre, on mène par ce point une sécante qui coupe la circonférence aux points B et C et qui fait avec la droite OA un angle connu α. Exprimer en fonction des données R, d et α les sinus des angles $AOB = x$ et $AOC = x'$. (Dijon, 1882.)

681. Étant donné un cercle de rayon R et un point A situé à une distance d du centre, on mène par ce point une sécante telle que la somme des carrés des segments compris entre ce point et les points d'intersection avec la circonférence soit égale à un carré m^2. Calculer l'angle α formé par la sécante et la droite qui joint le point A au centre du cercle. (Saint-Cyr, 1882.)

682. Dans un secteur circulaire de rayon R et dont l'angle égale 2α on inscrit un cercle; on demande de calculer : 1° le rayon x de ce cercle, et 2° la valeur de α pour laquelle $x = \frac{R}{3}$. (Dijon, 1878.)

683. Par les extrémités de l'un des côtés d'un carré de côté donné a, on a fait passer une circonférence rencontrant le côté opposé ou son prolongement sous un angle connu α; calculer le rayon x de cette circonférence, en fonction de a et de α. (Dijon, 1877.)

684. On donne un point M dans le plan d'un angle O et situé à une distance d de son sommet; calculer le rayon d'une circonférence passant par le point M et tangente aux deux côtés de l'angle, en fonction de d et des angles α et β formés par la droite OM avec les côtés de l'angle O. (Dijon, 1880.)

685. On donne une circonférence de rayon R et deux rayons rectangulaires OA et OB; on inscrit un cercle dans le secteur OAMB, et l'on mène la tangente CD commune en M. Exprimer 1° la grandeur des trois côtés du triangle OCD; 2° celle du rayon du cercle inscrit, en fonction du rayon donné R.

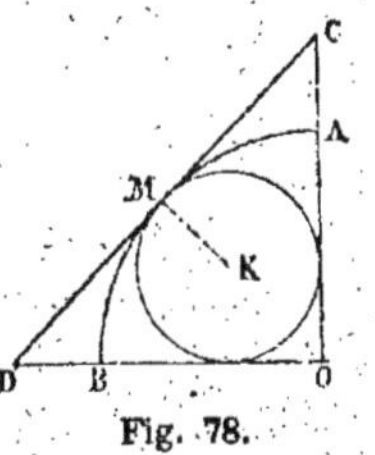

Fig. 78.

686. Un dodécagone régulier est inscrit dans un cercle de rayon R; calculer le côté, l'apothème et la surface de ce polygone. (Dijon, 1879; Montpellier, 1882.)

687. Étant donné le côté a d'un décagone régulier, on demande de calculer la longueur de la perpendiculaire abaissée de l'un des sommets du polygone sur le rayon du cercle circonscrit qui passe par l'un des deux sommets voisins. (Dijon, 1875.)

688. Calculer le rayon d'une circonférence, sachant que la surface de l'octogone régulier inscrit surpasse d'une quantité a^2 la surface de l'hexagone régulier inscrit. (Dijon, 1880.)

689. Trouver la surface d'un polygone irrégulier circonscrit à un cercle de rayon R, connaissant les angles A, B, C.... de ce polygone.

690. Les côtés du pentagone et du décagone réguliers inscrits dans un cercle de rayon R étant a et a', et les apothèmes r et r', démontrer, par la Trigonométrie, que :

$$1^o\ a^2 - a'^2 = R^2;\quad 2^o\ \frac{a}{r} + \frac{a'}{r'} = \frac{2R}{r'}.$$

691. Un cercle de rayon r est inscrit dans un secteur de cercle de rayon R; si la corde du secteur est $2c$, vérifier que l'on a :

$$\frac{1}{r} = \frac{1}{R} + \frac{1}{c}$$

692. Le rapport de la surface d'un polygone régulier inscrit à celle du polygone circonscrit semblable étant égal à $\frac{3}{4}$, calculer les nombres des côtés de ces polygones.

693. Calculer le rayon du cercle inscrit dans un triangle rectangle, sachant que le double de la distance des centres des cercles inscrit et circonscrit est moyenne proportionnelle entre l'hypoténuse et l'excès de la somme des côtés de l'angle droit sur l'hypoténuse.

694. Trouver le rayon du cercle dans lequel 1° les aires des pentédécagones inscrit et circonscrit diffèrent de 248^m; 2° les périmètres des pentagones inscrit et circonscrit diffèrent de 1 décimètre; et 3° les surfaces des mêmes pentagones diffèrent de 1 décimètre carré.

695. Étant donné un polygone régulier ABCD.., de n côtés, on porte, à partir des sommets et dans un sens déterminé, des longueurs égales sur les côtés, et l'on joint deux à deux les points obtenus. Quelle longueur doit-on porter ainsi, pour que le polygone obtenu ait 1° une surface donnée m^2; 2° une surface minimum? (Dijon, 1868.)

696. Un piédestal AB, de hauteur a, porte une colonne BC dont la hauteur est b; à quelle distance x du monument doit-on se placer dans le plan horizontal qui passe par son pied, pour voir sous un même angle le piédestal et la colonne? (Sorbonne, 1869.)

697. Deux points fixes A et B étant donnés sur l'un des côtés d'un angle, déterminer sur l'autre côté un point M tel que la somme $\overline{MA}^2 + \overline{MB}^2$ soit égale à une quantité donnée. Discussion. (Dijon, 1883.)

698. On donne une circonférence et l'un de ses diamètres, et l'on demande de trouver une corde qui soit inclinée sur ce diamètre d'un

angle donné α, et qui soit partagée par lui dans un rapport donné m. (Dijon, 1884.)

699. On représente par α l'angle de deux droites se coupant en un point O, et par a et b les distances de ce point à deux autres points A et B pris sur l'une des droites; calculer en fonction de a, b, α, la distance au point O d'un point M situé sur l'autre droite et tel que les angles AMO et BMO soient égaux. (Dijon, 1872.)

700. On donne un angle xOy et un cercle de centre C tangent aux deux côtés de cet angle; on mène au cercle une tangente quelconque qui coupe les côtés en A et en B. On demande 1° la relation qui existe entre OA et OB; 2° si l'on mène par le centre une droite ICI' perpendiculaire à OC, déduire de la relation précédente celle qui existe entre IA et I'B. On connaît $OC = a$ et l'angle $COx = COy = \alpha$. (Dijon, 1884.)

701. Sur l'un des côtés d'un angle droit AOB, on prend deux longueurs $OB = a$, $BC = b$, et l'on joint aux points B et C un point A du côté OA, de manière que l'angle BAC soit égal à un angle donné α. Quelle sera la longueur de OA? (Saint-Cyr, examens oraux, 1864.)

702. On donne, sur une circonférence de rayon R, un arc AD de m degrés. On joint un point B, situé sur le prolongement de OD, au point A, et l'on mesure l'angle $BAC = \alpha$ extérieur au triangle AOB. Calculer la distance BD du point B au cercle. (Saint-Cyr, examens oraux, 1864.)

703. On donne deux parallèles distantes d'une quantité h, et sur l'une d'elles deux points A et B distants de a. Trouver sur l'autre parallèle un point C tel que l'angle CBA soit double de CAB. On donnera l'angle A et l'on vérifiera la formule trouvée, pour le cas où $h = a$. (Saint-Cyr, 1872.)

704. Déterminer les distances d'un point M à deux points A et B, connaissant la distance $AB = a$, la somme $MA + MB = m$, et l'angle $AMB = \alpha$ sous lequel on voit du point M la droite AB. (Sorbonne, 1877.)

705. Les rayons des deux circonférences sont, l'un de 3^m, l'autre de 4^m, et la distance des centres est de 2^m. On demande de calculer :

1° La surface du triangle qui a pour base la ligne des centres et pour sommet l'un des points d'intersection des deux circonférences;

2° La longueur de la corde commune aux deux circonférences;

3° Les longueurs des arcs sous-tendus par cette corde;

4° La valeur de la surface commune aux deux cercles. (Saint-Cyr, 1864.)

706. Les rayons vecteurs d'un point M d'une ellipse ont pour longueurs 8^m et 7^m, la distance focale $2c = 13^m$. Calculer l'angle de ces rayons vecteurs.

707. Une hélice enroulée sur un cylindre, dont le diamètre égale

1m25, rampe sous un angle de 15° 8′ 9″. On demande 1° quelle est la longueur de cette hélice; 2° quel en est le pas.

708. Une tangente en un point M d'une parabole fait un angle α avec le rayon vecteur. Déterminer, en fonction du paramètre et de α : 1° la longueur de la normale; 2° la longueur de l'ordonnée; 3° la distance du pied de l'ordonnée au sommet; 4° le rayon vecteur. (Poitiers, 1882.)

709. Du sommet A d'une parabole on mène une perpendiculaire $AB = a$ sur la directrice, et par le pied B, une sécante BMM′ faisant avec AB un angle α. Calculer les distances $BM = r$ et $BM' = r'$ du point B aux points d'intersection de la sécante avec la parabole. Discussion. (Sorbonne, 1884.)

710. Des foyers d'une ellipse définie par son grand axe $2a$ et sa distance focale $2c$, on abaisse des perpendiculaires FP, F′P′ sur une sécante qui rencontre le grand axe au delà des foyers. On demande de calculer les rayons vecteurs du point d'intersection M situé entre P et P′ et l'angle de ces rayons vecteurs, en supposant connues les perpendiculaires $FP = f$, $F'P' = e$ et leur distance $PP' = d$.

Questions qui demandent des sommations de séries.

711. Soient Ox et Oy deux droites qui font entre elles un angle donné α, et sur Ox un point A à une distance donnée a du sommet de l'angle. Du point A on abaisse la perpendiculaire AB sur Oy; du point B, la perpendiculaire BA′ sur Ox; de A′, la perpendiculaire A′B′ sur Oy, et ainsi de suite. Déterminer la limite vers laquelle tend la ligne brisée ABA′B′A″... Lorsque le nombre de côtés de cette ligne augmente indéfiniment. (Sorbonne, 1876; Ajaccio, 1885.)

712. Par le sommet O d'un angle droit xOy on mène une droite OA faisant un angle α avec Ox. En appelant S la limite de la somme indéfinie des perpendiculaires AP, PQ, QR..., et S′ la limite de celle des perpendiculaires AP′, P′Q′, Q′R′... menées dans l'angle complémentaire de α, on a : $\frac{S}{S'} = 2$. Calculer $\operatorname{tg} \frac{\alpha}{2}$. (Lyon, 1882.)

713. Si, en tournant dans un sens déterminé, on joint par une droite chaque sommet d'un polygone régulier à celui qui le suit de deux rangs, ces droites déterminent par leurs intersections un second polygone semblable au premier. De ce second polygone on en déduit un troisième par une construction analogue, et ainsi de suite. Calculer la somme des surfaces des n premiers polygones, connaissant l'angle et la surface du premier.

714. Un polygone de n côtés inscrits dans un cercle est tel que ses côtés sous-tendent des arcs dont les valeurs sont : α, 2α, 3α,... $n\alpha$. Calculer le rapport de la surface de ce polygone à celle du polygone régulier inscrit du même nombre de côtés.

715. Étant donné un polygone régulier de n côtés, et deux points quelconques situés dans son plan, on mène par l'un de ces points des parallèles à tous les côtés, et de l'autre point on abaisse une perpendiculaire sur chacune de ces parallèles. Calculer la somme de ces perpendiculaires.

716. Des pierres en nombre n sont régulièrement disposées sur une circonférence; on demande de comparer le chemin qu'il y aurait à parcourir pour les rassembler, soit au centre, soit vers l'une d'entre elles. Prouver que si le nombre des pierres croît indéfiniment, le rapport cherché devient égal à celui de π, à 4.

717. Si l'on fait rouler sur une droite un polygone régulier de n côtés, quel sera le chemin parcouru par chaque sommet pendant une révolution complète du polygone? Calculer la somme des aires des secteurs.

718. Étant donnés un polygone régulier d'un nombre pair $2n$ de côtés et une circonférence concentrique, on demande de trouver une relation entre les tangentes des angles sous lesquels, d'un point de la circonférence, on voit les diagonales qui passent par le centre. (Concours.)

719. Un polygone régulier de $2n$ côtés est circonscrit à un cercle de rayon donné R; si, de l'un des points de contact, on abaisse des perpendiculaires sur tous les côtés, quelle sera la somme des carrés de ces perpendiculaires?

720. Un polygone régulier ayant été divisé en triangles par des diagonales issues d'un même sommet, on demande de calculer la somme des rayons des cercles inscrits dans tous ces triangles et la somme des surfaces de ces cercles.

§ II. — Questions de Géométrie dans l'espace.

Détermination d'angles et de droites.

721. Étant données les trois faces d'un angle trièdre, calculer le dièdre de deux faces.

722. Calculer 1° la valeur de l'angle dièdre d'un tétraèdre régulier; 2° le sinus de l'angle formé par l'une des arêtes latérales avec la base. (Sorbonne, 1875.)

723. Calculer 1° la tangente de l'angle que forment les diagonales d'un parallélipipède rectangle dont la hauteur est h et la base un carré de côté a; 2° le sinus de l'angle formé par les diagonales d'un cube dont l'arête est a. (Sorbonne, 1884.)

724. Le côté de la base d'une pyramide régulière à base carrée est a; la hauteur de la pyramide est h. Calculer la tangente de l'angle formé par deux faces latérales adjacentes. (Sorbonne, 1878.)

725. Une pyramide régulière a pour base un hexagone régulier de côté a; ses arêtes latérales sont égales au côté du triangle équilatéral inscrit dans le même cercle que la base. Calculer la tangente de l'angle d'une face avec la base.

726. La hauteur d'une pyramide hexagonale régulière est égale au côté a de la base; calculer le cosinus de l'angle des deux faces latérales adjacentes. (Sorbonne, 1879.)

Même question, la hauteur étant h. (Sorbonne, 1881.)

727. Un prisme droit a pour base un carré ABCD de côté a; par le sommet A on mène, dans le plan de la base, une perpendiculaire AM à la diagonale AC, et par la droite AM on fait passer un plan qui rencontre toutes les faces latérales du prisme. Calculer l'angle x que doit faire ce plan sécant avec le plan de la base que pour la partie du prisme comprise entre ces deux plans ait un volume donné V. (Dijon, 1865.)

728. Un rectangle ABCD dont les dimensions sont $AB = a$ et $BC = b$ tourne autour d'une droite XY menée extérieurement par le sommet A et située dans le plan de la figure. Déterminer l'angle α que doit faire le côté AB avec XY pour que le volume engendré ait une valeur donnée V. (Dijon, 1881.)

729. On donne une circonférence et un diamètre $AB = 2R$; mener par le point A une corde AC telle que si la figure tourne autour de AB, la zone engendrée par l'arc AC soit à la surface latérale du cône engendré par la corde AC dans un rapport donné $\frac{m}{n}$. (Sorbonne, 1888.)

730. Les données étant les mêmes que dans le problème précédent, déterminer AC par la condition que la surface latérale du cône engendré par cette corde égale la zone engendrée par l'arc BC. (Paris, certificat de l'Enseignement spécial, 1884.)

731. Dans un demi-cercle de rayon R on mène deux cordes BA et BC aux extrémités du diamètre AC, et l'on fait tourner la figure autour de ce diamètre. Calculer l'angle α que la corde AB doit faire avec le diamètre pour que : 1° le volume engendré par le segment AMB soit les $\frac{9}{16}$ de la sphère engendrée par le demi-cercle; 2° le volume engendré par le segment AMB égale 9 fois le volume engendré par BNC. (Sorbonne, 1879.)

732. Une droite MN est perpendiculaire, au point M, à un plan P; d'un point A de ce plan, d'où la perpendiculaire est vue sous un angle α, on mène une droite $AB = a$ dans le plan P et faisant avec AM un angle φ; la perpendiculaire MN est alors vue du point B sous un angle β. Cela posé, on demande de calculer la longueur de MN en fonction des données α, β, φ et a. Indiquer le moyen de choisir entre les deux solutions que l'on trouve. (Saint-Cyr, 1874.)

Détermination de surfaces et de volumes.

733. Exprimer le volume d'un parallélépipède oblique en fonction de trois arêtes concourantes a, b, c et des angles α, β, γ qu'elles font entre elles.

734. Exprimer le volume d'un tétraèdre dans lequel les arêtes opposées sont égales deux à deux, ces arêtes étant données.

735. Exprimer le volume du tétraèdre quelconque en fonction de trois arêtes concourantes et du sinus du trièdre qu'elles forment, ou en fonction de deux faces et du dièdre compris.

736. Soit ABC un triangle dont on donne la base $BC = a$ et la hauteur correspondante h. Du sommet A on mène à cette hauteur, mais dans l'espace, une perpendiculaire quelconque sur laquelle on prend deux points à volonté E et F. Sachant que la droite $EF = d$ fait un angle α avec le plan du triangle, on demande le volume du tétraèdre BCEF. (Dijon, 1880.)

737. Calculer le volume d'un cône de révolution ayant pour base un cercle de 1^m de rayon, sachant que la génératrice fait avec la base un angle de $27°\,17'$.

738. La génératrice d'un cône de révolution a $2^m,40$; elle fait avec l'axe un angle de $22°$. Quel est le volume de ce cône?

739. Calculer le volume engendré par un secteur circulaire AOB tournant autour d'un rayon $OA = 3^m$, sachant que l'angle au centre $\alpha = 23°\,37'$. (Sorbonne, 1862.)

740. Calculer l'angle au centre d'un secteur circulaire AOB, sachant que le volume du secteur sphérique engendré par la révolution de ce secteur circulaire tournant autour de OA est le tiers du volume entier de la sphère. (Sorbonne, 1864.)

741. Quel est le volume engendré par un triangle ABC tournant autour de AB, étant donnés : $a = 248^m,5678$, $b = 549^m,8725$ et $c = 456^m,9234$?

742. Calculer le volume engendré par un triangle équilatéral de $7^m,35$ de côté, tournant autour d'une droite passant par son sommet et faisant avec le côté un angle de $18°$. (Sorbonne, 1864.)

743. Une sphère est introduite dans un cône renversé dont l'angle au sommet 2α est donné. Calculer le rapport du volume compris entre la surface inférieure de la sphère et le sommet du cône; au volume de la sphère entière. Application : $\alpha = 60°$ et $\alpha = 30°$. (Sorbonne, 1863.)

744. On donne la surface S d'un parallélogramme et les volumes V et V' qu'il engendre en tournant successivement autour de ses côtés. On demande de calculer les côtés de ce parallélogramme, et de déterminer les limites de S pour que le problème soit possible quand on donne V et V'. (Sorbonne, 1884.)

745. On a un triangle rectangle isocèle BAC de côté a; par le sommet C d'un angle aigu, on mène une droite CD formant avec AC un angle α. Calculer en fonction de a et de α le volume engendré par ce triangle tournant autour de CD. (Nancy, 1884.)

746. Dans un triangle rectangle on connaît les deux côtés b et c de l'angle droit et l'angle α que forme le côté b avec un axe Ax mené par le sommet de l'angle droit. Calculer le volume engendré par le triangle tournant autour de l'axe. (Lyon, 1879.)

747. Dans un triangle, on connaît deux côtés et l'angle compris; trouver l'expression du volume engendré par ce triangle tournant autour d'un des côtés donnés. (Poitiers, 1879.)

748. Dans un triangle ABC, l'angle $A = 30^o$, et les côtés adjacents ont 1^m. Calculer 1° la surface engendrée par le côté opposé à l'angle A, quand ce triangle tourne autour d'une perpendiculaire à l'un des côtés égaux menés par le sommet A, et 2° le volume engendré par ce triangle. (Toulouse, 1879.)

749. Dans un demi-cercle de rayon R, on connaît les angles α et β que font deux rayons OA et OB avec le diamètre. Calculer le volume engendré par le segment AMB, quand la figure tourne autour du diamètre. (Lyon, 1879.)

750. Dans une sphère de rayon donné R on mène un plan sécant, et sur la section on construit un cône circonscrit à la sphère et un autre ayant pour sommet le centre de la sphère. Quelle doit être la distance de ce plan au centre pour que la somme des volumes des deux cônes égale m fois le volume de la sphère? (Sorbonne, 1882.)

751. Sur le prolongement d'un diamètre BOC d'un cercle, on prend un point S par lequel on mène une tangente SA; on abaisse du point de contact A une perpendiculaire AP sur le diamètre, et l'on joint AO. Quelle valeur faut-il donner à l'angle $AOS = x$, pour qu'en faisant tourner la figure autour du diamètre, la surface latérale du cône engendré par SAP soit à celle de la zone engendrée par AC dans le rapport $\frac{m}{n}$? (Saint-Cyr, 1864; Sorbonne, 1885; Poitiers, 1885.)

752. Les données étant les mêmes que dans le problème précédent, déterminer l'angle x par la condition que le volume engendré par le secteur AOC soit au volume engendré par le triangle AOS dans le rapport $\frac{m}{n}$.

753. On donne l'hypoténuse a d'un triangle rectangle et l'angle aigu B, et l'on suppose que ce triangle tourne autour de l'hypoténuse. On demande de calculer en fonction de a et de B : 1° la somme des surfaces engendrées par les côtés b et c; 2° le volume engendré par le triangle ABC; 3° le maximum de ce volume quand B varie. (Sorbonne, 1880; Toulouse, 1884.)

754. On donne les longueurs a, b, c des trois côtés d'un triangle. On demande de déterminer sur le côté AC un point M de manière

que le volume engendré par le triangle AMB tournant autour de AB soit équivalent au volume engendré par le triangle BMC tournant autour de BC. On calculera $AM = x$ en fonction de a, b, c. (Sorbonne, 1885.)

755. Trouver l'aire d'une zone, connaissant le rayon R de la sphère, l'angle α des rayons menés aux extrémités de l'arc générateur de la zone, et l'angle β que forme l'un de ces rayons avec l'axe. Trouver le volume du secteur sphérique engendré par MON. (Sorbonne, 1857.)

756. Dans un cercle de rayon R, on donne un point P sur le diamètre AB, et l'on demande de mener par ce point une droite PC telle que si la figure tourne autour de AB les deux parties du demi-cercle ACB engendrent des volumes équivalents. (Saint-Cyr, 1869.)

757. Dans le problème précédent, si le point P est en A, sous quel angle faut-il mener la droite AC pour que, la figure tournant autour de AB le volume engendré par ACB soit $\frac{1}{n}$ de la sphère engendrée par le demi-cercle? (Sorbonne, 1877.)

758. La hauteur SA d'un point S au-dessus d'un plan horizontal ABC est de $427^m,854$. Les deux droites SB et SC font, avec la verticale SA, des angles égaux dont la valeur commune est $55^\circ\ 18'\ 27''$. Ces mêmes droites font entre elles un angle BSC de $28^\circ\ 44'\ 35''$. Cela posé, on demande de calculer : 1° les arêtes AB, SC et BC de la pyramide SABC ; 2° l'angle BAC ; 3° le volume de la pyramide SABC. (Saint-Cyr, 1866.)

759. Étant donné le demi-cercle BCA, dont le rayon vaut $6\,366^m,739$, on tire le rayon OC, faisant avec OA un angle $\alpha = 23^\circ\ 17'\ 14''$. Au point C on mène la tangente au cercle, qui coupe au point D le prolongement de OA, et l'on demande de calculer : 1° le volume engendré par le triangle rectangle OCD tournant autour de l'hypoténuse OD ; 2° la valeur qu'il faudrait attribuer à l'angle α, pour que le volume engendré par le triangle OCD fût double de celui qu'engendre le secteur circulaire OCA. (Saint-Cyr, 1867.)

760. On donne une demi-circonférence de rayon R ; à partir de l'extrémité M du diamètre MN on prend les arcs $MA = a$, $MB = b$; on joint les points A et B au centre O, et l'on fait tourner le secteur AOB autour de MN. Calculer la surface totale du secteur sphérique engendré et rendre l'expression obtenue calculable par logarithmes. (Brevet de l'Enseignement spécial, Nancy, 1878.)

§ III. — Questions de maximum.

Problèmes relatifs à la Géométrie plane.

761. De tous les triangles qui ont même base et même angle au sommet, quel est celui dont la surface est maximum?

762. De tous les triangles ayant même surface et un angle constant,

quel est celui dans lequel la somme des carrés des côtés qui comprennent l'angle constant est minimum?

763. De tous les triangles ayant un angle constant et même périmètre, quel est celui dans lequel la somme des rayons des cercles ex-inscrits correspondant aux angles variables est minimum?

764. Dans un triangle, le périmètre $2p$ et l'angle A sont constants; trouver le maximum de S, celui de r et le minimum de R.

765. Chercher les valeurs maximum et minimum du rapport $\frac{r}{R}$ du rayon du cercle inscrit au rayon de cercle circonscrit à un triangle.

766. Quel est l'arc de cercle pour lequel la différence entre la corde et sa flèche est maximum?

767. Etant donné un cercle de rayon R et une tangente à ce cercle, quel est le rectangle de surface maximum formé en abaissant d'un point de la circonférence une perpendiculaire sur la tangente et une autre sur le diamètre du point de contact?

768. Trouver le rectangle maximum inscrit dans un secteur circulaire de rayon R. (Grenoble, 1880.)

769. Partager un angle donné a inférieur à 90° en deux parties, telles que la somme de leurs tangentes soit un minimum. (Sorbonne, 1880.)

770. Quel est le quadrilatère inscrit dans un demi-cercle de rayon donné R qui a une surface maximum?

771. De tous les rectangles ayant même diagonale d, quel est celui qui a : 1° le périmètre maximum; 2° la plus grande surface?

772. De tous les triangles rectangles ayant même hypoténuse a, quel est celui pour lequel : 1° la somme obtenue en ajoutant un côté de l'angle droit à la hauteur est maximum; 2° le rapport de l'hypoténuse au périmètre est minimum?

773. Parmi tous les triangles de même base a inscrits à un cercle, quel est celui pour lequel le produit des hauteurs tombant sur les côtés variables est maximum?

774. D'un point P situé à des distances a et b de deux parallèles, on mène deux droites rectangulaires PA et BP limitées aux parallèles. Trouver le minimum de la surface du triangle APB.

775. Sur une tour de hauteur a est placé un étendard de hauteur b. Trouver le point du terrain horizontal d'où l'étendard sera vu sous l'angle maximum. (Dijon, 1874.)

776. En général, étant donnés deux points fixes A et B sur l'un des côtés d'un angle O, trouver sur l'autre côté le point C, d'où la distance AB est vue sous l'angle maximum.

777. De tous les triangles circonscrits à un cercle, quel est celui dont la surface est minimum?

778. Inscrire dans un secteur un parallélogramme ayant un angle commun avec ce secteur, un sommet sur l'arc et dont la surface soit maximum.

779. De tous les angles inscrits dans un cercle de rayon R et dont les côtés sont assujettis à passer par le centre O, et par un point A intérieur au cercle, quel est celui qui est maximum?

780. Dans un triangle équilatéral de côté a, on a inscrit un triangle équilatéral en prenant, à partir des sommets et dans le même sens, une longueur α; quelle est la surface du triangle obtenu et quelle doit être la valeur de α pour que cette surface soit minimum? (Sorbonne, 1878.)

781. De tous les triangles isocèles inscrits dans un cercle de rayon R, quel est celui dont 1° le périmètre et 2° la surface est maximum?

782. De tous les triangles rectangles dans lesquels la surface de l'un des triangles déterminés par la hauteur relative à l'hypoténuse est constante, quel est celui dont l'hypoténuse est minimum?

783. Un segment rectiligne dont la longueur constante $AB = 2a$ glisse sur une droite fixe; déterminer la position qu'il y occupe lorsque l'angle sous lequel il est vu d'un point fixe O donné à une distance d de la droite est maximum. (Dijon, 1881.)

784. De tous les cercles passant par deux points fixes A et B, quel est celui qui est vu d'un troisième point C donné en ligne droite avec les deux premiers, sous l'angle minimum? (Dijon, 1875.)

785. Étant donnés un cercle et un point A pris dans son plan, déterminer les variations de l'angle sous lequel on voit du point A le diamètre du cercle, quand ce diamètre tourne autour du centre. (Concours académique, Dijon, 1877.)

786. Dans un cercle de rayon R, une corde variable est la base d'un triangle isocèle ayant son sommet à une distance d du centre. Quel est le maximum de la surface de ce triangle?

787. On donne un triangle ABC et la hauteur AD; on demande de mener par le pied de cette hauteur deux droites DE, DF faisant des angles égaux avec AD, de manière que le triangle DEF ait une surface maximum.

788. Mener dans un demi-cercle une corde parallèle à une droite donnée, et telle que le trapèze formé par cette corde, le diamètre et les perpendiculaires abaissées des extrémités de cette corde sur le diamètre, ait une surface maximum.

789. Les diagonales d'un quadrilatère inscrit sont perpendiculaires, et leur point de rencontre est à une distance d du centre. Quel est le maximum de la surface de ce quadrilatère?

790. Dans un quadrilatère, on connaît les diagonales et l'angle qu'elles forment. Quel est, parmi les rectangles circonscrits à ce qua-

drilatère, celui dont la surface est maximum? Exprimer, en fonction des données et de la surface du quadrilatère, l'aire du carré circonscrit.

791. De tous les triangles de même base a et de même périmètre, quel est celui dont l'angle au sommet est maximum? Étudier de quelle manière varient les rayons des cercles circonscrit, inscrit et ex-inscrits, et la somme des hauteurs menées des extrémités de la base.

792. On donne deux demi-circonférences PC et PQ de rayon R et r, tangentes intérieurement au point P extrémité de leurs diamètres. Par ce point, on mène une sécante qui rencontre la petite circonférence en A et la grande en B. A quelle position de la sécante correspond le maximum de la surface du triangle ABC?

793. Mener, par l'un des points d'intersection de deux cercles de rayons donnés R et r, une sécante telle que le produit des cordes interceptées soit maximum. Quelle position doit avoir la sécante pour que la somme des cordes soit maximum ou minimum?

794. Inscrire dans un segment de cercle le rectangle de surface maximum.

795. On donne deux cercles tangents en un point A. Par le point de contact on mène deux cordes formant entre elles un angle donné α. Pour quelle position de ces cordes la surface ABC est-elle maximum?

796. Deux cercles variables sont respectivement inscrits dans un angle donné 2α et dans son opposé par le sommet, et la somme de leurs aires reste égale à une quantité constante S. Cela posé, on demande d'exprimer, en fonction de α et de S, la distance des centres des deux cercles quand elle est minimum. (Dijon, 1879.)

Problèmes relatifs à la Géométrie dans l'espace.

797. De tous les cônes de révolution qui ont même génératrice, quel est celui dont le volume est maximum?

798. De tous les cylindres inscrits dans une sphère de rayon donné R, quel est celui dont la surface totale est maximum?

799. Quel est le cône de volume maximum inscrit dans une sphère de rayon R? (Brevet de l'Enseignement spécial, 1878.)

800. Circonscrire à une demi-sphère de rayon R un cône de volume maximum ayant sa base sur le plan diamétral.

801. Deux cônes droits opposés par la base sont inscrits dans une sphère de rayon donné R. Quand la différence de leurs volumes est-elle maximum?

802. De tous les cônes droits ayant pour base un petit cercle d'une sphère de rayon donné R et pour sommet le milieu du rayon perpendiculaire à ce petit cercle, quel est celui qui a le volume maximum?

803. De tous les cônes ayant pour sommet un point fixe et qui sont

circonscrits à une sphère de centre fixe et de rayon variable, quel est celui dont : 1° le volume et 2° la surface totale est maximum? Le cône est limité par le cercle de contact.

804. Inscrire dans un hémisphère de rayon donné R le tronc de cône dont la surface totale est maximum.

805. Étant donnés deux plans parallèles P et Q, une perpendiculaire commune AB et un point M sur cette droite, trouver un cône de révolution ayant pour sommet le point M, pour axe la droite AB, et tel que la partie du cône interceptée par les deux plans parallèles ait un volume donné $\frac{1}{3}\pi m^3$. Étudier les variations de volume quand M se déplace sur la droite ou que l'angle au sommet varie.

806. L'arête d'un dièdre donné α est tangente à une sphère de rayon R. Quelle doit être, par rapport au plan diamétral de contact, la position de ce dièdre pour que la surface de sphère interceptée par le dièdre soit maximum?

807. On enlève à une sphère de rayon R une calotte que l'on remplace par un hémisphère de même base. Quel est le maximum de la surface du corps ainsi obtenu?

808. Dans une sphère de rayon R, quel est le maximum de la surface totale du secteur qui a pour base une calotte?

809. De tous les segments sphériques à une base limités par une calotte de surface donnée, quel est celui dont le volume est maximum?

810. Deux cercles égaux de rayon R sont extérieurs l'un à l'autre, et la distance OO′ des centres est d; d'un point A pris sur OO′, on mène des tangentes AB et AB′ et l'on fait tourner la figure autour de OO′. Déterminer le point A par la condition que la somme des zones décrites par BD et B′D′ égale la moitié de l'une des sphères. (Sorbonne, 1881.)

En général : les rayons des cercles étant inégaux R et r, déterminer le point A par la condition que la somme des zones soit minimum. (Besançon et Nancy, concours académique, 1877.)

811. On donne un quart de cercle AOB de rayon R, on mène la tangente en A et une autre tangente variable CD qui rencontre en D le prolongement du rayon OB, puis on fait tourner la figure autour de OD. Trouver : 1° le minimum de la surface engendrée par les droites AC et CD; 2° le minimum du volume engendré par la surface OACD.

Problèmes relatifs aux courbes usuelles.

812. Connaissant dans une ellipse le grand axe $2a$ et la distance focale $2c$, trouver les rayons vecteurs du point M de cette ellipse d'où la distance focale est vue sous un angle donné α; trouver le maximum de cet angle. (Lille, 1882.)

813. Dans une ellipse définie par son grand axe $2a$ et sa distance focale $2c$, on mène deux rayons vecteurs parallèles FM et F'M'. Quelle direction faut-il donner à ces rayons pour que le trapèze FMF'M' ait la surface maximum?

814. Dans une ellipse, on connaît le grand axe $2a$ et la distance focale $2c$; on prend sur la courbe un point M dont la distance à l'un des foyers est r. Déterminer l'angle α que forment les rayons vecteurs de ce point et la valeur de r pour laquelle cet angle est maximum. Dire dans quel cas cet angle maximum est aigu, droit ou obtus. (Lille, 1883.)

815. Dans une ellipse considérée comme projection d'un cercle, trouver le minimum de l'angle formé par deux diamètres conjugués. (Concours général, 1860.)

816. Trouver le rectangle de surface minimum construit sur deux diamètres rectangulaires d'une ellipse définie par son grand axe $2a$ et sa distance focale $2c$. (Concours.)

817. On donne un angle aigu ZOX et un point A sur OX. D'un point M pris sur OX entre O et A, on abaisse sur OZ la perpendiculaire MP et l'on considère la longueur y donnée par la formule $y = \sqrt{\text{OM} \cdot \text{MA} + 2\text{MP}^2}$; on demande comment y varie quand le point M se déplace sur OX de O en A et de tracer la courbe figurative de cette variation. (Saint-Cyr, 1884.)

818. Dans une ellipse définie par son grand axe $2a$ et la distance focale $2c$, pour quel point de la courbe l'angle formé par la normale et la droite menée de ce point au centre est-il maximum?

§ IV. — Applications diverses.

Mesure des hauteurs et des distances.

819. Un observateur se trouve à 56^{m} du pied d'une tour haute de 35^{m}. Sous quel angle voit-il cette tour, l'observation ayant lieu à 1^{m} au-dessus du sol?

820. Un objet vertical de $1^{m},75$ est vu sous un angle de $1^{\circ}\,5'$; à quelle distance est-on de cet objet?

821. Deux observateurs distants de $1\,875^{m}$ mesurent au même moment les hauteurs d'un point remarquable d'un nuage. Ce point se trouve dans le plan vertical de la base d'observation, et les angles d'élévation ont 75° et 82°; on demande la hauteur du nuage.

822. Un observateur est placé en A sur le sommet d'une montagne, et sa vue s'étend jusqu'à un point C à l'horizon; il sait que le rayon visuel AC fait un angle α avec la verticale AO; le rayon R de la terre étant d'ailleurs connu, calculer la hauteur de la montagne. (Saint-Cyr, 1864.)

823. Une personne placée au bord d'une rivière voit un arbre planté sur la rive opposée sous un angle de 60° ; elle s'éloigne de 40m, cet angle n'est plus que de 30°. Quelle est la hauteur de l'arbre et la largeur de la rivière ?

824. Un paratonnerre d'une longueur connue a est placé sur un édifice ; en s'arrêtant à une distance d du pied de l'édifice, et à une hauteur h au-dessus du sol, on a vu le paratonnerre sous un angle α. Calculer la hauteur de la pointe du paratonnerre au-dessus du sol.

825. Déterminer la grandeur d'une statue placée sur un piédestal à l'intérieur d'une enceinte dans laquelle on ne peut pénétrer.

826. Déterminer la hauteur d'une tour située au pied d'un terrain régulièrement incliné, 1° quand le pied est accessible ; 2° quand il est inaccessible.

827. Une colonne surmontée d'une statue s'élève au bord d'une rivière. Un observateur placé sur l'autre bord voit sous un même angle la statue et le piédestal de la colonne. Connaissant les hauteurs des trois parties du monument, calculer la largeur de la rivière.

828. En observant une tour de trois points A, B, C, situés sur une même droite passant par son pied, on a trouvé des angles d'élévation tels que le deuxième et le troisième sont respectivement double et triple du premier. Calculer la hauteur.

829. Un mât et une tour éloignés d'une distance a sont au bord d'un chemin horizontal. Du pied du mât on a mesuré l'angle d'élévation de la tour, et du pied de la tour l'angle d'élévation du mât ; on a trouvé par ces deux angles 2α et α ; mais, en se plaçant au milieu de la distance a, les angles d'élévation sont complémentaires. Calculer les hauteurs de la tour et du mât.

830. Trois points remarquables B, O, C, sont à des distances égales sur une même droite. On voudrait déterminer la position d'un quatrième point A situé sur le même plan et d'où l'on a vu la longueur totale BC sous un angle droit, connaissant la longueur AO et la longueur AD de la bissectrice de l'angle A, 1° par le calcul trigonométrique et 2° par une construction graphique.

831. Un observateur placé sur les bords d'un lac à une hauteur h au-dessus de l'eau trouve que l'angle d'élévation d'un nuage est α, et l'angle de dépression de l'image réfléchie sur l'eau est β. Calculer la hauteur du nuage.

832. Une personne placée à midi sur une falaise, à une hauteur h au-dessus du niveau de la mer, mesure l'angle d'élévation α d'un nuage et l'angle de dépression β de l'ombre du nuage sur l'eau. Au moment de l'observation, le soleil est derrière la personne, à une hauteur marquée par l'angle d'élévation γ. Quelle est la hauteur du nuage ?

833. Un navire faisant voile vers le nord voit sur une même ligne deux phares dans la direction de l'ouest ; après une heure de marche,

les phares apparaissent l'un au sud-ouest et l'autre au sud-sud-ouest. Sachant que la distance des phares est de 8 kilomètres, calculer la vitesse du navire.

834. Un ballon a été vu en même temps de trois stations A, B et C sous des angles respectivement égaux à 45°, 45° et 60°. Sachant que B est au nord de C, et A à l'ouest, former une équation qui donne la hauteur du ballon.

En général : les angles d'élévation étant α, β, γ, et connaissant a, b, c, calculer la hauteur du ballon. (Concours, 1872.)

Questions de Géométrie descriptive.

835. Les traces d'un plan font des angles α et β avec la ligne de terre; calculer la tangente de l'angle de ce plan avec le plan horizontal. (Sorbonne, 1878.)

836. Les traces d'un plan P font avec la ligne de terre des angles α et β; exprimer la tangente de l'angle que fait le plan P avec la ligne de terre, au moyen des tangentes des deux angles α et β. (Sorbonne, 1876.)

837. La trace verticale d'un plan fait un angle $\beta = 30°$ avec la ligne de terre, et sa trace horizontale, un angle $\alpha = 45°$ avec cette même ligne. On demande de calculer les angles de ce plan 1° avec les deux plans de projection et 2° avec un plan de profil. (Dijon, 1873.)

838. Une droite de front fait avec le plan horizontal un angle donné; on la fait tourner d'un angle connu autour d'une verticale. Calculer l'angle que fait sa nouvelle projection verticale avec la ligne de terre.

839. Calculer la distance de deux plans parallèles, connaissant les angles que font leurs traces avec la ligne de terre et la portion de cette ligne que ces plans interceptent entre eux.

840. Les traces horizontales de deux plans sont parallèles; elles forment un angle γ avec la ligne de terre, et leur distance est d. Ces plans font avec le plan horizontal des angles connus α et β. Calculer la distance de leur intersection au plan horizontal.

841. Les deux projections d'une droite A sont confondues et font avec la ligne de terre un angle α; les projections d'une autre droite B sont également confondues, et elles font avec la ligne de terre un angle β. Calculer l'angle des droites A et B.

842. Calculer l'angle que fait avec un plan de profil un plan dont les traces sont en ligne droite et font un angle α avec la ligne de terre.

843. Les traces d'un plan font des angles connus avec la ligne de terre. On considère un point dont les projections sont sur les traces de même nom du plan. Quel est le rapport des distances de ce point au plan et à la ligne de terre ?

844. Calculer l'angle de deux droites qui rencontrent au même point la ligne de terre et dont les projections font avec cette ligne des angles connus.

Questions de Cosmographie.

845. Calculer le rayon de la terre, sachant qu'à une altitude h la dépression de l'horizon est α.

846. Calculer le rayon du soleil en fonction de celui de la terre, connaissant le diamètre apparent et la parallaxe horizontale du soleil.

847. Calculer la distance de deux villes ayant même latitude α, connaissant la différence β de leurs longitudes.

848. Calculer approximativement l'épaisseur de l'atmosphère terrestre, sachant que le crépuscule commence ou finit lorsque le soleil est à 18° au-dessous de l'horizon.

849. Étant données la hauteur h d'une tour, la latitude λ du lieu et la déclinaison δ du soleil, trouver la formule de la longueur de l'ombre à midi. (Alger, 1885.)

850. Quelle est la longitude du soleil, lorsque son ascension droite est égale à α?

851. Combien de temps le soleil reste-t-il au-dessus de l'horizon d'un lieu de latitude λ, le jour où sa déclinaison est D? Discussion.

852. A quelle heure ce jour-là, dans le même lieu, le crépuscule a-t-il commencé?

853. En deux points A et B situés sur un même méridien, à des latitudes λ et λ', on a mesuré les distances zénithales Z et Z' de la lune au moment de sa culmination. Sous quel angle un observateur supposé placé au centre de la lune, verrait-il au même moment les rayons terrestres TA et TB? en déduire la parallaxe horizontale de la lune, c'est-à-dire le demi-diamètre apparent de la terre vue du centre de la lune.

854. Démontrer que la vitesse angulaire du déplacement de la méridienne par rapport à la trace horizontale du plan d'oscillation d'un pendule est proportionnelle au sinus de la latitude du lieu considéré.

Questions de Physique.

855. Un rayon de lumière homogène tombe normalement sur la face AB d'un prisme d'une substance transparente dont l'indice est $\frac{5}{4}$; l'angle du sommet A du prisme est tel que $\sin A = \frac{4}{5}$. Quelle marche suivra le rayon réfracté lorsqu'il se présentera à la seconde face du prisme? Comment se comporteront à leur sortie du prisme deux rayons incidents tombant de part ou d'autre de la normale? (Sorbonne, 1879.)

856. Un prisme d'une substance transparente, dont l'indice est plus grand que 1, reçoit normalement à une de ses faces un rayon de lumière homogène. Quelle doit être la valeur la plus grande que l'on puisse donner à l'angle au sommet A, pour que ce rayon réfracté

puisse sortir du prisme par la deuxième face? Calculer la valeur de A pour le cas particulier où l'indice est $\sqrt{2}$. (Sorbonne, 1881.)

857. On donne un disque circulaire horizontal en verre, dans lequel pénètre un rayon lumineux horizontal qui se réfléchit. Trouver l'incidence de ce rayon pour qu'après réflexion il sorte parallèle au rayon incident. (Nancy, 1885.)

858. Dans la section droite d'un prisme isocèle d'indice connu, tout rayon lumineux qui se présente parallèlement à la base et pénètre par l'une des faces égales se réfléchit totalement sur la base et émerge dans une direction parallèle à sa direction primitive. Calculer l'angle du prisme.

859. On sait que le passage d'un rayon lumineux à travers un prisme donne lieu au système d'équations suivantes :

$$\sin i = n \sin r$$
$$\sin i' = n \sin r'$$
$$A = r + r'$$
$$D = i - r + i' - r'$$

dans lequel A dénote l'angle réfringent du prisme, n l'indice de sa substance, i et i' les angles d'incidence et d'émergence, r et r' les inclinaisons des rayons intérieurs sur les normales aux faces, enfin D la déviation totale du rayon lumineux. Cela posé, on demande d'éliminer les trois quantités r, r' et i' entre ces quatre équations.

860. Un rayon lumineux entre dans un tube noirci fermé par un prisme de verre ABC dont l'angle B est droit et la face AB perpendiculaire à l'axe du tube. Quelle valeur doit avoir l'angle ACB pour que le rayon lumineux ne sorte pas? (Nancy, 1879.)

861. Quel est l'indice d'un prisme d'angle donné qui imprime une déviation connue au rayon normal à l'une de ses faces?

862. Sous quelle incidence un rayon lumineux doit-il se présenter à la surface de séparation de deux milieux connus pour y subir une déviation donnée?

863. Un point lumineux est situé sous une épaisseur d'eau connue. Quelle est sa profondeur apparente selon la position de l'observateur?

864. Quel angle une tige rectiligne plongée dans l'eau fait-elle avec son image, et quelle inclinaison faut-il donner à la tige pour que cet angle soit maximum?

865. Un électroscope de Henley se compose de deux boules isolées égales entre elles, l'une mobile autour d'un point dans un plan vertical, l'autre fixée au point le plus bas du cercle que peut décrire la première. Les deux boules étant en contact, on communique à leur système une certaine quantité d'électricité. Calculer la charge, sachant que la boule mobile s'est écartée d'un angle α.

866. La boule mobile de la balance de Colomb, après s'être électrisée au contact de la boule fixe, s'est écartée d'un angle α.

Que devient l'écart si l'on enlève à la boule fixe la moitié de son électricité?

867. Entre l'inclinaison i d'un lieu et les inclinaisons apparentes i', i'', de l'aiguille aimantée dans deux plans rectangulaires, on a la relation : $\cot^2 i = \cot^2 i' + \cot^2 i''$.

868. Une aiguille d'inclinaison, dont l'axe de suspension ne passe pas exactement par le centre de gravité, ayant été aimantée successivement dans un sens et dans l'autre, a donné des inclinaisons i' et i''. Démontrer que l'inclinaison magnétique i est donnée par la relation :

$$\operatorname{tg} i = \frac{1}{2}(\operatorname{tg} i' + \operatorname{tg} i'').$$

869. Deux aiguilles aimantées fixées à un même axe perpendiculaire au méridien magnétique font entre elles un angle donné. Dans quelle position le système se tiendra-t-il en équilibre sous l'action de la terre ?

Questions de Mécanique.

870. Décomposer une force donnée f en deux forces égales faisant un angle α.

871. Calculer, dans le mouvement de rotation, la vitesse d'un point du parallèle terrestre sur lequel Paris est situé. On suppose le rayon terrestre de 6 366 kilomètres, et la latitude de Paris égale à 48° 50′ 11″. (Lille, 1880.)

872. On joint un point quelconque d'une circonférence aux n sommets d'un polygone régulier inscrit. Si ces droites représentent des forces concourantes, quelle est la direction de la résultante et quelle est son intensité ?

873. Un triangle matériel pesant et homogène ABC est posé par le sommet A sur un plan horizontal. Étant donnés les deux côtés b et c et l'angle A compris, calculer les deux parties x et y de l'angle A formées par la verticale de ce sommet quand le triangle est en équilibre. (Lille.)

874. On suspend par le point O une barre pesante homogène AOB formée de deux parties droites $OA = a$, $OB = b$ inclinées l'une sur l'autre d'un angle φ. On demande de calculer les angles α et β que fait la verticale du point de suspension avec les deux parties de la barre quand l'équilibre est établi. (Amiens.)

875. Une barre homogène forme un levier coudé en A à angle droit et dont les deux parties ont pour longueur $AC = a$ et $AB = b$. Trouver la position d'équilibre quand on suspend le levier : 1° par le point A, 2° par le point C.

(Voir les problèmes du cours de mécanique, spécialement de 130 à 160.)

APPENDICE

AUTRE DÉMONSTRATION DES FORMULES QUI EXPRIMENT LE SINUS ET LE COSINUS DE LA SOMME OU DE LA DIFFÉRENCE DE DEUX ARCS

1. Sin $(a+b)$ et cos $(a+b)$ en fonction des sinus et cosinus des arcs a et b.

Il s'agit d'établir que l'on a, pour toute valeur de chacun des arcs a et b,

$$\sin(a+b)=\sin a\cos b+\cos a\sin b \qquad (\alpha)$$

$$\cos(a+b)=\cos a\cos b-\sin a\sin b \qquad (\beta)$$

Nous démontrerons d'abord, par des considérations géométriques, que ces formules sont vraies dans un cas simple ; puis, à l'aide de plusieurs extensions successives, nous ferons voir qu'elles sont tout à fait générales.

Démonstration géométrique. 1er Cas. *Chacun des arcs* a, b *est inférieur à* $\frac{\pi}{2}$, *et leur somme n'est pas supérieure à* $\frac{\pi}{2}$. Soit

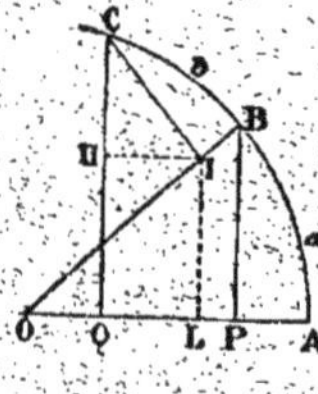

Fig. 79.

A l'origine des arcs sur le cercle trigonométrique (fig. 79); en portant sur ce cercle, l'un à la suite de l'autre, les arcs donnés $AB=a$, $BC=b$, nous obtenons leur somme $AC=a+b$. Joignons OA et OB, puis menons CI perpendiculaire sur OB et CQ, BP, IL, perpendiculaires sur OA, et IH perpendiculaire à CQ.

On a :

$$\sin(a+b)=CQ=IL+CH \qquad (1)$$

$$\cos(a+b)=OQ=OL-LQ=OL-IH \qquad (2)$$

Cherchons à exprimer les lignes IL, CH, OL et IH *. Les triangles CIH et OBP, semblables comme ayant les côtés perpendiculaires, donnent : $\frac{CH}{OP} = \frac{IH}{BP} = \frac{CI}{OB \text{ ou } 1}$; d'où l'on tire :

$$CH = OP \times CI = \cos a \sin b$$

et

$$IH = BP \times CI = \sin a \sin b$$

De même les triangles semblables OIL et OBP donnent :

$$\frac{IL}{BP} = \frac{OL}{OP} = \frac{OI}{OB \text{ ou } 1}$$

on en tire :

$$IL = BP \times OI = \sin a \cos b$$

et

$$OL = OP \times OI = \cos a \cos b$$

En portant ces valeurs dans les relations (1), (2), il vient :

$$\sin(a+b) = \sin a \cos b + \sin b \cos a$$

$$\cos(a+b) = \cos a \cos b - \sin a \sin b$$

Généralisation. 2e Cas. *Chacun des arcs a, b est inférieur à $\frac{\pi}{2}$, mais leur somme est supérieure à $\frac{\pi}{2}$.*

Considérons les compléments des arcs a et b :

$$a' = \frac{\pi}{2} - a \qquad b' = \frac{\pi}{2} - b \qquad (3)$$

leur somme $a' + b' = \pi - (a+b)$ étant inférieure à $\frac{\pi}{2}$, on peut, d'après le 1er cas, appliquer à ces arcs a', b', les formules (α), (β) ; ce qui donne

$$\sin(a'+b') = \sin a' \cos b' + \cos a' \sin b' \qquad (4)$$

$$\cos(a'+b') = \cos a' \cos b' - \sin a' \sin b' \qquad (5)$$

Remplaçons a', b' par leurs valeurs (3) ; remarquons que si deux arcs sont complémentaires, le sinus de l'un est égal au cosinus de l'autre ; enfin, rappelons-nous que deux arcs supplémentaires ont des sinus égaux et des cosinus égaux et de signes

---

* En vertu du n° 62, les valeurs de ces quatre lignes peuvent s'écrire immédiatement.

Le triangle ILO donne $IL = OI \sin a = \sin a \cos b$

et $OL = OI \cos a = \cos a \cos b$

le triangle CIH donne $CH = CI \cos a = \sin b \cos a$

et $IH = CI \sin a = \sin a \sin b$

contraires. Les formules (4) et (5) deviennent, en changeant tous les signes dans la dernière

$$\sin(a+b)=\sin a \cos b+\cos a \sin b$$
$$\cos(a+b)=\cos a \cos b-\sin a \sin b$$

ce sont les formules (α) et (β) appliquées à deux arcs quelconques compris entre 0° et $\frac{\pi}{2}$.

3e Cas. *Si les formules (α), (β) sont applicables à deux arcs donnés, elles ne cessent pas de l'être quand on ajoute $\frac{\pi}{2}$ à l'un de ces arcs.* Par exemple, si les formules sont vraies pour les arcs a' et b, elles le sont aussi pour les arcs $a=a'+\frac{\pi}{2}$ et b.

En effet, on a par hypothèse

$$\sin(a'+b)=\sin a' \cos b+\cos a' \sin b$$
$$\cos(a'+b)=\cos a' \cos b-\sin a' \sin b$$

Remplaçons a' par sa valeur $a-\frac{\pi}{2}$, nous obtenons

$$\sin\left(a+b-\frac{\pi}{2}\right)=\sin\left(a-\frac{\pi}{2}\right)\cos b+\cos\left(a-\frac{\pi}{2}\right)\sin b$$
$$\cos\left(a+b-\frac{\pi}{2}\right)=\cos\left(a-\frac{\pi}{2}\right)\cos b-\sin\left(a-\frac{\pi}{2}\right)\sin b$$

c'est-à-dire, en vertu du n° 16,

$$\cos(a+b)=\cos a \cos b-\sin a \sin b$$
$$\sin(a+b)=\sin a \cos b+\cos a \sin b$$

4e Cas. *Les formules (α), (β) sont vraies pour deux arcs positifs quelconques.*

Soient deux arcs positifs a et b. En divisant chacun de ces arcs par $\frac{\pi}{2}$, on obtient des quotients entiers m, n et des restes inférieurs à $\frac{\pi}{2}$, a' et b'; ce qui permet d'écrire

$$a=m\frac{\pi}{2}+a' \qquad b=n\frac{\pi}{2}+b'$$

Les formules (α), (β) sont applicables aux arcs a', b' en vertu du deuxième cas : on a

$$\sin(a'+b')=\sin a' \cos b'+\cos a' \sin b' \qquad (6)$$
$$\cos(a'+b')=\cos a' \cos b'-\sin a' \sin b' \qquad (7)$$

Or, d'après le 3ᵉ cas, ces formules subsistent lorsqu'on ajoute successivement à a' m fois $\frac{\pi}{2}$, et à b' n fois $\frac{\pi}{2}$. Ces opérations successives donnent finalement

$$\sin(a+b) = \sin a \cos b + \cos a \sin b$$

$$\cos(a+b) = \cos a \cos b - \sin a \sin b$$

ce sont les formules (α), (β) appliquées à deux arcs positifs quelconques.

5ᵉ Cas. *Les formules* (α), (β) ***sont vraies pour deux arcs quelconques positifs ou négatifs.*** Soient deux arcs a, b dont l'un au moins est négatif. On peut toujours assigner un nombre entier positif k, assez grand pour que les arcs

$$a + 2k\pi = a' \quad \text{et} \quad b + 2k\pi = b'$$

soient tous deux positifs.

D'après le 4ᵉ cas, ces arcs a', b' satisfont aux deux formules

$$\sin(a'+b') = \sin a' \cos b' + \cos a' \sin b' \qquad (8)$$

$$\cos(a'+b') = \cos a' \cos b' - \sin a' \sin b' \qquad (9)$$

Or, si l'on remplace a' par $a + 2k\pi$, b' par $b + 2k\pi$, et que l'on retranche ensuite $2k\pi$ à chacun de ces arcs, ce qui n'altère aucune de leurs lignes trigonométriques, les formules (8) et (9) deviennent finalement

$$\sin(a+b) = \sin a \cos b + \cos a \sin b$$

$$\cos(a+b) = \cos a \cos b - \sin a \sin b$$

ce sont les formules (α) et (β) appliquées à deux arcs quelconques.

Donc les formules sont tout à fait générales.

II. Sin $(a-b)$ et cos $(a-b)$ en fonction des sinus et cosinus des arcs a et b.

Si l'on remplace b par $-b$ dans les formules (α) et (β), on obtient les formules également générales

$$\sin(a-b) = \sin a \cos b - \cos a \sin b \qquad (\gamma)$$

$$\cos(a-b) = \cos a \cos b + \sin a \sin b \qquad (\delta)$$

III. Remarque. Les formules (α), (β), qui comprennent les formules (γ), (δ), rentrent elles-mêmes l'une dans l'autre.

En effet, si l'on remplace a par $a + \frac{\pi}{2}$, la première devient

$$\sin\left(a + b + \frac{\pi}{2}\right) = \sin\left(a + \frac{\pi}{2}\right)\cos b + \cos\left(a + \frac{\pi}{2}\right)\sin b$$

ou, en tenant compte du nº 16,

$$\cos(a + b) = \cos a \cos b - \sin a \sin b$$

Donc, en réalité, les quatre formules (α), (β), (γ), (δ) se réduisent à une seule. Il suffirait d'établir l'une d'elles dans sa généralité pour pouvoir ensuite en déduire les trois autres.

FIN

40689. — Tours, impr. Mame.

www.ingramcontent.com/pod-product-compliance
Ingram Content Group UK Ltd.
Pitfield, Milton Keynes, MK11 3LW, UK
UKHW022009170726
13837UKWH00001B/72